国际工程教育认证系列教材

环境科学与工程概论

龙湘犁　何美琴　编

化学工业出版社

·北京·

《环境科学与工程概论》介绍了环境科学的基本概念和基础知识、污染治理技术的基本原理、环境管理的基本内容、可持续发展的基本理论和实践，以及绿色化学和化工的基本原理。全书共分8章，主要内容包括绪论、人类活动与环境问题、大气污染及其防治、水污染及其防治、固体废物的处理和利用、环境管理、可持续发展与清洁生产、绿色化学与化工基础。

《环境科学与工程概论》可作为高等学校化工类专业教材，也可作为化工、环境等专业工程技术人员的参考书。

图书在版编目（CIP）数据

环境科学与工程概论/龙湘犁，何美琴编 . —北京：
化学工业出版社，2019.8（2024.9 重印）
国际工程教育认证系列教材
ISBN 978-7-122-34631-5

Ⅰ．①环…　Ⅱ．①龙…②何…　Ⅲ．①环境科学-教材②环境工程-教材　Ⅳ．①X

中国版本图书馆 CIP 数据核字（2019）第 107849 号

责任编辑：徐雅妮　杜进祥　　　　　　　　　　文字编辑：汲永臻
责任校对：宋　夏　　　　　　　　　　　　　　装帧设计：关　飞

出版发行：化学工业出版社（北京市东城区青年湖南街 13 号　邮政编码 100011）
印　　装：北京科印技术咨询服务有限公司数码印刷分部
787mm×1092mm　1/16　印张 13　字数 331 千字　2024 年 9 月北京第 1 版第 3 次印刷

购书咨询：010-64518888　　　　　　　　　　售后服务：010-64518899
网　　址：http://www.cip.com.cn
凡购买本书，如有缺损质量问题，本社销售中心负责调换。

定　　价：39.00 元

前　言

　　环境问题是全人类共同面对的挑战，环境保护也是我国的基本国策。在高等学校非环境类专业开设"环境保护概论"课程是环保教育的重要组成部分。

　　本书编者多年来在华东理工大学给化工类专业本科生讲授"环境科学与工程概论"课程。2013 年，华东理工大学化学工程与工艺专业接受美国 ABET（Accreditation Board for Engineering and Technology）专业论证，在准备论证材料的过程中，编者对国外化工类专业重视培养能力、拓宽视野、夯实基础的专业教育理念体会颇深，如强调培养学生社会责任感、环境保护意识以及解决污染问题和实现化学工业可持续发展的能力。

　　因此，结合多年的教学实践，基于近年来环境管理和技术发展的实际，融合 ABET 倡导的人才培养理念，着眼化学工业与生态环境的和谐发展，我们编写了本教材作为化工类本科生"环境保护概论"课程的教学参考书。本教材力求加强污染技术方面的阐述和工程实例的分析，介绍近年来我国环境管理法规制度建设的新进展，强化化学工业可持续发展的理念。期盼本教材能对培养学生解决工程问题的能力、培育可持续发展的理念、树立依法保护环境的观念和夯实绿色化学的基础有所帮助。

　　全书分为 8 章，分别是：第 1 章绪论；第 2 章人类活动与环境问题；第 3 大气污染及其防治；第 4 章水污染及其防治；第 5 章固体废物的处理和利用；第 6 章环境管理；第 7 章可持续发展与清洁生产；第 8 章绿色化学与化工基础。第 1、2、6、7 章由何美琴编写，第 3、4、5、8 章由龙湘犁编写。全书由龙湘犁统稿。

　　由于编者水平有限，书中难免有疏漏及不妥之处，敬请专家学者、广大师生和读者批评指正。

编　者
2019 年 8 月

目 录

第1章 绪论 ……………………………… 1
1.1 环境 …………………………………… 2
　1.1.1 基本概念 ………………………… 2
　1.1.2 人类生存环境的形成和发展 …… 3
　1.1.3 环境系统的组成 ………………… 4
1.2 环境问题 ……………………………… 5
　1.2.1 环境问题的由来与发展 ………… 5
　1.2.2 环境问题的实质 ………………… 7
1.3 环境污染与人类健康 ………………… 8
　1.3.1 环境污染 ………………………… 8
　1.3.2 环境污染物侵入人体的途径及转化 … 8
　1.3.3 环境污染物对人体健康的危害 … 9
　1.3.4 人类面临的主要环境问题 …… 10
1.4 环境科学 …………………………… 14
　1.4.1 环境科学的内容及任务 ……… 14
　1.4.2 环境科学的分科 ……………… 14
　1.4.3 环境工程学 …………………… 15
1.5 环境保护 …………………………… 16
　1.5.1 环境保护的内容和任务 ……… 16
　1.5.2 环境保护是我国的一项基本国策 … 17
本章小结 ………………………………… 18

第2章 人类活动与环境问题 ………… 19
2.1 生态学基本原理 …………………… 19
　2.1.1 生态学的定义、任务 ………… 19
　2.1.2 生态系统 ……………………… 20
　2.1.3 生态系统的组成 ……………… 20
　2.1.4 生态系统的功能 ……………… 21
　2.1.5 生态平衡与生态失衡 ………… 23
　2.1.6 生物多样性与环境影响 ……… 24
2.2 人口与环境 ………………………… 26
　2.2.1 人口概况 ……………………… 26
　2.2.2 人口对环境的影响 …………… 27

2.3 土地资源的利用和保护 …………… 29
　2.3.1 土地资源 ……………………… 30
　2.3.2 人口、粮食和耕地 …………… 30
　2.3.3 我国的土地资源 ……………… 31
2.4 能源利用与保护 …………………… 35
　2.4.1 能源的分类 …………………… 36
　2.4.2 世界及我国的能源消耗 ……… 36
　2.4.3 能源利用对环境的影响 ……… 38
　2.4.4 清洁能源利用 ………………… 39
本章小结 ………………………………… 41

第3章 大气污染及其防治 …………… 42
3.1 大气结构与组成 …………………… 42
　3.1.1 大气结构 ……………………… 42
　3.1.2 大气的组成 …………………… 44
3.2 主要大气污染物及其来源 ………… 45
　3.2.1 大气污染 ……………………… 45
　3.2.2 主要的大气污染物 …………… 45
　3.2.3 主要大气污染物的来源 ……… 47
3.3 污染物在大气中的迁移和扩散 …… 49
　3.3.1 大气污染物的扩散与气象因子的关系 … 49
　3.3.2 大气污染物的扩散与下垫面的关系 … 55
3.4 大气污染综合防治 ………………… 56
　3.4.1 我国大气污染现状及危害 …… 56
　3.4.2 综合防治的对策与措施 ……… 58
3.5 大气污染治理技术简介 …………… 59
　3.5.1 颗粒污染物的治理技术 ……… 59
　3.5.2 低浓度 SO_2 废气的治理 ……… 65
　3.5.3 硫化氢的控制 ………………… 69
　3.5.4 氮氧化物的控制 ……………… 71
　3.5.5 废气中汞的控制 ……………… 74
　3.5.6 氟化物的控制 ………………… 75
　3.5.7 含氯废气的治理净化 ………… 76

3.5.8 有机废气的治理净化 ············ 76

3.5.9 汽车尾气的治理 ············ 77

本章小结 ············ 78

第4章 水污染及其防治 ············ 79

4.1 水体的污染与自净 ············ 80

4.1.1 水体污染及水体自净作用 ············ 80

4.1.2 水污染指标 ············ 81

4.2 水体中主要污染物的来源及其危害 ············ 84

4.2.1 无机无毒物 ············ 84

4.2.2 无机有毒物 ············ 87

4.2.3 有机无毒物 ············ 90

4.2.4 有机有毒物 ············ 92

4.3 污水处理技术概述 ············ 93

4.3.1 物理法 ············ 94

4.3.2 化学法 ············ 95

4.3.3 物理化学法 ············ 99

4.3.4 生物法 ············ 105

4.3.5 污水处理流程 ············ 112

4.3.6 污泥处理、利用与处置 ············ 115

本章小结 ············ 116

第5章 固体废物的处理和利用 ············ 117

5.1 概述 ············ 117

5.1.1 固体废物的定义 ············ 117

5.1.2 固体废物的现状 ············ 117

5.1.3 固体废物的来源与分类 ············ 118

5.1.4 固体废物对环境的危害 ············ 120

5.1.5 固体废物污染控制原则 ············ 121

5.2 固体废物的处理技术 ············ 121

5.2.1 固体废物的预处理技术 ············ 121

5.2.2 固体废物的热处理技术 ············ 123

5.2.3 固体废物的生物处理技术 ············ 125

5.2.4 固体废物的处置方法 ············ 126

5.3 固体废物的资源化与回收利用 ············ 128

5.3.1 固体废物的资源化原则和基本途径 ············ 128

5.3.2 固体废物的资源化利用实例 ············ 129

5.4 城市垃圾的处理 ············ 132

5.4.1 城市垃圾的分类、特点和性质 ············ 132

5.4.2 城市垃圾的处理和回收利用 ············ 132

本章小结 ············ 133

第6章 环境管理 ············ 134

6.1 概述 ············ 134

6.1.1 环境管理的含义 ············ 134

6.1.2 环境管理的内容 ············ 134

6.2 环境保护法 ············ 135

6.2.1 环境保护法的定义 ············ 135

6.2.2 环境保护法的目的和任务 ············ 136

6.2.3 环境保护法的作用 ············ 136

6.2.4 我国环境保护法律体系 ············ 137

6.3 环境管理的基本制度 ············ 139

6.3.1 "三同时"制度 ············ 139

6.3.2 环境影响评价制度 ············ 139

6.3.3 环境保护税制度 ············ 141

6.3.4 环境保护目标责任制 ············ 142

6.3.5 生态保护补偿制度 ············ 143

6.3.6 污染集中控制制度 ············ 144

6.3.7 排污许可制度 ············ 144

6.3.8 限制生产、停产整治制度 ············ 145

6.3.9 污染排放总量控制制度 ············ 146

6.4 环境标准 ············ 147

6.4.1 环境标准体系 ············ 147

6.4.2 环境标准的制定 ············ 148

6.4.3 环境标准的使用 ············ 149

6.5 环境监测 ············ 149

6.5.1 环境监测体系 ············ 150

6.5.2 环境监测的分类 ············ 150

6.5.3 环境监测的原则 ············ 151

6.5.4 环境监测的特点 ············ 152

本章小结 ············ 153

第7章 可持续发展与清洁生产 ············ 154

7.1 可持续发展战略 ············ 154

7.1.1 可持续发展的由来 ············ 154

7.1.2 可持续发展的定义与内涵 ············ 155

7.1.3 中国的可持续发展 ············ 157

7.2 环境管理体系标准（ISO 14000 系列标准） ············ 159

7.2.1 ISO 14000 系列标准的产生背景 ··· 159

7.2.2 ISO 14000 系列标准的意义 ··· 160

7.2.3 ISO 14001 标准 ············ 161

7.2.4 ISO 14000 的运行模式及基本要点 ··· 163

7.3 清洁生产 ············ 163

7.3.1 清洁生产的由来 ············ 163

7.3.2 清洁生产的概念 ············ 164

7.3.3 实现清洁生产的主要途径 ············ 166

7.3.4 清洁生产与末端治理的比较 ············ 167

7.3.5 ISO 14000 与清洁生产 ············ 168

7.4 循环经济 ············ 169

7.4.1 循环经济的概念 ············ 169

7.4.2 发展循环经济的路径及理念 ············ 170

7.5 工业生态学与生态工业园 ············ 172

7.5.1　生态工业的概念　……………　172

7.5.2　发展生态工业园区的原则和内容　…　173

7.5.3　生态工业园国内外范例　……　174

本章小结　…………………………　176

第8章　绿色化学与化工基础　……　177

8.1　绿色化学与原子经济性反应　……　177

8.1.1　绿色化学的定义　…………　177

8.1.2　绿色化学的研究原则　……　178

8.1.3　原子经济反应　……………　180

8.1.4　常见有机反应的原子经济性分析　…　180

8.1.5　提高化学反应原子经济性的途径　…　181

8.2　无毒无害反应剂和溶剂　…………　183

8.2.1　无毒无害的反应剂　………　183

8.2.2　无毒无害的溶剂　…………　184

8.3　环境友好催化剂　…………………　186

8.3.1　催化剂在消除环境污染方面的作用　…　186

8.3.2　环境友好的固体酸催化剂　………　187

8.3.3　相转移催化剂　……………　188

8.3.4　生物酶催化剂　……………　189

8.3.5　光催化剂　…………………　190

8.4　可再生的生物质资源　……………　190

8.4.1　生物质——取之不尽的资源宝库　…　190

8.4.2　生物质资源利用应用实例　………　191

8.5　绿色化学产品　……………………　193

8.5.1　绿色化学产品的定义　……　193

8.5.2　设计绿色化学产品的基本原则　…　193

8.5.3　绿色化学产品的实例　……　194

8.6　化工过程强化技术　………………　195

8.6.1　设备强化技术　……………　196

8.6.2　过程强化方法　……………　197

本章小结　…………………………　200

参考文献　………………………………　201

第1章
绪　论

本章学习要点

✅ **重点**：环境的基本概念、环境问题、人类面临的主要环境问题、环境保护的目的与任务。

✅ **要求**：了解环境污染及其危害；明确环境科学和环境工程学所研究和解决的问题；提高环境保护的意识。

随着社会的发展，人类改造自然、征服自然的能力日益强大，人类的生活面貌日新月异，但人们的生存环境却面临日益恶化的危险，大气、水体、土地、噪声等环境污染时刻困扰着人们的生活。

环境保护是我国的一项基本国策，随着社会主义现代化建设的发展和经济改革的深入，环境保护工作越来越引起人们的关心和重视。1992年，联合国"环境与发展"大会以后，提出可持续发展战略，促进经济与环境协调发展已成为世界各国的共识。2002年9月，可持续发展世界首脑会议在南非约翰内斯堡召开，来自世界194个国家包括104个国家元首和政府首脑在内的7000多名政府和各界代表出席会议，这次会议对21世纪人类解决所面临的环境与发展问题有着重要的意义。实践证明，以大量消耗资源、粗放经营为特征的传统经济发展模式，经济效益低，排污量大，不仅环境质量会不断恶化，损害人类健康，而且经济也难以持续发展。

生态文明建设是关系中华民族永续发展的根本大计，也是关系民生的重大社会问题。在经济持续、快速、健康发展的同时，牢固树立并切实贯彻创新、协调、绿色、开放、共享的发展理念，促进经济社会和人的全面发展，绝不以牺牲生态环境为代价换取经济的一时发展，创造一个清洁安静、优美舒适的劳动环境和生活环境，做到经济效益、社会效益、生态效益同步提升，实现百姓富、生态美有机统一，努力建设天蓝地绿水净的美丽中国。

1.1 环境

1.1.1 基本概念

(1) 环境

环境是人类进行生产和生活活动的场所，是人类生存发展的物质基础。对于环境科学来说，环境主要是指人类的生存环境，包括两个方面：一是个体或群体周围的自然状况或物质条件；二是影响个体和群体的复杂的社会、文化条件。

《中华人民共和国环境保护法》指出："本法所称环境，是指影响人类生存和发展的各种天然的和经过人工改造的自然因素的总体，包括大气、水、海洋、土地、矿藏、森林、草原、湿地、野生生物、自然遗迹、人文遗迹、自然保护区、风景名胜区、城市和乡村等"。这里的"环境"就是环境保护的对象，有三个特点：一是主体是人类；二是既包括天然的自然环境，也包括人工改造后的自然环境；三是不包含社会因素。

环境具有三个基本特征：①整体性与区域性；②变动性与稳定性；③资源性与价值性。

(2) 环境要素

环境要素也称环境基质，是构成人类环境整体的、各个独立的、性质不同的而又服从整体演化规律的基本物质组分。环境要素可分为自然环境要素和社会环境要素，但通常是指自然环境要素，包括水、大气、生物、岩石和土壤，以及声、光、电磁辐射等。

环境要素组成环境的结构单元，环境结构单元又组成环境整体（或称环境系统）。地球表面各种环境要素及其相互关系的总和即地球环境系统。如由水组成水体，全部水体总称为水圈；由生物体组成生物群落，全部生物群落构成生物圈。

(3) 环境质量

环境质量是环境系统客观存在的一种本质属性，因人对环境的具体要求而形成的评定环境的一种概念。环境质量是确定具体的环境质量要素，用定性和定量的方法加以描述的环境系统所处的状态，对照环境质量紧密相关的环境质量标准体系，通过环境质量评价的结果来表征。

环境质量包括自然环境质量和社会环境质量。自然环境质量包括物理的、化学的、生物的质量，如通过对自然环境质量的了解，可以确定环境要素（水体、大气、土壤、植物等）受到污染的程度。社会环境质量包括经济的、社会的、文化的、美学的质量等等。人类通过生产和消费不断地改变着周围的环境质量，环境质量的变化又不断地反馈作用于人。环境质量是环境总体或某些要素对人群健康、生存和繁衍以及社会经济发展适宜程度的量化表达，而人类对环境质量的要求是全面的，既包括对自然环境质量的要求，也包括对社会环境质量的要求。简单地说，没有受到污染的舒适、宜人的环境，环境质量就好；反之，环境质量就差。

(4) 环境容量

环境容量包括自然环境容量和社会环境容量。自然环境容量是指自然界为人类生存提供的各种自然条件，包括抵抗外界干扰的能力，使系统保持相对稳定。社会环境容量是指资源、经济、人口在同一时空中的总效应。

对一定区域，在人类生存、自然生态不受危害的前提下，经过其自然净化能力，在特定的污染源布局和结构条件下，为达到环境目标值，所容许的污染物最大排放量是环境保护管理中通常所指的环境容量。某区域环境容量的大小与该区域本身的组成、结构及其功能有关。通过人为的调节，控制环境的物理、化学及生物学过程，改变物质的循环转化方式，可以提高环境容量，减轻污染危害，改善环境质量。环境容量按要素可细分为大气环境容量、水环境容量、土壤环境容量和生物环境容量等。此外，还有人口环境容量、城市环境容量等。

(5) 环境的功能

正确认识环境的功能，才能合理利用环境和自觉保护环境。环境具有以下四个功能：

① **资源功能** 为人类生存和发展提供所需要的资源，如矿产资源、空气、水、食物、药材、工业原料、土壤等。

② **调节功能** 自然环境的各个系统是开放变化的动态系统，存在物质和能量的变化及相互交换，在一定的时空尺度内，系统的输出和输入是平衡的，当外部输入大于输出时，在一定的强度下，可通过自我调节使环境的正常功能不被破坏。

③ **服务功能** 调节气候、净化环境、减缓灾害、提供休闲娱乐场所等，这些服务人类自身不能替代，人类社会的正常生活也是由生态系统的服务提供的。

④ **文化功能** 人类的文化、艺术素质是对自然环境生态美的感受和反映，秀丽的名山大川、众多的物种及其和谐而奥妙的内在联系，使人类领悟到了自然界中充满美的艺术和无限的科学规律。

1.1.2 人类生存环境的形成和发展

人类的生存环境不是本来就有的，它的形成经历了一个漫长的发展过程。

地球是茫茫宇宙中迄今为止发现的唯一存在智能生物的星体，地球的形成和演化经历了一个漫长的过程。根据"星云假说"的解释，距今大约 60 亿年以前，地球的轮廓尚未形成，是一团没有凝聚在一起的混杂着大量宇宙尘埃的星云状气尘物质，到距今大约 45 亿～20 亿年前这段时期，地球星体和原始的地理环境逐渐形成。随着地球物质分异过程的持续进行，多种原始火山气体（如 CO_2、CH_4、NH_3、H_2S 等）上升至地表形成了原始的大气圈。随着地球内部温度的升高，原来存在于地球内部的结晶水大量蒸发进入地球表面的原始大气层，冷凝后形成大气降水，在地球表面逐渐形成了河流、湖泊和海洋等水体。

在地球的原始地理环境刚刚形成的时候，地球上没有生物（当然更没有人类），只有原子、分子的化学及物理运动。地球形成的初期，大气中没有氧和臭氧，辐射到地球表面的紫外线十分强烈，而海洋中由于水层能挡住紫外线和宇宙射线，加上海水具有流动性、恒温性、不恒压性以及巨大的气-液界面和固-液界面等特点，有利于物质的积累、浓缩、迁移和充分利用太阳能，并有利于发生化学、物理和生物的变化，于是，海洋成为原始生命的诞生地、保护伞和储存库。

大约 35 亿年前，由于太阳紫外线的辐射，在地球内部的内能和来自太阳的外能的共同作用下，海洋中溶解的无机物转变为有机物，进而合成氨基酸、蛋白质等有机大分子，并继续形成最简单的、无氧呼吸的原始生物（细菌）。大约 30 亿年前，这种原始细菌逐步演化出有叶绿素的原核生物——蓝藻等，进行光合作用，吸收简单的矿物质营养和 CO_2，放出 O_2，以 CO_2、CH_4、CO 为主要成分的还原大气演化成以 N_2 和 O_2 为主要成分的氧化大气。

大约在 4 亿～2 亿年前，大气中氧的浓度趋近于现代的浓度水平，并在大气平流层形成臭氧层，为高等海洋生物的进化和生命登陆创造了条件。

在原始海洋中，随着藻菌生态系统的进化，在 15 亿～10 亿年前出现了单细胞真核植物，约在 6 亿年前海洋中出现动物，在 4 亿年前出现陆生蕨类，水生生态逐渐演化到陆生生态，绿色植物通过叶绿体利用太阳能对水进行光解释放出氧气。在距今 2 亿多年前出现了爬行动物，随后又经历了相当长的时间，哺乳动物的出现及森林、草原的繁茂为古人类的诞生创造了条件，距今大约 300 万～200 万年前古人类从古猿系统中分化出来。

人类的诞生使地表环境的发展进入了一个在人类参与和干预下发展的高级阶段——人类与其生存环境辩证发展的新阶段。人类是物质运动的产物，是地球的地表环境发展到一定阶段的产物，环境是人类生存与发展的物质基础，所以人类与其生存环境是统一的；人与动物有本质的不同，人会主动支配自然界，使自然界为自己服务，因而人类与其生存环境又有对立的一面。人类与环境这种既对立又统一的关系表现在整个人类环境系统的发展过程中。人类利用和改造环境，把自然环境转变为新的生存环境，而新的生存环境又反作用于人类。今天人类赖以生存的环境是在自然背景的基础上经过人工改造加工形成的，它凝聚着自然因素和社会因素的交互作用，体现着人类利用和改造自然的性质和水平，影响着人类的生产和生活，关系着人类的生存和发展。

1.1.3 环境系统的组成

人类的生存环境已形成一个复杂庞大的、多层次多单元的环境系统。从环境科学研究的角度来看，环境既包括自然环境，也包括经济环境和社会环境。从依法开展环境保护工作的角度来说，环境指的是"自然因素的总体"，包括了天然的和经过人工改造的自然环境。如果从环境要素的角度来考虑，环境可以再分为大气环境、水环境、土壤环境及生物环境；如按照性质分类，环境可分为物理环境、化学环境和生物环境。由于整个环境系统受人类活动的影响，在不断发展变化着，地球上已很难找到未经人类改造过的自然环境。环境在时间上是随着人类社会的发展而发展，在空间上是随着人类活动领域的扩张而扩张。为了便于从总体上对环境进行综合性研究，可以根据其与人类生活的密切关系和人类对自然环境改造加工的程度，由近及远、由小到大分为聚落环境、地理环境、地质环境和星际环境，下面仅简述前两类环境。

(1) 聚落环境

聚落是人类聚居的地方，也是与人类的生产和生活关系最密切、最直接的环境。特别是城市环境，它是工业、商业、交通汇集和非农业人口聚居的地方，更是高度人工化的环境。由于经济发达、人口密集、工商业活动频繁、资源与能源消耗大，聚落环境（特别是城市环境和村镇环境）受到的污染也日趋严重，因而近年来对聚落环境的研究引起人们的注意。

(2) 地理环境

地理环境是由与人类生产和生活密切相关的，直接影响到人类饮食、呼吸、衣着和住行的水、气、土、生物等因素构成的复杂的对立统一体。它位于地球表层，处于岩圈、水圈、气圈、土圈和生物圈相互制约、相互渗透、相互转化的交错带上，下起岩圈的表层，上至气圈下部的对流层顶，包括了全部土圈，其范围大致与水圈和生物圈相当。这里是来自地球内部的内能和主要来自太阳的外能的交锋地带，常温常压的物理条件、适当的化学条件和繁茂的生物条件构成了人类活动的舞台和基地。

1.2　环境问题

环境问题是指由于人类活动或自然原因引起环境质量恶化或生态系统失调，对人类的生活和生产带来不利的影响或灾害，甚至对人体健康带来有害影响的现象。环境问题多种多样，归纳起来有两大类：一类是自然演变和自然灾害引起的原生环境问题，也叫第一环境问题；另一类是人类活动引起的次生环境问题，也叫第二环境问题。原生和次生两类环境问题，两者很难截然分开，它们常常是互相影响和互相作用的。

环境科学与环境保护所研究的主要问题不是自然灾害问题（原生或第一环境问题），而是人为因素引起的环境问题（次生或第二环境问题）。这种人为问题一般可分为两类：一是不合理开发利用自然资源，超出环境承载力，使生态环境质量恶化或自然资源枯竭的现象；二是人口激增、城市化和工农业高速发展引起的环境污染和破坏。总之，人为环境问题是人类经济社会发展与环境的关系不协调所引起的问题。

1.2.1　环境问题的由来与发展

从人类诞生开始就存在着与环境的对立统一关系，就出现了环境问题。从古至今随着人类社会的发展，环境问题也在发展变化，大体上经历了以下四个阶段。

（1）环境问题萌芽阶段（工业革命以前）

人类在诞生以后很长的岁月里，只是天然食物的采集者和捕食者，人类活动对环境的影响不大。那时"生产"对自然环境的依赖十分突出，人类主要是以生活活动、生理代谢过程与环境进行物质和能量转换，主要是利用环境，而很少有意识地改造环境。

随后，人类学会了培育、驯化植物和动物，开展了农业和畜牧业，这在生产发展史上是一次大革命。而随着农业和畜牧业的发展，人类改造环境的作用也越来越明显地显示出来，但与此同时也产生相应的环境问题，如大量砍伐森林、破坏草原、刀耕火种、盲目开荒，往往引起严重的水土流失、水旱灾害频繁和沙漠化，又如兴修水利、不合理灌溉，往往引起土壤的盐渍化、沼泽化，以及引起某些传染病的流行。在工业革命以前虽然已出现了城市化和手工业作坊（或工厂），但工业生产并不发达，由此引起的环境污染问题并不突出。

（2）环境问题的发展恶化阶段（工业革命至 20 世纪 50 年代以前）

随着生产力的发展，在 18 世纪 60 年代至 19 世纪中叶，生产发展史上出现了又一次伟大的革命——工业革命。它使建立在个人才能、技术和经验之上的小生产被建立在科学技术成果上的大生产所代替，大幅度地提高了劳动生产率，增加了人类利用和改造环境的能力，大规模地改变了环境的组成和结构，也改变了环境中的物质循环系统，扩大了人类的活动领域。但它同时也带来了新的环境问题，一些工业发达的城市和工矿区的工业企业排出了大量废弃物污染环境，使污染事件不断发生。如 1873 年 12 月、1880 年 1 月、1882 年 2 月、1891 年 12 月、1892 年 2 月，英国伦敦多次发生可怕的有毒烟雾事件；19 世纪后期，日本足尾铜矿区排出的废水污染了大片农田；1930 年 12 月，比利时的马斯河谷工业区由于工厂排出的有害气体，在逆温条件下造成了严重的大气污染事件。蒸汽机的发明和广泛使用使大工业日益发展、生产力大幅度提高，但环境问题也随之发展并逐步恶化。

（3）环境问题的第一次高潮（20世纪50年代至80年代以前）

20世纪50年代以后，环境问题更加突出：首先是大规模环境污染致使"公害"病和震惊世界的公害事件接连不断，如1952年12月的伦敦烟雾事件、1953～1956年日本的水俣病事件、1961年的四日市哮喘病事件、1955～1972的骨痛病事件等；其次造成了自然环境破坏、资源稀缺甚至枯竭，开始出现区域性生态平衡失调现象。在20世纪50～60年代形成了第一次环境问题高潮。这主要是由下列因素造成的：

① **人口迅猛增加，都市化速度加快** 刚进入20世纪时全球人口为16亿，至1950年增至25亿（经过50年人口约增加了9亿）；20世纪50年代之后，1950～1968年仅18年间就由25亿增加到35亿（增加了10亿）；而后，人口由35亿增至45亿只用了12年（1968～1980年）。1900年拥有70万以上人口的城市，全世界有299座，到1951年迅速增到879座，其中百万人口以上的大城市约69座。在许多发达国家，有50%的人口住在城市。

② **工业不断集中和扩大，能源消耗大增** 1900年世界能源消费量还不到10亿吨标准煤，至1950年就猛增至25亿吨标准煤；到1956年石油的消费量也猛增至6亿吨，在能源中所占的比重加大，增加了新的污染。大工业的迅速发展和人们薄弱的环境意识必然导致第一次环境问题高潮的出现。

当时，工业发达国家环境污染的严重程度直接威胁到人们的生命安全，成为重大的社会问题，激起广大人民的不满，并且也影响了经济的顺利发展。1972年的斯德哥尔摩人类环境会议就是在这种历史背景下召开的，是人类认识环境问题的一个里程碑。工业发达国家把环境问题摆上了议事日程，包括制定法律、建立机构、加强管理、采用新技术。20世纪70年代中期，环境污染开始得到有效控制，城市和工业区的环境质量明显改善。

（4）环境问题的第二次高潮（20世纪80年代以后）

环境问题的第二次高潮是伴随着环境污染和生态破坏的扩大，在20世纪80年代初开始出现的。人们共同关心的影响范围大、危害严重的环境问题有三类：一是全球性的大气污染，如温室效应、臭氧层破坏和酸雨；二是大面积生态破坏，如大面积森林被毁、草场退化、土壤侵蚀和沙漠化；三是突发性的严重污染事件迭起，如印度博帕尔农药泄漏事件（1984年12月）、苏联切尔诺贝利核电站泄漏事故（1986年4月）、莱茵河污染事故（1986年11月）等。在1979～1988年间这类突发的严重污染事故就发生了10多起。这些全球大范围的环境问题严重威胁着人类的生存和发展，不论是广大公众还是政府官员，也不论是发达国家还是发展中国家，都普遍对此表示不安。1992年里约热内卢环境与发展大会正是在这种背景下召开的，这次会议是人类认识环境问题的又一里程碑。

目前环境问题呈现出全球化、综合化、社会化、高科技化、累积化和政治化的特点。

① **全球化** 过去环境问题的污染范围、危害对象或产生的后果主要集中在污染源附近或特定的生态环境中，影响空间有限。现在一些污染物可能跨国、跨地区流动，如一些跨国河流，上游国家造成的污染可能危及下游国家；一些国家产生的酸雨污染物可能在别国产生酸雨；气候变暖、臭氧层空洞等，其影响的范围、产生的后果都是全球性的。

当代许多环境问题涉及高空、海洋甚至外层空间，影响的空间尺度已远非农业社会和工业化初期出现的环境问题可比，具有大尺度、全球性的特点。

② **综合化** 过去的环境问题主要是污染对人类健康的影响，而现在的环境问题涉及人类生存环境的各个方面，如森林锐减、草场退化、沙漠扩大、沙尘暴频发、大气污

染、物种减少、水资源危机等。解决当代环境问题要将区域、流域、国家乃至全球作为一个整体，综合考虑自然规律、解决贫困、可持续发展、资源的合理开发与循环利用、人类人文和生活条件的改善与社会和谐等，是一个复杂的系统工程，需要考虑各方面因素。

③ **社会化** 过去主要是科技界的学者、环境问题的受害者以及相关的环境保护机构和组织关心环境问题，而当代环境问题已影响到社会的各个方面，影响到每个人的生存与发展，环境问题已成为全社会共同关心的问题。

④ **高科技化** 随着科学技术的迅猛发展，由高新技术引发的环境问题越来越多，如核事故、电磁波、噪声引发的环境问题，超音速飞机引发的臭氧层破坏，航天飞行引发的太空污染等，这些环境问题影响范围广、控制难、后果严重，已引起世界各国的普遍关注。

⑤ **累积化** 人类已进入现代文明时期，进入后工业化、信息化时代，但历史上不同阶段所产生的环境问题依然存在并影响久远，同时现代社会又产生了一系列新的环境问题，因此，各种环境问题日积月累、组合变化，形成集中暴发的复杂局面。

⑥ **政治化** 随着环境问题的日趋严重和全人类环保意识的提高，各国对环境保护也愈加重视。当代环境问题已不再是单纯的技术问题，而是重要的国际、国内政治问题，成为国际合作交流与政治斗争的重要内容，如各国在环境责任和义务的承担、污染转嫁等问题上经常产生矛盾并进行激烈的斗争。一些以环保为宗旨的组织，如绿色和平组织等，已成为政治舞台上新的政治势力。环境问题已成为需要国家通过法律、规划和综合决策进行处理的大事，成为评价政治人物、政党政绩的重要内容，也成为社会环境是否安定、政治是否开明的重要标志之一。

1.2.2 环境问题的实质

从环境问题的发展历程可以看出，人为的环境问题随人类的诞生而产生，并随着人类社会的发展而发展。从表面现象看，工农业的高速发展造成严重的环境问题，局部虽有所改善，但总的趋势仍在恶化，因而在发达的资本主义国家出现了"反增长"的错误观点。诚然，发达的资本主义国家实行高生产、高消费的政策，过多地浪费资源、能源，应该进行控制；但是，发展中国家的环境问题主要是由贫困落后、发展不足、缺少妥善的环境规划和正确的环境政策造成的。所以只能在发展中解决环境问题，既要保护环境，又要促进经济发展。只有处理好发展与环境的关系，才能从根本上解决环境问题。

综上所述，造成环境问题的根本原因是人类对环境的价值认识不足，缺乏妥善的经济发展规划和环境规划。环境是人类生存发展的物质基础和制约因素，人口增长，从环境中取得食物、资源、能源的数量也必然要随之增长。人口的增长要求工农业迅速发展，为人类提供越来越多的工农业产品，再经过人类的消费过程（生活消费与生产消费），变为"废物"排入环境，或降低环境资源的质量。环境的承载能力和环境容量是有限的，如果人口的增长、生产的发展不考虑环境条件的制约作用而超出环境的容许极限，就会导致环境的污染与破坏，造成资源的枯竭和人类健康的损害。所以，环境问题的实质一是由于盲目发展、不合理开发利用资源而造成的环境质量恶化和资源浪费，甚至枯竭和破坏；二是由于城市化和工农业高速发展而引起的环境污染。总之，环境问题是人类社会发展与环境不和谐所引起的。

1.3 环境污染与人类健康

1.3.1 环境污染

人类活动（经济活动、政治活动和社会活动）导致环境的变化以及由此引起的对人类社会和经济发展的效应即为环境影响。环境影响按影响来源可分为直接影响、间接影响和累积影响；按影响效果可分为有利影响和不利影响；按影响性质可分为可恢复影响和不可恢复影响；还可分为短期影响和长期影响，地方影响、区域（或国家）影响和全球影响等。

环境污染是指由于某种物质或能量的介入使环境质量恶化的现象，是各种污染因素本身及其相互作用的结果。能够引起环境污染的物质被称为污染物，如二氧化硫、氮氧化物等有害气体，铅、汞等重金属等。污染物质对环境的污染有一个从量变到质变的发展过程，当某种可能造成污染的物质的浓度或其总量超过环境的自净能力时就会产生危害，环境就受到了污染。能量的介入也会使环境质量恶化，如热污染、噪声污染、电磁辐射污染等。环境污染具有两个特点：①时间分布性，污染物的排放量和污染因素的强度随时间而变化；②空间分布性，进入环境的污染物质或因素由于扩散、稀释、迁移、转化，在不同空间位置上的浓度和强度是不同的。

一般来说，未经污染的环境是适合人体功能的，在这种环境中人体能够正常地吸收环境中的物质从而进行新陈代谢的生命活动。但当人类过度活动，超出环境的容许极限时，就会导致环境的污染。环境受到污染后，污染物通过各种媒介侵入人体，将会毒害人体的各种器官组织，使其功能失调或者发生障碍，同时可能引起各种疾病，严重时将危及生命。

环境污染既可由人类活动引起，如人类生产和生活活动排放的污染物对环境的污染，也可由自然原因引起，如火山爆发释放的尘埃和有害气体对环境的污染。环境保护中所指的环境污染主要是指人类活动造成的污染。

环境污染的类型，按环境要素可分为大气污染、水体污染和土壤污染等；按污染物的性质可分为生物污染、化学污染和物理污染；按污染物的形态可分为废气污染、废水污染、固体废物污染以及噪声污染、辐射污染等；按污染物产生的来源可分为工业污染、农业污染、交通运输污染和生活污染等；按污染物的分布范围又可分为全球性污染、区域性污染、局部性污染等。

1.3.2 环境污染物侵入人体的途径及转化

环境污染物可以通过多种途径侵入人体。大气中的有毒气体和烟尘主要通过呼吸道作用于人体；水体和土壤中的毒物主要通过饮用水和食物经过消化道被人体所吸收；一些脂溶性毒物如苯、有机磷酸酯类和农药，以及能与皮肤的酯中酸根结合的毒物如汞、砷等，经过皮肤被人体吸收。

(1) 呼吸道系统

成人每天呼吸 20000 次以上，每次呼吸的空气量大约为 500mL，平均每天吸入 15kg 空气，是摄入食品量的 10 倍。大气中的污染物很容易通过呼吸道进入人体。整个呼吸系统包括气管、支气管及肺泡等，黏膜组织都能吸收毒物，吸收能力又以肺泡最强。经肺泡吸收的毒物，不经过肝脏而直接进入血液循环从而分布到全身，造成很大危害。如飘浮在空气中的气溶胶小粒子很容易被人吸入并沉积在支气管和肺部，特别是粒径小于 $1\mu m$ 的粒子可以直达肺泡内，而这些小粒子中富集了大量的有毒物质。

（2）消化道系统

污染物也可以经由口腔、肠、胃进入人体，肠胃及口腔黏膜均可吸收毒物，不过经肝脏的解毒作用之后，污染物才分布到全身，但污染物对口腔、肠胃及肝脏等器官会造成危害。

（3）皮肤

有毒物质如苯、二硫化碳和有机磷化物等脂溶性物质可以通过皮肤的表皮经毛孔到达皮脂腺及腺体细胞而被吸收，还有些毒物可以通过汗腺进入人体。通过皮肤进入人体的毒物也是不经过肝脏而直接进入血液循环从而分布到全身。

通过上述途径侵入人体内的污染物在进入血液进行全身循环时，有的毒物在血液中与血红细胞或血浆中的某些成分发生作用，破坏血液的输氧功能，抑制血红蛋白的合成代谢，发生溶血作用。有毒物质能在不同的身体器官和部位进行储存富集，产生毒性作用，或者进行生物转化作用，如铅蓄积在骨骼内，DDT 蓄积在脂肪组织中等。很多污染毒物进入人体内后经过生物转运和生物转化被活化或被解毒。肾脏、肠胃等，特别是肝脏，对各种毒物具有生物转化功能。体内毒物以其原形或代谢产物作用于靶器官，产生毒害作用。最后毒物经肝脏、消化道和呼吸道排出体外，少数也可以随汗液、乳汁、唾液等排出体外，还有的在皮肤的代谢过程中进入毛发而脱离机体。

1.3.3 环境污染物对人体健康的危害

环境污染物对人体健康的危害是一个十分复杂的问题。依据传统毒理学的观点，污染物对人体的影响可能出现这几种情况：单独作用，即人体只是由于某一种污染因素发生危害；相加作用，即几种污染因素对人体的毒害作用彼此相似，且毒害作用等于单个污染因素毒害作用的加和；协同作用，即污染因素对人体的危害作用超过单一因素毒害作用的加和；拮抗作用，即两种或两种以上污染物对人体的危害彼此抵消一部分或大部分。

环境污染物对人体健康的危害按时间分为急性危害、慢性危害和远期危害三种。

（1）急性危害

在短期内（或一次性的，通常是由事故引起），有害物质大量进入人体或动物机体所引起的中毒为急性中毒。常用动物实验来阐明环境污染物对机体的作用途径、毒性表现和对机体的剂量与效应之间的关系。急性毒作用一般以半数有效量（ED_{50}）来表示。ED_{50} 如以死亡作为中毒效应的观察指标称为半数致死量（LD_{50}）或半数致死浓度（CD_{50}）。环境污染物毒性根据半数致死量分为五级，即极毒、高毒、中等毒、低毒和微毒。

急性危害对人体的影响最明显，环境污染事件都属于急性危害。

（2）慢性危害

有害物质长时间持续作用于人或动物机体所引起的中毒称为慢性中毒。慢性中毒一般要经过长时间之后才逐渐显露出来。环境污染物对人体的慢性中毒作用，既是环境污染物本身在体内逐渐蓄积的结果，又是污染物引起机体损害逐渐积累的结果。例如，含镉污染物引起的骨痛病便是环境污染慢性中毒的典型例子。

人和动物对慢性中毒作用易呈现耐受性。但污染物长时间作用于机体，往往会损害体内的遗传物质，引起突变，给机体带来远期危害，甚至通过遗传影响到子孙后代的身体健康。因此，慢性毒作用对人体的损害可能比急性毒作用更加深远和严重。

（3）远期危害

远期作用包括"三致"作用，即致畸作用、致突变作用和致癌作用。环境污染物通过人或动物母体影响胚胎发育和器官分化，使子代出现先天性畸形的作用，称为致畸作用；环境污染物或其他环境要素引起生物体细胞遗传物质或遗传信息发生突然改变的作用是致突变作用；环境中致癌物质诱发肿瘤的作用称为致癌作用。目前已发现的致癌化学物质越来越多，但对于致癌物质的致癌机理尚不是十分清楚。

1.3.4　人类面临的主要环境问题

人类面临一系列亟待解决的环境问题，如酸雨、气候变化、臭氧层破坏、物种加速灭绝、水资源危机、能源短缺、土地荒漠化等。

1.3.4.1　酸雨

（1）酸雨的产生

酸雨又称为酸沉降，它是指 pH 值小于 5.6 的天然降水（湿沉降，包括雨、雪、霜、雾、露、雹等）和酸性气体及颗粒物的沉降（干沉降）。

90％以上的酸雨是由化石燃料燃烧产生的 SO_2 和 NO_x 排入大气中后转化而来的。据有关资料报道，欧美地区的酸雨中硫酸和硝酸的比例为 2∶1；我国酸性降水中硝酸根离子和硫酸根离子的浓度比例已由 2000 年的 0.15∶1 发展为 2015 年的 0.344∶1。酸雨的发展与燃料消费数量、能源结构、技术水平以及人口增长均有关系。

酸雨的产生是一个非常复杂的化学过程。SO_2 通过光化学氧化和催化氧化两种途径转化形成硫酸，其反应过程简述如下。

SO_2 吸收太阳的紫外线，活化成 SO_2^*，即：

$$SO_2 \xrightarrow{\text{紫外线}} SO_2^* \tag{1-1}$$

O_2 或 O_3 与 SO_2^* 反应：

$$2SO_2^* + O_2 \longrightarrow 2SO_3 \tag{1-2}$$

或

$$SO_2^* + O_3 \longrightarrow SO_3 + O_2 \tag{1-3}$$

SO_2 也能在大气中固体颗粒物所含的铁、锰、钒等金属盐的催化下氧化成 SO_3：

$$2SO_2 + O_2 \xrightarrow{\text{催化剂}} 2SO_3 \tag{1-4}$$

SO_3 与大气中的水分结合，即得硫酸：

$$SO_3 + H_2O \longrightarrow H_2SO_4 \tag{1-5}$$

SO_2 也可直接溶解在潮湿大气的水分中形成亚硫酸或硫酸：

$$SO_2 + H_2O \longrightarrow H_2SO_3 \tag{1-6}$$

$$2H_2SO_3 + O_2 \longrightarrow 2H_2SO_4 \tag{1-7}$$

NO_x 在空气湿度较高的条件下，在大气中固体颗粒物所含的铁、锰等金属盐的催化下氧化成硝酸：

$$4NO + 2H_2O + 3O_2 \longrightarrow 4HNO_3 \tag{1-8}$$

一个地区出现酸雨不一定就是酸雨区，应该根据该地区酸雨的年均 pH 值和出现酸雨的概率来定义。我国对酸雨区的定义标准尚在讨论中，但一般认为：年均降水 pH 值高于 5.6、酸雨率为 0%～20% 的降水区为非酸雨区；pH 值为 5.3～5.6、酸雨率为 10%～40% 的降水区为轻酸雨区；pH 值为 5.0～5.3、酸雨率为 30%～60% 的降水区为中度酸雨区；pH 值为 4.7～5.0、酸雨率为 50%～80% 的降水区为较重酸雨区；pH 值小于 4.7、酸雨率为 70%～100% 的降水区为重度酸雨区。这就是所谓的五级标准。

(2) 酸雨的危害

随着人口增长和生产发展，化石燃料的消耗量不断增加，酸雨问题的严重性逐渐显露出来。20 世纪 50 年代以前，酸雨只在局部地区出现；50～60 年代，北欧地区受到欧洲中部工业区酸性排气的影响，出现了酸雨；60 年代末到 80 年代初，酸雨范围由北欧扩大至中欧，同时北美也出现大面积的酸雨区；80 年代以后，在世界各地相继出现了酸雨，如亚洲的中国、日本、韩国、东南亚各国，南美的巴西、委内瑞拉，非洲的尼日利亚、象牙海岸等都受到了酸雨的危害。

酸雨的危害范围不断扩大，危害程度也不断加深。酸雨沉降到土壤中，提高了土壤的酸度，如北欧、美国、加拿大曾出现明显的土壤酸化现象；酸雨破坏水体生态系统，危害鱼类的生存，美国、加拿大、北欧诸国曾有大量湖泊酸化，造成水生生物濒临绝迹；酸雨毁坏森林和草原，使树木枯死、农作物减产，全欧洲 1.1 亿公顷的森林中有 5000 万公顷受酸雨危害而变得脆弱和枯萎；酸雨能腐蚀建筑材料、金属结构、油漆等，一些露天的价值连城的历史遗迹和艺术瑰宝因酸雨腐蚀而面目全非；酸雨还损害人体健康，使地面水和地下水变酸，水中金属含量增高。

我国同样受到酸雨污染的危害，酸雨区主要分布在长江以南、青藏高原以东地区及四川盆地，华中、华南、西南及华东地区是酸雨污染严重的区域。2002 年我国出现酸雨的城市占统计城市数的 50.3%，降水酸度平均值低于 5.6 的占 32.6%；经过治理，酸雨污染明显缓解，2017 年，出现酸雨的城市比例为 36.1%，降水酸度平均值低于 5.6 的占 18.8%。

1.3.4.2　温室效应与气候变化

(1) 温室效应与温室气体

大气层中的某些微量组分能使太阳的短波辐射透过，加热地面，而地面增温后所放出的热辐射却被这些组分吸收，使大气增温，这种现象称为温室效应。这些能使地球大气增温的微量组分称为温室气体。主要的温室气体有 CO_2、CH_4、N_2O、CFC（氟氯烷烃）等。有研究表明，人为造成的各种温室气体对全球温室效应所起作用的比例不同，其中 CO_2 的作用占 55%、CFC 占 24%、CH_4 占 15%、N_2O 占 6%，因此 CO_2 的增加是造成全球变暖的主要原因。

(2) 温室效应产生的影响

大气中的 CO_2 及其他温室气体浓度的增加引起全球气候变暖。研究表明，如果大气中 CO_2 浓度增加 1 倍，全球温度将上升 $(3\pm1.5)℃$。近百年来，全球地面平均气温提高了 0.3～0.6℃。世界气象组织发布的信息显示，2018 年全球平均温度比 1981～2010 年平均值偏高 0.38℃，较工业化前水平高出约 1℃，2014～2018 年是有完整气象观测记录以来最暖的五个年份。中国气候变化蓝皮书（2019）指出，1951～2018 年中国年平均气温每 10 年升高 0.24℃，升温率明显高于同期全球平均水平，近 20 年是 20 世纪初以来的最暖时期。

气候的变暖引起了海平面的上升。当前，世界大洋温度正以每年 0.1℃ 的速度升高，全球海平面在过去的百年里平均上升了 14.4 cm，我国沿海平面也平均上升了 11.5cm，并预测到 2100 年，全球海平面将平均再上升 50cm。海平面的升高将严重威胁低地势岛屿和沿海地区人民的生活和财产安全，会使居住在沿海地区约占全球 50% 的人口受到严重影响。气候的变暖还会引发干旱、洪水、暴风雪、森林大火等灾害，对人类的生存环境构成强大冲击；气候的变暖会使全球的温度带向高纬度移动，对许多地区的工农业生产和人们的日常生活产生威胁；气候的变暖会加剧传染性疾病的传播，产生新的传染病，并使传统的传染性疾病也卷土重来；气候的变暖会影响陆地生态系统中动植物的生理特性和区域的生物多样性。

1.3.4.3 臭氧层破坏

在大气圈约 25km 高空的平流层底部，有一个臭氧浓度相对较高的小圈层，即为臭氧层。臭氧层中臭氧浓度很低，最高浓度仅 10ppm（$1ppm=10^{-6}$），若把其集中起来并校正到标准状态，平均厚度仅为 0.3cm。臭氧在大气中分布不均匀，低纬度较少，高纬度较多。就是这样一个臭氧层，却吸收了 99% 来自太阳的对人体、动物和植物等有害的紫外线辐射（240~329nm，称为 UV-B 波段），保护了人类和生物免遭紫外辐射的伤害。

自 1958 年对臭氧层进行观察以来，发现高空臭氧层有减少的趋势，20 世纪 70 年代后，减少加剧，冬季减少率大于夏季。1985 年，英国科学家首次报道南极上空自 1975 年以来，在 9~10 月臭氧总浓度减少 30% 以上，也就是形成所谓的臭氧空洞。2000 年南极臭氧空洞的持续时间超过了 100 天，面积大约为 2900 万平方公里，也是南极臭氧空洞发现以来的最长纪录。2014 年，美国国家海洋和大气管理局与宇航局对南极上空的臭氧空洞观察发现臭氧空洞最大时达到 2410 万平方公里，比 2000 年显著缩小，表明 1987 年联合国《蒙特利尔破坏臭氧层物质管制议定书》签署后，由于氟利昂等破坏臭氧化学品的限制使用，平流层氟氯烃和其他臭氧消耗物质浓度下降，臭氧层逐渐得到恢复。联合国环境规划署（UN Environment）和世界气象组织（WMO）公布的研究表明，部分平流层中的臭氧层自 2000 年以来，以每 10 年 1%~3% 的速率恢复，按此速率估计，北半球和中纬地区的臭氧预计在 21 世纪 30 年代将完全修复；南半球在 21 世纪 50 年代以及极地地区在 2060 年前修复。

关于臭氧层损耗的原因，目前还存在着不同的认识，但比较一致的看法为：人类活动排入大气的某些化学物质与臭氧发生作用，导致了臭氧的损耗。这些物质主要有 N_2O、CCl_4、CH_4、哈龙（溴氟烷烃）以及氟利昂（CFCs）等。破坏作用最大的为哈龙和氟利昂（CFCs），哈龙和氟利昂在短波紫外线 UV-C（波长小于 290nm）的照射下分解释放出溴自由基和氯自由基，参与对臭氧的消耗。如释放氯自由基的反应为：

$$CCl_2F_2 \xrightarrow{\text{紫外线}} CClF_2 + Cl \cdot \tag{1-9}$$

$$CCl_3F \xrightarrow{\text{紫外线}} CCl_2F + Cl \cdot \tag{1-10}$$

$$Cl \cdot + O_3 \longrightarrow ClO + O_2 \tag{1-11}$$

$$ClO + O \longrightarrow Cl \cdot + O_2 \tag{1-12}$$

据估算，一个氯自由基可以破坏多达 $10^4 \sim 10^5$ 个臭氧分子，溴自由基对臭氧的破坏能力是氯自由基的 30~60 倍。而且，氯自由基和溴自由基之间还存在协同作用，两者同时存在时的破坏能力要大于两者简单的加和。哈龙和氟利昂具有很长的寿命，一旦进入大气中很难去除，对臭氧层的破坏会持续很长的时间。

研究表明，平流层臭氧浓度减少 1%，紫外线辐射量将增加 2%，基底细胞癌、鳞状细胞癌和非黑色素皮肤癌的发病率将分别上升 2.0%、3.5% 和 2.3%，白内障发病率将增加 0.2%~1.6%，并且使人的免疫系统遭到破坏，降低人体对疾病的抵抗能力，还会使农作物减产、海洋生态平衡破坏，加速建筑、喷涂、包装和电线电缆材料尤其是聚合物材料的降解和老化。

1.3.4.4　物种加速灭绝

物种灭绝是一种非常正常的自然过程，所有的物种都有其特定的生命周期。科学家表示"正常的物种灭绝速率"应该是一个物种存活 100 万年，即一年灭绝的物种为 10～25 个，而现在物种灭绝的速度预计是正常速度的 100～1000 倍，甚至达到 10 万倍。

物种加速灭绝的主要原因是人类活动造成的，如大面积对森林、草地、湿地等的破坏，过度捕猎和利用野生物种资源，城市地域和工业区的扩展，外来物种的引入或侵入，无控制旅游，土壤、水和大气污染，全球气候变化，这些因素的累加会对生物物种的灭绝产生成倍加快的作用。

物种加速灭绝（生物锐减）成为人们关注的重大环境问题。联合国环境计划署预测：在今后二三十年内，地球上将有 1/4 的生物物种陷入绝境；到 2050 年，约有半数动植物将从地球上消失。这就是说，每天有 50～150 种、每小时有 2～6 种生物离我们悄然而去。

联合国生物多样性大会估计全球大约有 16 300 种动植物物种处在灭绝的边缘，有 41000 多种生物的生存受到威胁，全球 1/8 的鸟类、1/3 的两栖动物、1/5 的哺乳动物、1/4 的珊瑚类以及 1/2 的海龟类正处于危险之中，此外 70% 的植物也面临不同程度的危险。

在中国，生物多样性所遭受的损失也非常严重：大约有 200 个物种已经灭绝；估计约有 5000 种植物已处于濒危状态，约占中国高等植物总数的 20%；大约还有 398 种脊椎动物也处在濒危状态，约占中国脊椎动物总数的 7.7%。

1.3.4.5　水资源危机

水是生命之源、生产之要、生态之基，是人类生存的根本，是经济发展和社会进步的生命线，是实施可持续发展的重要物质基础，但水资源危机成为人类面临的挑战之一。水资源危机是指水资源系统不能保证生态、经济和社会的可持续发展，供求矛盾异常尖锐时的状态。按联合国标准，水的使用与资源比例超过 20% 就是中度至严重危机。

根据联合国《2018 年世界水资源开发报告》，由于人口增长、经济发展和消费方式转变等因素，全球对水资源的需求正以每年 1% 的速度增长，而这一速度在未来 20 年还将大幅加快。目前全球约有 36 亿人口居住在缺水地区，到 2050 年全球将有 50 多亿人面临缺水。水资源缺乏已成为关系到贫困、可持续发展乃至世界和平与安全的重大课题。

水资源危机产生的原因是多方面的。人口增长和城市化、淡水资源的需求迅速增长，如 1997～2017 年我国生活用水量由 525 亿立方米提高到 838.1 亿立方米，工业用水量由 1121 亿立方米提高到 1277.0 亿立方米；气候变暖，使冰川融化，海平面上升，导致全球淡水资源减少；水资源利用效率低，浪费严重，如中国 2017 年农业用水占用水总量的 62.3%，虽然通过灌区节水配套改造，大力发展以喷、滴灌为主的高效节水灌溉，由"浇地"变"浇作物"，告别"大水漫灌"，2017 年底全国农田灌溉水有效利用系数提高到 54.2%，但与发达国家农业用水利用率 70%～80% 相比还有很大差距；日趋严重的水污染问题，加剧了全球水资源危机，如全球每年约有 4200 多亿立方米的污水排入江河湖海，污染了 5.5 万亿立方米的淡水，相当于全球径流总量的 14% 以上；沿海地区地下淡水过量开采引发海水入侵也是造成水资源短缺的一个原因。

1.3.4.6　土地荒漠化

土地荒漠化是指包括气候变异和人类活动在内的多种因素造成的干旱、半干旱和亚湿润干旱地区的土地退化。据联合国环境规划署 1992 年的报告，截至 1991 年，全球荒漠化土地总面积达 3600 万平方公里，占地球陆地总面积的 1/4，并且以每年 5 万～7 万平方公里的速度扩大，直接经济损失高达 420 亿美元/年。全世界近 100 个国家的 10 亿人口受到越来越严重的沙漠化威胁，1.35 亿人口将可能失去赖以生存的土地。亚洲是世界上受荒漠化影响的人口分布最集中的地区，遭受荒漠化影响最严重的国家依次是中国、阿富汗、蒙古、巴基斯坦和印度。1994 年 6 月 17 日，包括中国在内的 112 个国家通过了国际防治荒漠化公约，联合国大会又确定每年的 6 月 17 日为"世界防治荒漠化和干旱日"。

土地沙漠化的成因主要有两个：一是气候因素，赤道地区的上升气流在高空向两极方向流动，由于地球旋转偏向力的影响，在南北纬 30°附近，大部分空气积聚在高空并辐射冷却下沉，常年在近地面形成"副热带高压带"，这一地带除亚欧大陆东岸季风气候区外，其他地区气候干燥、云雨少见，从而成为主要的沙漠分布区；二是人类不合理的生产活动，人口增长和经济发展使土地承受的压力过重，过度开垦、过度放牧、乱砍滥伐和水资源不合理利用等使土地严重退化，森林被毁，气候逐渐干燥，最终形成沙漠。

1.4　环境科学

环境问题及其影响由来已久，并随着人类经济和社会的发展而发展，人类在与环境问题做斗争的过程中，对环境问题的认识逐步深入，积累了丰富的经验和知识，促进了各类学科对环境问题的研究。20 世纪 50 年代以后，环境问题的严重化促进了环境科学的发展，经过 60 年代的酝酿准备，至 60 年代末、70 年代初形成了环境科学。进入 21 世纪后，环境科学与其他科学一样更是日新月异地持续发展。

1.4.1　环境科学的内容及任务

环境科学是研究在人类活动的影响下，环境质量变化的规律，以及环境保护和改善的科学。环境科学是一门新兴的综合性科学，不仅包括各种自然因素，而且包括一定的社会因素。它把人和环境作为一个对立统一的整体来研究，从理论上阐明环境系统内在的矛盾和运动规律，并探讨在人类活动的干预下环境系统的变化及其后果，以达到认识环境、保护和改善环境的目的。而在当前，环境科学的基本任务就在于解决以污染为中心的各种环境问题，其研究内容包括：①人类与环境的关系；②环境污染的危害；③污染物在自然环境中迁移、转化、循环和积累的过程和规律；④环境质量的调查及评价；⑤环境污染的控制和防治；⑥自然资源的保护和合理开发；⑦环境监测、分析技术的预测预报；⑧环境区域规划和环境保护规划。

1.4.2　环境科学的分科

对环境问题的研究不仅涉及数学、物理、化学、生物、地质、气象等多种自然科学的分支及边缘学科，而且涉及工程技术、社会学、经济管理学和法学等社会科学的学科。以往的各个自然科学的分支学科和边缘学科对环境污染问题的研究只能从微观方面认识污染物在环境中的变迁机理，但不能从宏观方面认识物质和能量在人及环境的综合平衡体系中交换和转移的运动规律。从广度来看，物质和能量是在一个地球、天体以及人类形成和演变的广阔空间和漫长的时间内运动；从深度来看，物质和能量又是以离子、原子和分子的微小粒子在人与生物细胞的狭小空间和短暂的时间内运动。因此，研究人与环境的问题就必须从宏观和微观两个领域同时开展，才能把握它的运动规律。多年来形成的环境物理学、环境化学、环境生物学、环境地质学等，就是应环境科学研究的需要而新兴的综合边缘学科。另外，现代科学技术的发展已为环境科学的研究提供了必要的实验手段，从而奠定了"环境科学"这个与人类生活关系极端密切的综合的新型科学的基础。

环境科学是一门综合性的科学，所涉及的学科范围非常广泛，各个学科领域多边缘相互交叉渗透，因而出现了环境科学中的各个分支。环境科学现在正处于发展阶段，无论是研究范畴还是分科体系，意见均不一致。由于环境科学是从各个学科进行研究和发展而来的，因此有一种观点是按现有学科把环境科学分为下列六大类：

① **环境社会科学** 包括环境发展史、环境污染史、环境政治经济学、环境规划和环境管理、环境法学等。

② **环境地学** 包括环境地理学、环境地质学、环境海洋学、环境地球化学、环境生物地球化学和环境大气学等。

③ **环境生物学和环境医学** 包括环境生态学、环境水生物学、环境微生物学、环境生理学、环境毒理学等。

④ **环境化学** 包括环境分析化学和工程化学、大气污染化学、水污染化学、土壤污染化学、污染生态化学、海洋污染化学等。

⑤ **环境物理学** 包括辐射生物学、辐射医学、环境声学、环境电磁学等。

⑥ **环境工程学** 包括废水、废气、废渣处理工程，自然资源的合理开发与利用，无害能源的开发和无毒新工艺的设计与应用。

总之，环境科学所涉及的学科非常广泛，各个学科相互交叉、渗透，是自然科学与社会科学综合发展的一个新领域。

1.4.3 环境工程学

环境工程学是在人类长期治理环境污染、保护和改善生存环境的过程中逐渐形成和发展起来的，是环境科学的一门分支学科。

(1) 环境工程学的任务

环境工程学的任务是利用环境学和工程学的原理和方法研究环境污染控制的理论、技术、措施和政策，以改善环境质量，保证人类的身体健康、舒适的生存环境和社会的可持续发展。

(2) 环境工程学的研究对象

环境工程学的研究对象不仅包括大气（包括室内空气）污染控制技术、水污染控制技术、固体废物的处理与处置以及资源化技术、物理性污染（热污染、辐射污染、噪声污染、振动污染）防治技术、自然资源的合理利用与保护、环境监测与环境质量评价等传统领域，而且包括生态修复和构建理论与技术、清洁生产理论与技术、环境规划、环境管理与环境系统工程等。目前其研究对象仍在继续拓展。

(3) 环境工程学的学科体系

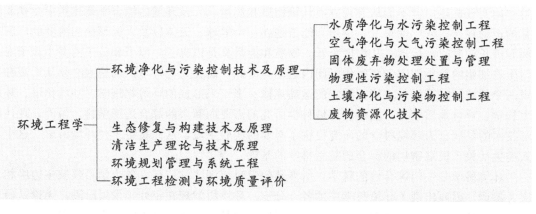

环境工程学是在吸收化学工程、机械工程、卫生工程、给排水工程等经典学科基础理论和技术的基础上，为了改善环境质量而逐步形成和发展起来的一门新兴学科。它虽然基于上述经典学科，但无论是学科任务还是研究对象都与这些学科有显著的区别。近年来，大量其他学科知识，如生物工程与生物技术、化学、材料学、生态学、矿物加工工程、植物学、计算机与信息工程以及社会学等诸多学科都向其渗透，使其学科理论体系日趋完善，已经成为具有鲜明特色的独立的学科体系。

1.5 环境保护

1.5.1 环境保护的内容和任务

(1) 环境保护概念的发展

20 世纪 50 年代以后，污染日趋严重，在一些经济发达的国家出现了反污染运动，人们对环境保护概念有一些初步的理解。当时大多数人认为环境保护只是对大气污染和水污染等进行治理，对固体废物处理和利用（即所谓"三废"治理），以及排除噪声干扰等技术措施和管理工作，目的是消除公害，使人体健康不受损害。

1972 年由巴巴拉·沃德和雷内·杜博斯两位执笔为人类第一次环境会议所撰写的《只有一个地球》，提出环境问题不仅是工程技术问题，更主要的是社会经济问题，不是局部问题，而是全球问题，"环境保护"成为科学技术与社会经济相结合的问题。到了 20 世纪 70 年代中期，人们认识到环境保护不仅是控制污染，更重要的是合理开发利用资源，经济发展不能超出环境容许的极限。

20 世纪 80 年代末，有些发达国家的政府大声疾呼：环境保护是人类所面临的重大挑战，是当务之急，健康的经济和健康的环境是完全相互依赖的。越来越多的发展中国家也认识到环境保护与经济相关的重要性。1992 年，在巴西里约热内卢召开了全球首脑会议，讨论实施可持续发展的具体方法，通过了《21 世纪议程》。2002 年，可持续发展世界首脑会议在南非约翰内斯堡召开，本着"拯救地球、重在行动"的会议宗旨，着眼应对人类进入 21 世纪在环境与发展上所面临的严峻挑战，全面审查和评价《21 世纪议程》执行情况。2012

年，在巴西里约热内卢举行的联合国可持续发展首脑会议达成了题为《我们憧憬的未来》的成果文件，决定发起可持续发展目标讨论进程，肯定绿色经济是实现可持续发展的重要手段之一，加强联合国环境规划署职能，提升可持续发展机制在联合国系统中的地位和重要性，并要求发达国家以优惠条件向发展中国家转让环境友好型技术，帮助发展中国家加强能力建设，共同为建设一个绿色和可持续发展的新世界而努力。

（2）环境保护的内容与基本任务

概括地说，环境保护就是运用现代环境科学的理论和方法，在合理开发利用资源的同时，深入认识并掌握污染和破坏环境的根源与危害，有计划地保护环境，预防环境质量的恶化；控制环境污染和破坏，保护人体健康，促进经济与环境协调发展，造福人民，贻惠于子孙后代。世界各国关于环境保护的内容不尽相同，同一个国家在不同的时期环境保护的内容也有所变化。但一般地说，大致包括两个方面：一是保护和改善环境质量，保护居民的身心健康，防止机体在环境污染影响下产生遗传变异和退化；二是合理开发和利用自然资源，减少或消除有害物质进入环境，以及保护自然资源、加强生物多样性保护、维护生物资源的生产能力，使之得以恢复和扩大再生产。

《中华人民共和国环境保护法》明确提出了环境保护的基本任务："保护和改善环境，防治污染和其他公害，保障公众健康，推进生态文明建设，促进经济社会可持续发展。"

（3）环境保护遵循的基本原则

环境保护的基本原则是环境保护工作应当遵循的共同准则，《中华人民共和国环境保护法》明确了"环境保护坚持保护优先、预防为主、综合治理、公众参与、损害担责的原则"。

保护优先、预防为主就是要加强源头管理，把保护放在优先位置，强调对环境污染要注重预防，不能再走"先污染再治理"的老路。综合治理就是运用各项经济、技术政策和措施，加强环境保护，发挥治理的综合效益。公众参与是指环境保护要有公众参加，要保障公众的环境信息知情权、环境管理参与权和环境违法监督权，体现了环境保护是全社会共同责任的理念。损害担责就是环境损害者对其造成的环境污染和生态破坏承担责任，与国际上通行的污染者负担原则含义基本相同，同时还拓展了其负责的范围，涵盖了环境污染和生态破坏。

1.5.2　环境保护是我国的一项基本国策

1983 年召开的第二次全国环境保护会议首次提出了"环境保护是我国的一项基本国策"；1990 年的《国务院关于进一步加强环境保护工作的决定》第一次在正式文件中明确了保护环境的基本国策；2014 年修订后的《中华人民共和国环境保护法》将保护环境作为一项基本国策写入其中。所谓国策，就是立国之策，治国之策。只有那些对国家经济建设、社会发展和人民生活具有全局性、长期性和决定性影响的谋划和策略才可以成为国策。把环境保护提高到国策的战略高度是由我国的基本国情决定的。

我国人均资源短缺，经济基础薄弱，环境问题欠账较多，资源和能源利用率低，浪费严重，使本来就不足的各种自然资源变得更加紧缺。这一基本国情决定了环境保护在经济、社会发展过程中的地位和作用，只有加强环境保护，遏制日益严重的生态破坏，保护有限的自然资源，才能实现国家的可持续发展。

随着全球环境问题的加剧，环境安全已逐渐成为国家和地区安全的重要内容。政治化趋势日益明显的环境问题，对国际政治、经济和贸易关系产生了深远的影响。作为最大的发展中国家和环境大国，中国必须承担自己在国际社会中的责任和义务，在努力解决本国环境问题的同时，也要为全球的环境保护做出自己应有的贡献。

党的十八大以来，在习近平生态文明思想的科学指引下，我国环境保护事业发生历史性、转折性、全局性变化，天更蓝、山更绿、水更清，创造了举世瞩目的绿色发展奇迹。坚持开展蓝天、碧水、净土保卫战，污染防治攻坚向纵深推进，成为全球大气质量改善速度最快的国家，地表水优良水质断面比例已接近发达国家水平，顺利实现固体废物"零进口"目标，土壤和地下水环境风险得到有效管控，农村生态环境明显改善，全国自然保护地面积占全国陆域国土面积的18％，陆域生态保护红线面积占陆域国土面积比例超过30％，珍稀濒危野生动植物野外种群数量稳中有升。10年来，我国以年均3％的能源消费增速支撑了年均6％以上的经济增长，可再生能源开发利用规模、新能源汽车产销量居世界第一，绿色成为高质量发展鲜明底色，中国成为全球生态文明建设的重要参与者、贡献者、引领者。

党的二十大报告指出，"中国式现代化是人与自然和谐共生的现代化"，明确了新时代生态文明建设的战略任务。我国经济社会发展已进入加快绿色化、低碳化的高质量发展阶段，生态环境保护结构性、根源性、趋势性压力尚未根本缓解，生态文明建设仍处于压力叠加、负重前行的关键期。因此要深入贯彻习近平生态文明思想和党的二十大精神，牢固树立和践行绿水青山就是金山银山的理念，以改善生态环境质量为核心，以精准治污、科学治污、依法治污为工作方针，统筹产业结构调整、污染治理、生态保护、应对气候变化，协同推进降碳、减污、扩绿、增长，推进生态优先、节约集约、绿色低碳发展；持续深入打好蓝天、碧水、净土保卫战，实施好重污染天气消除、臭氧污染防治、柴油货车污染治理、城市黑臭水体治理、长江保护修复、黄河生态保护治理、重点海域综合治理、农业农村污染治理等污染防治攻坚战；加强生态系统保护监管，实施生物多样性保护重大工程，提升生态系统多样性、稳定性、持续性；严密防控生态环境风险，牢牢守住生态环境安全底线；深化生态环境领域改革，健全现代环境治理体系；积极参与全球环境治理，推动全球可持续发展。努力在改善生态环境质量上取得新进步，在促进经济社会发展全面绿色转型上展现新作为，在建立健全现代环境治理体系上实现新突破，建设"青山常在、绿水长流、空气常新"的美丽中国。

本章小结

　　本章介绍了环境的基本概念、环境问题的发展过程、污染对人体的危害、人类亟待解决的主要环境问题、环境科学和环境工程学研究的基本内容、环境保护的目的与任务，使学生通过本章的学习充分理解贯彻环境保护基本国策的重要意义，树立环境保护意识，履行保护环境的责任。

第2章
人类活动与环境问题

2.1 生态学基本原理

本章学习要点

✓ **重点**：生态平衡与生物多样性、土地资源的主要问题、能源利用与环境污染。
✓ **要求**：认识生态和土地资源保护的重要性，了解人类与环境的关系，熟悉能源利用的方向。

生态学是环境科学的理论基础之一，环境科学在研究人类的生产、生活与环境的相互关系时需要运用生态学的基础理论和基本规律。人类对自然资源不合理的开发利用以及对环境造成的污染，使某些生态系统的结构和功能产生不同程度的改变，破坏了生态平衡，严重地影响了某些生物种类的正常生长、发育和繁殖，又直接或间接、近期或长远、明显或缓慢地致使局部的、区域的环境质量恶化，甚至对全球环境产生影响。

2.1.1 生态学的定义、任务

生态学是一门综合性强的学科，是研究生命系统和环境系统之间相互作用过程及其规律的科学。生态学的基本任务是研究生态学规律，探讨生态自然保护的原则和机制，以减少对生态环境的人为破坏，合理和综合利用各种自然资源，协调生态环境的社会效益、经济效益和生态效益，促进生态平衡的可持续发展。

黑格尔（Haechel，1869）在《生物普通形态学》一书中首次给生态学下了定义：研究有机体与有机和无机环境之间相互关系的科学。自黑格尔提出定义一百多年以来，生态学有很大的变化和发展。过去确定的生态学的任务是：研究有机体的适应性，有机体、个体与环境的关系；研究种群分化、形成、发展的规律和种群的动态；研究群落的形成、发生和发展规律。有的学者认为生态学是生物学的理论科学，有的则认为是进化的科学。近代生态学发展中对生态学的认识超出了一般"关系"的水平，认为生态学是研究生物分布和数量的科学，重点是了解生物在"什么地方发生""数量是多少""为什么这样"。

现在，有的人认为生态学是研究生态系统的结构和功能，表明生态学向更大的广度扩张，提高到一个新的水平。

对生态学的研究一般分为个体生态学、种群生态学、群落生态学和生态系统。它们是研究自然界生物与环境关系的必要理论基础。近年来生态学研究的中心集中到生态系统上。

2.1.2 生态系统

生态学研究的对象是生物个体、生物种群、生物群落、生态系统不同层次与环境的关系。生物种群是由个体组成的，而生物群落又是由种群构成的，任何一个生物群落与周围非生物环境的综合体就是生态系统。

生物种群是指特定时间内分布在一定地域上的同种个体的集合而组成的生物系统，但不是同种个体的简单相加，而是具有一定的年龄结构和稳定的遗传特性，具有个体所不具备的许多特征。

生物群落是种群的集合，是指一定空间内生活在一起的各种动物、植物和微生物种群系统的集合体。

生态系统的概念是英国生态学家 Tansley 在 1935 年首先提出的，他认为生态系统是特定空间中所有动物、植物和物理条件的综合体。现在对生态系统的一般定义为：在一定的时间和空间范围内，各生物成分和非生物成分通过能量流动、物质循环与信息传递而相互作用、相互依存形成的生态学的结构与功能单位。

生态系统的基本特征为整体性、开发性、区域分异性和动态变化性。

按生态形成和性质可将生态系统分为未受人类干扰或人工扶持的自然生态系统、人工生态系统（典型的是城市生态系统）及介于人工和自然生态系统之间的半人工生态系统。

生态系统是一个广泛的概念，可大可小，从含有几个藻类细胞的一滴水到宇宙本身都是生态系统。在一个复杂的大生态系统中又包含无数个小的生态系统。例如，自然生态系统有海洋生态系统、原始森林生态系统等，人工生态系统有城市、矿区、工厂等。许多生态系统组成了统一的整体，就是人类目前生活的自然环境。

生态系统是支持人类生存和发展的物质基础，作为人类的生存环境对人类的服务价值称作生态系统的环境功能，提供给人类的"有用"价值包括：①维生的价值；②经济的价值；③娱乐和美感上的价值；④历史文化的价值；⑤科学研究与塑造性格的价值。

2.1.3 生态系统的组成

任何生态系统都是由生物有机体及其生存环境所组成的。组成生态系统的生物种类往往很多，按其获得能量方式的不同，一般又可分为生产者、消费者和分解者。因此，一个生态系统包括生产者、消费者、分解者和非生命物质等四部分。

（1）生产者

生产者主要指绿色植物，即凡能进行光合作用制造有机物的植物种类，单细胞的藻类和能利用化学能把无机物转化为有机物的一些细菌均属于生产者。生产者利用太阳能或化学能把无机物转化为有机物，把太阳能转化为化学能，不仅供自身生长发育需要，而且是其他生物类群以及人类食物和能量的来源。

（2）消费者

消费者主要是动物，又分为一级消费者、二级消费者等等。草食动物直接以植物为食，如牛、马、羊、啮齿类，食草昆虫等为一级消费者；以草食动物为食的肉食动物，如狼、狐狸等为二级消费者，也称一级肉食动物；以二级消费者为食的肉食动物为三级消费者，也称二级肉食动物……消费者虽不是有机物的最初生产者，但有机物在消费者体内也有一个再生产的过程，所以消费者在生态系统的物质与能量转化过程中也是较为重要的一环。

（3）分解者

分解者指各种具有分解能力的微生物，也包括一些微型动物，如鞭毛虫、土壤线虫等。分解者在生态系统中的作用是把动植物尸体分解成简单的化合物，归还给环境，再重新供植物利用。分解者的作用在生态系统中非常重要，没有它生产者则缺乏养分，无法自养，不能生存。

（4）非生命物质

非生命物质指生态系统中生物赖以生存的各种无生命的无机物、有机物和各种自然因素，如二氧化碳、氧、氮、各种矿物，以及水、大气、阳光、温度和土壤等，这些非生命物质为各种生物有机体提供了必要的生存条件。

以上四个部分构成一个有机的统一整体，相互之间沿着一定途径不断地进行着物质与能量的交换，在一定的条件下保持着暂时的相对平衡。

2.1.4　生态系统的功能

生态系统的运行是由组成生态系统的生物群落或生物群落通过它们直接负责的关系维系的，最重要的运行过程是物质生产、物质循环、能量流动、信息传递（图 2-1）。生态系统的运行过程在生态学上也称作生态功能。

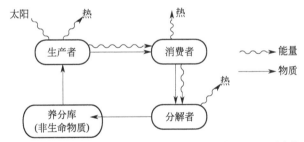

生产者：绿色植物——光合作用　　　（太阳能 → 化学能）　　　消费者：动物

分解者：微生物　　　非生命物质：CO_2、O_2、N_2、水、空气、土壤

图 2-1　生态系统中的物质循环和能量流动

（1）物质生产

生态系统不断运转，有机体在代谢过程中通过能量转换和物质重新组合形成新的产物的过程称为生态系统的物质生产。生产者把太阳能转化为化学能的过程为初级生产，又称为植物性生产；消费者将初级生产产物转化为动物能的过程为次级生产，又称为动物性生产。

① **初级生产** 即植物通过光合作用把无机物转化为有机物的过程：

$$6CO_2 + 12H_2O \xrightarrow{\text{光能，叶绿素}} C_6H_{12}O_6 + 6O_2 + 6H_2O \qquad (2\text{-}1)$$

葡萄糖是光合作用的主要产物，由其再合成蔗糖、淀粉和纤维素。

② **次级生产** 即消费者和分解者利用初级生产物质进行同化作用维持自身新陈代谢和繁衍后代的过程。

（2）能量流动

能量是生态系统的动力，是一切生命活动的基础。地球上能量的根本来源是太阳，植物通过光合作用固定和储存太阳能，化石燃料是过去地质年代固定和储存的太阳能。生态系统中能量的流动是按照热力学定律进行的。能量在转化过程中既不会增加也不会消失；能量的流动是从集中到分散，沿从能量高向能量低的方向传递。

生态系统的能量流动具有以下三个特点。

① **单向** 从总的能量流动途径来看，能量只是一次性流经生态系统，是不可逆的。

② **不断递减** 能量的逐级递减基本遵循"十分之一定律"，即每一级能量的转化利用率为10%，而90%的能量在传递过程中被损耗掉。因此，生态系统中营养级一般不超过5级。

③ **质量不断提高** 能量在生态系统内流动，一部分以热能的形式耗散，另一部分由低质量能转化为高质量能。

（3）物质循环

生物从大气圈、水圈和土壤圈中获得营养元素，通过食物链在生物之间流动，最后由于分解者的作用复归于环境，部分元素又可重新被植物吸收利用，再次进入食物链，如此反复的过程即为生态系统的物质循环。

物质循环可分成生物个体、生态系统和生物圈三个层次：

① 生物个体层次的物质循环是指营养元素在生物体内的再分配，如养分从植物的根系或叶片向生长点的迁移再分配等。

② 生态系统层次的物质循环是指环境中的元素经生物体吸收，在生态系统中被相继利用，然后经分解者利用，再为生产者吸收、利用，是生态系统内部生物主体与环境之间的循环。

③ 生物圈层次的物质循环是指环境中的元素经生物体吸收进入生物有机体内，然后生物有机体以死体、残体或排泄物的形式将物质或元素返回环境中，经过大气圈、水圈、岩石圈、土壤圈和生物圈循环后，再被生物利用的过程。其中，碳、氮、磷的循环在生物生命活动中起着重要作用。

（4）信息传递

信息传递是指生态系统中生命成分之间以及生命成分与非生命环境之间的信息流动与反馈过程。信息传递是一个双向过程，把生态系统各部分联系、协调成为一个统一整体，由于信息流的存在，自然生态系统的自动调节机制才得以实现。生态系统的信息形式主要有以下四种：

① **物理信息** 由声、光和颜色组成。例如：动物的叫声可以传递惊慌、警告、安全等信息；某些颜色可以为昆虫与鱼类提供食物信息。

② **化学信息** 即由生物代谢作用产物（尤其是分泌物）组成的化学物质。同种动物间释放的化学物质能传递求偶、行踪和划定范围等信息。

③ **营养信息** 由食物和养分构成。通过营养传递，可以将信息从一个种群传递到另一个种群，从一个个体传递到另一个个体。

④ **行为信息**　不同的行为动作传递不同的信息。如某些动物以飞行姿态和舞蹈动作传递觅食与求偶的信息，以鸣叫和动作传递警戒等信息。

2.1.5　生态平衡与生态失衡

(1) 生态平衡

任何一个正常的生态系统中，能量流动和物质循环总是不断地进行着。在一定时期内，系统内生产者、消费者和分解者之间都保持一种动态平衡，系统内的能量流动和物质循环在较长时期内保持稳定，并对外界环境条件的变化表现出一定的弹性，这种状态就叫生态平衡。生态平衡包括功能平衡、结构上的平衡以及物质输入和输出平衡三个方面，在自然生态系统中，平衡还表现在生物的种类和数量的相对稳定。

生态平衡是动态的平衡，不是静止的平衡，系统内部的因素和外界因素的变化，尤其是人为因素，都可能对系统产生影响，引起系统的改变，甚至破坏系统的平衡。所以，平衡是暂时的、相对的，不平衡是永久的、绝对的。

生态系统之所以能保持生态平衡状态，主要是由于内部具有自动调节的能力，对污染物来说，也就是环境的自净能力。当系统的某一部分出现机能的异常时，就可能被不同部分的调节所抵消。系统的组成成分越多样，能量流动和物质循环的途径越复杂，其调节能力也越强。相反，成分越单调，结构越简单，其调节能力也越小。

(2) 生态失衡

一个生态系统的调节能力是有一定限度的，在不超过系统的生态阈值和容量的前提下，可以承受一定的外界压力，当压力解除后，它能逐步恢复到原有的水平。如果外界压力无节制地超过该生态系统的生态阈值和容量，它的自我调节能力便会降低，甚至消失，最后导致生态系统衰退甚至崩溃，这就是常说的"生态平衡失调"或"生态平衡破坏"。

生态平衡的破坏有自然原因，也有人为因素。

自然原因主要指自然发生的异常变化或自然界本来就存在的对人类和生物有害的因素。由自然原因引起的生态平衡破坏的事例很多，如：秘鲁海面每隔六七年就会发生一次海洋变异的现象，结果使一种来自寒流系的鳀鱼大量死亡；大批鱼群死亡，使吃鱼的海鸟失去了食物，危及海鸟的生存。1965 年发生死鱼事件时，就使 1200 多万只海鸟饿死，导致鸟粪锐减，而当地农民耕种又以鸟粪为主要肥料，结果，由于失去肥源，农业生产也损失巨大。

人为因素引起生态平衡的破坏，主要有三种情况：①生物种类成分的改变。当人类有意或无意地使生态系统中的某一种生物消失或引入某一种生物时，都有可能影响整个生态系统。如在澳大利亚，引进了欧洲野兔，结果野兔成灾，使局部地区的草原生态系统遭受破坏。②环境因素的改变。工农业生产和人类活动产生的大量污染物质进入环境后，使生态系统的环境因素发生改变，影响整个生态系统，甚至破坏生态平衡。如含氮、磷等营养物质的污水进入水体后，由于营养成分的增加，水中藻类迅速繁殖，大量藻类的出现会使水中溶解氧含量下降，水中鱼类等动物就会因缺氧而死亡。③信息系统的破坏。在生态系统中，某些动物在生殖时期，雌性个体会排出一种性激素以引诱雄性个体，完成配偶，繁殖后代。当人们排到环境中的某些污染物质与性激素作用时，使性激素丧失了引诱雄性个体的作用，就会破坏这种动物的繁殖，改变生物种群的组成，使生态平衡受到影响，甚至遭到破坏。

2.1.6 生物多样性与环境影响

(1) 生物多样性的重要性

由生物群落及非生物自然因素组成的各种生态系统所构成的整体,主要或完全由自然因素形成,并间接地、潜在地、长远地对人类的生存和发展产生生态环境影响。人为的外力作用导致生态系统发生结构和功能变化的过程就是生态影响。生态影响有累积性、区域或流域性、高度相关和综合性三大特点。环境生态影响效应是系统整体性的,要保护和改善生活环境,就必须保护和改善生态环境。生态环境的破坏最终会导致人类生活环境的恶化。我国环境保护法把保护和改善环境与推进生态文明建设作为其主要任务之一,正是基于生态环境与生活环境的这一密切关系。

生物多样性是地球上动物、植物、微生物及其所构成的生态综合体的特性,包括遗传多样性、物种多样性和生态系统多样性三个组成部分。物种数量是衡量生物多样性丰富程度的标志。生物多样性是人类社会赖以生存和发展的基础。生物多样性为人类提供了食物、纤维、木材、药材和多种工业原料,提供了保持土壤肥力、保障水质以及调节气候等生态服务功能,调控大气层成分、地表温度、地表沉积层氧化还原电位以及 pH 值等,如现代大气层中的氧气含量达到 21% 就应归功于植物的光合作用。生物多样性关系着人类的安康福祉和文化完整性,与我们的衣、食、住、行及物质文化生活的许多方面密切相关。

中国是世界上生物多样性最丰富的国家之一。物种多样性高度丰富,约有高等植物 3 万种,仅次于马来西亚和巴西,居世界第三位;生物物种的特有性高,有大量特有的物种和孑遗物种,如大熊猫、白鳍豚、水杉、银杉等;生物区系起源古老,如晚古生代的松杉类植物,中国占世界现存的 7 科中的 6 科;经济物种异常丰富,如药用植物有 11000 多种,原产于我国的重要观赏性花卉超过 2238 种。丰富的生物多样性为我国社会经济可持续发展提供了坚实的物质基础。

(2) 生物多样性面临的严重威胁

由于资源的过度开发、气候变化、外来物种入侵、生境丧失等因素的影响,生物多样性受到严重威胁。生物多样性丧失已经成为全球重大环境问题之一。生物多样性保护不仅关系到地球上诸多物种的存在和延续,而且关系到人类自身的生死存亡,这是因为生物多样性对人类有巨大的、不可替代的价值,是人类群体得以持续发展的保障之一。

生物多样性是自然界长达数十亿年演化的结果。在自然界的长期演化过程中,始终存在着物种的灭绝。生物学家把这种灭绝分为两大类:一类是生物物种经过多代的自然选择、遗传变异而形成了新的后代;另一类是物种的完全消失,即真正的灭绝。在过去的 5 亿年间,地球生物经历了五次大范围的灭绝,它们都是由自然因素造成的。目前,地球生物正面临的第六次大规模物种灭绝却是人类活动的结果,所造成的物种灭绝的速度比历史上任何时候都快。

我国是世界上生物多样性最丰富的 12 个国家之一,也是世界农作物起源的八大中心之一和世界四大栽培植物起源中心之一,同样面临着生物多样性的不断丧失和流失的危机,大约有 200 个物种已经灭绝。我国 2017 年对全国 34450 种高等植物的评估结果显示,受威胁的有 3767 种,约占评估物种总数的 10.9%,属于近危等级(NT)的有 2723 种,属于数据缺乏等级(DD)的有 3612 种,需要重点关注和保护的达 10102 种(占评估物种总数的 29.3%);对全国 4357 种已知脊椎动物(除海洋鱼类)受威胁状况的评估结果显示,受威胁的有 932 种（约占评估物种总数的 21.4%），属于近危等级（NT）的有 598 种，属于数据缺乏等级（DD）的有 941 种，需要重点关注和保护的达 2471 种（占评估物种总数的56.7%）。生境的破坏使东北虎、大熊猫等珍贵野生动物的数量不断减少，而内蒙古的野马已灭绝。我国的羚羊、野生鹿等珍贵毛皮动物由于乱捕滥杀，种群数量大大减少；很多珍贵的药用植物如甘草、麻黄等也由于长期的人工采摘、挖掘，分布面积和种群数量急剧减少。

生存环境破坏的后果是物种加速灭绝，野生生物的生存在很大程度上依赖于其生存环境状况。生物的生存环境包括森林、草地、湿地等。由于乱砍滥伐，热带雨林每年消失 1130多万公顷，全球三大热带雨林（东南亚、中西非和拉丁美洲）的面积仅为原来的 58%。美国佛罗里达州立大学的一项研究报告表明，2000 年，拉丁美洲的森林面积缩小，约为原来的 52%，约 15%的森林植物物种（约 13600 种）灭绝。

环境污染威胁生物栖息地，使许多陆地和水体不再适合野生生物的生存，导致其多样性降低。水体污染能够对水生生物尤其是鱼类生命周期的任何阶段产生亚致死或致死作用，干扰它们的捕食、寻食和繁殖。土壤污染使植被退化，土壤动物变得稀少甚至绝迹，致使生物多样性显著下降。如昆明滇池在 20 世纪 50～90 年代，由于水体污染导致富营养化，高等水生植物种类丧失了 36%，鱼类种类减少了 25%，整个湖泊的动植物多样性水平显著降低。

(3) 生物多样性的保护

生物多样性是全世界环境保护的核心问题，是全球重大环境问题之一。1992 年在巴西里约热内卢召开的联合国环境与发展大会上通过了《生物多样性公约》，我国是最早批准公约的缔约方之一。1994 年，我国发布实施《中国生物多样性保护行动计划》，实施了退耕还林、退牧还草、退田还湖、天然林保护、野生动植物保护及自然保护区建设等重大生态工程。截至 2017 年年底，全国共建立各种类型、不同级别的自然保护区 2750 个，总面积147.17 万平方公里。其中，自然保护区陆域面积 142.70 万平方公里，占陆域国土面积的14.86%；国家级自然保护区 463 个、面积 97.45 万平方公里，部分区域生态系统得到恢复；80%以上的国家重点保护野生动物野外种群稳中有升，大熊猫、金丝猴、老虎、朱鹮、扬子鳄、藏羚羊繁育种群持续扩大，10 余种野生苏铁和 200 余种野生兰科植物得到保护。

为了应对生物多样性保护出现的新问题、新挑战，2010 年国务院审议通过《中国生物多样性保护战略与行动计划（2011—2030 年）》，明确了现阶段我国生物多样性保护工作的指导思想、基本原则、目标任务和保障措施等，提出到 2030 年各类保护区域数量和面积达到合理水平，生态系统、物种和遗传多样性得到有效保护，保护生物多样性成为公众的自觉行动。

生物多样性保护的主要对策如下：

① **建立法律政策体系**　制定相关法律、法规，制定国家生物多样性保护政策，拟订国家和地方级的生物多样性保护具体对策和行动计划。

② **物种的就地保护**　建立自然保护区，实行就地保护。自然保护区是指那些有代表性的自然系统、珍稀濒危野生动植物种的天然分布区，包括自然遗迹、陆地、陆地水体、海域等不同类型的生态系统。

③ **迁地保护**　将野生生物迁移到人工环境中或易地实施保护。

④ **种子库和基因资源库的保护**　可对物种的遗传资源如植物种子、动物精液、胚胎和真菌菌株等进行长期保存。

⑤ **恢复退化的生态系统**　采用改造、修复、再植和重建等各种方法改良和重建已经退化和被破坏的生态环境。

⑥ **加强生物多样性的监测**　监测生物多样性的变化，为生物多样性评价和保护工作提供数据支持和技术保证。

⑦ **完善环境和野生动植物保护法律**　通过法律强制性手段来保护生物多样性。

2.2 人口与环境

人口是指生活在特定社会、特定地域，具有一定数量和质量，并在自然环境和社会环境中与各种自然因素和社会因素组成复杂关系的人的总称。随着生活质量的不断提高和医疗卫生条件的改善，人口死亡率降低，人口迅速膨胀，给地球环境造成了前所未有的压力，导致环境问题和生态危机的加剧。人口问题已成为全球普遍关注的问题之一，也是当前人类可持续发展亟待解决的问题之一。

2.2.1 人口概况

人类在地球上生存了几百万年，从渔猎时代到农耕时代，直到公元 1804 年左右，世界人口才达到 10 亿。进入 20 世纪后，世界人口呈现爆炸式增长，如表 2-1 所列，从 1900 年到 2015 年，世界人口增加了 56.6 亿。

表 2-1　世界及中国人口增长情况

年份	1900	1950	1968	1980	1987	1999	2005	2010	2015
世界	16 亿	25 亿	35 亿	45 亿	50 亿	60 亿	65 亿	69.1 亿	72.6 亿
中国	4 亿	5.4 亿	7 亿	9.9 亿	10.9 亿	12.6 亿	13.1 亿	13.4 亿	13.7 亿

旧中国的人口死亡率高达 25‰～33‰，婴儿死亡率甚至为 200‰～250‰，平均预期寿命仅有 35 岁。新中国成立以后，社会经济制度发生了根本性变革，人民生活水平不断提高，到 2017 年，人均预期寿命提高为 76.7 岁，婴儿死亡率降至 6.8‰，孕产妇死亡率降为 19.6/10 万，主要健康指标总体上优于中高收入国家的平均水平。我国人口的发展情况可概括为以下几个方面。

(1) 增长率上下波动，变化幅度剧烈

新中国成立以来人口增长率因人口政策的变动上下波动明显。我国大致经历了三次人口出生高峰，第一次发生于 1950～1957 年。平均生育率高达 35.56‰，全国平均每年出生人数为 2088.5 万；第二次发生在 1962～1971 年，这 10 年平均出生率为 32.32‰，平均每年的出生人数高达 2795.2 万；第三次发生在 1981～1990 年，出生率的平均值为 21.34‰。1990 年总人口增长到 11.4 亿。

2010 年中国大陆地区人口为 13.4 亿人，与 2000 年相比，这 10 年共增加 7390 万人，年均增长率为 0.57%，增速相当于 1990～2000 年的年平均增长率 1.04% 的一半。这表明妇女总生育率降至 1.6 左右，大大低于生育更替水平 2.1。

(2) 人口年龄结构

20 世纪 70 年代初期以前，人口年龄结构基本属于年轻型。80 年代以后，由于实行计划生育，生育率低，以及预期寿命延长，老年人口比重升高，到 90 年代，人口年龄结构变成典型的成年结构。进入 21 世纪，人口老龄化加快，现已进入老龄社会（见表 2-2），未富先老，社会保障压力大。

表 2-2 中国人口年龄结构变化情况

年份	老年人口比重/%	成年人口比重/%	少年人口比重/%
1953	4.4	59.3	36.3
1964	3.5	56.1	40.4
1982	4.9	61.5	33.6
1987	5.5	65.8	28.7
1990	5.6	64.8	27.7
2004	7.6	70.9	21.5
2010	13.3	70.1	16.6

（3）人口地域分布

中国是世界上人口较稠密的国家之一。1950 年全国人口密度为每平方公里 57 人，2003 年全国人口密度为每平方公里 134 人。人口的分布受自然条件、经济发展以及社会、历史等因素的综合影响与制约。

从人口地域分布来看，极不均衡，主要特征是：

① 从东南沿海向西北内陆人口逐渐稀少，如果自黑龙江省边境的黑河市至云南省边境的瑞丽县城划一条直线，此线以东的面积约占全国的 43%，人口却为全国的 94.3%，而该线以西面积约占全国的 57%，人口只有全国的 5.7%；

② 平原地区人口稠密，由平原向周围的丘陵、高原和山地，随着地势增高存在人口递减的规律。

（4）人口素质

新中国成立以来，尤其是改革开放以来，人民受教育程度不断提高。2010 年，具有大专以上文化程度人数为 11964 万，高中（含中专）文化程度人数为 18799 万，两者合计达 30763 万，与世界第三大人口国美国的总人口数（31323 万人）接近。为中国成为经济强国、人才强国、创新型国家提供了雄厚的人力资源基础。

我国是人口大国，也是出生缺陷高发国家。据原卫生部发布的《中国出生缺陷防治报告（2012）》，我国出生缺陷发生率在 5.6% 左右，每年新增出生缺陷数约 90 万例，其中出生时临床明显可见的出生缺陷约 25 万例。随着生活质量的提高，出生缺陷本应越来越少，但近 20 年来，由于环境污染以及基因变异，新生儿出生有缺陷者的发病率呈逐渐升高趋势。

人口素质还包括人口性别比。出生性别比是指一定时期内（通常为一年）出生的每百名女婴数与相对应的男婴数的比值，在未受干预的自然生育状态下，不同时期、不同地区和国家的出生性别比相对稳定，在 102～107 之间。20 世纪 80 年代以来，我国出生人口性别比由 1982 年的 108.47 上升为 2004 年的 121.18，后缓慢降至 2015 年的 113.51。我国出生人口性别结构失衡问题短期内难以解决，是影响人口均衡发展与社会和谐稳定的重大隐患。

2.2.2 人口对环境的影响

在一定的环境空间内，可容纳的人口是有限的。人口环境容量是指环境对人口的承载能力，指一定的生态环境条件下地球对人口的最大抚养能力或负荷能力。联合国教科文组织对人口环境容量的定义是：一国或一地区在可以预见的时期内利用该地的能源和其他自然资源及智力、技术等条件，在保证符合社会文化准则和物质生活水平条件下所能持续供养的人口数量。人口容量的制约因素很多，但自然资源和环境状况是人口容量的主要限制因素。人口与自然环境的关系是一个非常复杂的系统，人口数量、质量和结构及其分布等方面都与环境密切相关。当人口压力突破环境承载力后，危及社会稳定系统，从而使环境系统形成恶性循环。

反映人口过程的自然变动指标是人口出生率、死亡率和自然增长率。人口自然增长率与出生率和死亡率存在如下关系：

$$自然增长率＝出生率－死亡率 \tag{2-2}$$

反映人口过程、人口自然增长规律的指标还有指数增长率、倍增期等。指数增长是指在一段时期内人口数量以固定百分率增长。倍增期表示在固定增长率下人口增长一倍所需的时间。

人口倍增率计算公式：

$$T_d＝0.7/r \tag{2-3}$$

式中，T_d 为倍增期；r 为人口增长率。

如果人口增长率 r 为 1%，按式(2-3)计算，70 年后人口增长一倍；r 为 2%，则 35 年后人口就会增长一倍。

人口增长增加了人类活动。人类活动必然引起自然环境的变化，而且随着人口的增长和生产规模扩大，引起环境的变化也越来越大，这是不可避免的。但是，人类活动引起自然变化，却不一定要破坏自然。原生自然生态系统对人类而言不一定是最理想的。人类运用自己的智慧，通过劳动、按照生态规律，可以建设比原来自然生态系统有更高生产力的人工生态系统。在这个系统中，人类破坏大自然的旧有平衡，建立有益于人类生存和发展的新的自然平衡，这是世界的进步。但是，人口激增，人类活动违背生态规律和经济规律，超过了人口环境容量，则会给环境带来不良影响，甚至造成严重的污染和破坏。

人口增长对环境影响的过程十分复杂，既有人口增长直接作用于环境的过程，又有通过多种途径间接作用于环境的过程。人口增长对环境资源产生巨大压力，导致环境资源的开发与利用处于一种超负荷状态。在我国，人口与资源、环境的矛盾体现在以下几方面。

(1) 人口增长，耕地减少

我国人口数量占世界总人口的 18.8%，但耕地面积仅占世界总耕地面积的 7%，人均耕地面积只有世界平均水平的 1/3，因此要加大土地利用强度，对土地施加更大的压力。在一定的技术水平下，土地的持续生产能力也有一定的限度。我国现在的复种指数是全球最高，对土地压力的无限制增大使生态平衡变得很脆弱，后果显而易见——生态平衡失调、水土流失加重、土地沙漠化蔓延、土层日见瘠薄、土壤肥力递减，更严重的是随之而来的自然灾害频繁发生。掠夺性地开发自然资源，必然会遭到自然界的报复。

(2) 人口增长使森林资源承受过重的需求压力

我国森林面积居世界第 5 位，森林蓄积量居第 7 位。但我国的森林覆盖率只相当于世界森林覆盖率的 61.3%，全国人均占有森林面积相当于世界人均占有量的 21.3%，人均森林蓄积量只有世界人均蓄积量的 1/8。为了满足人口增长和经济建设的需要，林业部门生产任务过重，长期以来采伐量居高不下，加之采取的"由近及远"的不合理的集中采伐方式，已导致森林严重过伐，资源枯竭。只重视和追求森林资源的物质性经济价值，而忽视森林生态性的功能价值，将导致一系列严重的环境、社会和经济后果。

(3) 庞大的人口对矿产资源造成沉重的压力

我国探明的矿产资源总量较大，约占世界的 12%，仅次于美国和俄罗斯，居世界第 3

位，20 多种矿产在全球具有优势，是世界上少有的几个资源总量大、配套程度较高的资源大国之一，但人均矿产资源占有量仅为世界人均占有量的 58%，居世界第 53 位。虽然人均矿产消费较低，但由于人口基数大，使我国在很低的发展水平上就成了一个矿产消费大国。这种对矿产资源的沉重需求压力，不仅造成资源供给的长期紧张，而且诱发了严重的生态环境问题。规模巨大的采矿业和原材料加工业都是三废的"生产大户"，是水体、大气、土地的重要污染源。

（4）人口激增对水资源施加了更大压力

我国的淡水资源总量为 28000 亿立方米，占全球水资源的 6%，仅次于巴西、俄罗斯和加拿大，居世界第 4 位。但是，2012 年我国人均水资源量只有 2100 m³，仅为世界人均水平的 28%。同时，随着人民生活水平的提高、城市人口的膨胀和经济发展，人均用水量、生活用水量和生产用水量大大增加，导致了大范围的缺水现象。

大量的工业和生活污水未经处理直接排入水体中，农业生产中化肥和农药大量使用，使得部分水体污染严重，加剧了可用水资源的短缺。

（5）人口增长导致能源需求量的增长，对环境的压力也随之增大

人口增加，生活能源的消耗也会随之增大，同时又必须通过发展生产来实现新增人口的充分就业，这样又会增加能源和资源的消耗。另一方面，现代人口的高消费模式和城市化发展也加重了资源耗竭、环境污染和生态破坏。2000～2012 年，我国城镇化率由 36.2% 提升到 52.6%，人均生活能源消费量由 123.7 千克标准煤提高到 293.8 千克标准煤，相当于城镇化率每提高一个百分点，人均生活能源消费量增长 10.4 千克标准煤。近年来，我国机动车数量呈爆发式增长，2018 年底，我国机动车保有量达到 3.27 亿辆，不仅增加了能源消耗，而且排放出大量的一氧化碳、碳氢化合物、氮氧化合物和颗粒物，已成为我国城市大气的主要污染源。人口的不断增加和生活水平的持续提高不仅加重能源供给的压力，也给污染治理施加了沉重的负担。

从人口与环境的关系的分析中可以看出环境是人口容量的限制条件。由于地球上的陆地是有限的，地球上的生物生产量及各种资源也是有限的，因此，地球上居住和生存的人口数量必然是有限的，存在一个适度人口容量问题。

中国人口众多，面临的人口和环境压力大，故应控制人口数量，保持人口的结构规模与社会经济发展水平相适应，与资源环境相协调。同时，我国应提高人口的资源、环境素质，树立符合生态环境保护要求的价值观念和道德规范，使环境保护真正成为全民有意识的、自觉的行动。

2.3　土地资源的利用和保护

土地是地球陆地表层。土地资源是三大地质资源（矿产资源、水资源、土地资源）之一，是农业的基本生产资料，是工业生产和城市活动的主要场所，也是人类生活和生产的物质基础，是人类生产活动最基本的资源和劳动对象。土地资源是极其宝贵的自然资源，是人类赖以生存和发展的物质基础和环境条件。人类对土地的利用程度反映了人类文明的发展，但同时也造成对土地资源的直接破坏，这主要表现为不合理垦殖引起的水土流失、土地沙漠化、土地次生盐碱化及土壤污染等，而其中水土流失尤为严重，是当今世界面临的又一个严重危机。据估计，世界耕地的表土流失量约为 230 亿吨/年。

2.3.1 土地资源

土地是一个综合性的科学概念，是在地质、地貌、气候、植被、土壤、水文、生物以及人类活动等多种因素相互作用下形成的高度综合的自然经济复合生态系统。

土地资源是指在一定的技术条件和一定的时间内可以为人类利用的土地。人类利用土地资源的过程中也包括了改造。土地资源既包含资源的自然属性，也包括人类利用改造的经济属性，是自然经济的综合体。

土地的基本属性是位置固定、面积有限和不可代替。在目前的经济技术条件下，人类活动一般都是在土地上进行的，一定面积土地上创造的价值反映了开发利用这块土地的水平和程度。位置固定是指每块土地所处的经纬度都是固定的，不能移动，只能就地利用；面积有限指不经过漫长的地质过程，土地面积不会有明显的增减；不可代替指土地无论作为人类生活的基地，还是作为生产资料或动植物的栖息地，一般都不能用其他物质来代替，当然随着科学技术的发展，不可代替这个概念会有所变化。

2.3.2 人口、粮食和耕地

人类主要靠吃植物为生，虽然也吃肉类，但被吃的动物是靠吃植物生存的，所以人类实际上是间接地在吃着植物。一个人每天需从植物那里获得 2200 大卡（1 大卡＝1000cal，1cal＝4.1868J）的能量才能维持正常的生存，一年约需 8×10^5 大卡。估计全球植物每年生产的能量约为 660×10^{15} 大卡，科学家根据地球上绿色植物每年产生的有机物计算，地球能养活 8000 亿人口。

2017 年世界人口达到 76 亿，距离 8000 亿还很远，似乎没必要为人口的增加而忧心忡忡。但是地球上的植物不可能全部变为食物供人类利用，有不少植物是根本无法利用的，能利用的绿色植物只占 1/10，而且还要供养其他动物，能为人类享用的那部分绿色植物又只占其中的 1/10，即仅能养活 80 亿人口（十分之一原理）。现在全球每年新增人口约 8300 万，假设生育率继续下降，至少到 2050 年，世界人口仍将持续增长，按照中位预测，2030 年世界人口将达到 86 亿，2050 年将达到 98 亿。

近两个世纪以来，全球人口以前所未有的速度增长，随着人口的增长，人类对粮食的需求日益增加。世界粮农组织的调查报告表明：目前世界上有 4 亿多人的饮食严重不足，在发展中国家，每年有 1500 万～2000 万人直接死于营养不良，其中有 3/4 是儿童。世界粮食增长赶不上人口增长的速度，今后仍将有大批的人不得不处于饥饿和营养不良的状态。

造成粮食短缺的另一个重要原因是地球上粮食生产与人口分布的密度极不均匀。如粮食生产比较丰富的美国、加拿大、澳大利亚等国，人口密度比较小，而粮食生产不多的国家或地区，如印度、孟加拉国及非洲等人口密度又很大。

造成粮食短缺还有一个原因是世界可耕地面积有限而且分布不均。其中最肥沃又便于耕种的土地均已开垦，剩下的如要开垦则需要大量的投资。众所周知，地球表面水域占 3/4，陆地仅占 1/4。陆地的总面积只有 1.35 亿平方公里，且有 1/2 的土地暂时还不能供人类利用（其中 10％为终年积雪，4％为冻土，20％为沙漠，还有 16％为陡坡山地）。在有限的土地资源上生活的人却越来越多。

随着人口的增长和工业、城市、交通占地的不断增加，耕地面积不断缩小。虽然通过改革耕作技术和增加农业投资等措施可以提高单位土地面积的产量，但增产是有限度的，降低土地资源压力的关键还是控制人口的增长。

2.3.3　我国的土地资源

2.3.3.1　我国土地资源概况

我国土地辽阔，总面积为 963.4 万平方公里。我国土地资源概括起来有如下特点。

(1) 土地类型多样

从南北看，中国北起寒温带，南至热带，南北长达 5500km，跨越 49 个纬度，其中中温带至热带的面积约占总土地面积的 72%，热量条件良好。从东西看，中国东起太平洋西岸，西达欧亚大陆中部，东西长达 5200km，跨越 62 个经度。从地形高度看，从平均海拔 50m 以下的东部平原逐级上升到西部海拔 4000m 以上的青藏高原。我国国土面积中，湿润、半湿润区土地面积占 52.6%。由于地域辽阔，水热条件的不同和复杂的地形、地质条件组合的差异，形成我国多种多样的土地类型，这为农、林、牧、副、渔和其他各业利用土地提供了多样化的条件。

(2) 山地面积大

我国山地面积约 633.7 万平方公里，占土地总面积的 66%。山地资源丰富多彩，开发潜力大。但山地一般高差大，坡度陡，土层薄，土地的适宜性单一，宜耕性差，农业发展受限，生态系统一般较脆弱，如利用不当，极易引起水土流失和资源破坏。但山地，尤其是南方山地，水热条件好，适宜发展林木生长和多种经营。西北地区的山地是中国的主要牧场，又是平原地区水源的集水区，因而山地在西北地区农业自然资源的组成中和农业生产结构中占有特殊重要的地位。

(3) 农用土地资源比重小

中国土地总面积很大，居世界第三位。但按现有技术经济条件，可以被农、林、牧、副、渔各业和城乡建设利用的土地资源仅 627 万平方公里，占总面积的 2/3。其余 1/3 的土地是难以被农业利用的沙漠、戈壁、冰川、石山、高寒荒漠地带，耕地质量差，退化严重。全国 66% 的耕地分布在山地、丘陵和高原地区，只有 34% 的耕地分布在平原、盆地。耕地总体质量不高，与发达国家或农业发达国家相比，粮食单产相差 150～200kg。

(4) 耕地后备资源严重不足，耕地利用率低

我国拥有宜耕荒地资源 2.04 亿亩（1 亩≈667m^2），按照 60% 的垦殖率计，可开垦耕地为 1.22 亿亩，主要集中在人口相对稀少、干旱少雨的部分地区，给土地的开发利用带来了很大的难度。后备资源中山地多，平地少，质量好的少，中等和劣地多，大多数后备土地只能开垦作为林果、林木或经济作物用地，开垦难度较大，所需投入也较大。另外，由于生态保护的要求，耕地后备资源开发受到严格限制，今后通过后备资源开发补充耕地已十分有限。

(5) 土地资源分布不平衡，土地生产力地区间差异显著

我国东南部集中全国耕地与林地的 92% 左右，集中农业人口与农业总产值的 95% 左右，是全国重要的农区与林区，而且实际也为畜牧业比重大的地区，但自然灾害频繁，土地资源的性质和农业生产条件差别也很大。西北地区光照充足，热量也较丰富，但干旱少雨，水源少，沙漠、戈壁、盐碱地面积大，其中东半部为草原与荒漠草原，西半部为极端干旱的荒漠，土地的自然生产力低。青藏高原大部分地区的海拔在 3000m 以上，虽日照充足，但热量不足，高而寒冷，土地自然生产力低，难以利用。

2.3.3.2 我国土地资源存在的主要问题

我国土地开发利用中主要存在两个方面的问题：一是大面积土地质量退化，包括植被破坏，造成水土流失、草原退级、土地沙漠化、土地盐碱化、耕地肥力下降、土地污染等；二是土地浪费，优良耕地减少。

(1) 植被破坏与水土流失

根据水利部组织的全国第一次水利普查，截至 2011 年年底，我国土壤水力、风力侵蚀总面积 294.91 万平方公里，其中水力侵蚀面积 129.32 万平方公里，按侵蚀强度分，轻度 66.76 万平方公里，中度 35.14 万平方公里，强烈 16.87 万平方公里，极强烈 7.63 万平方公里，剧烈 2.92 万平方公里；风力侵蚀面积 165.59 万平方公里，按侵蚀强度分，轻度 71.69 万平方公里，中度 21.74 万平方公里，强烈 21.82 万平方公里，极强烈 22.04 万平方公里，剧烈 28.39 万平方公里。每年造成大量土壤流失，氮、磷、钾等营养物质被冲走。我国在水土流失防治上做了大量工作，也取得了明显的成效，如 2016 年，全国共完成水土流失治理面积 5.62 万平方公里，2017 年完成治理面积 5.90 万平方公里，但水土流失问题的根本解决任重道远。在全国水土流失总面积减少的同时，西部一些地区水蚀和风蚀面积有所扩展，主要是因为西部地区原生植被稀疏，降雨量偏少，连年干旱，导致一些流域水量减少，人工种植的林草成活率不高和原生植被枯死，草地严重过牧，造成沙化、退化和碱化，加剧了风蚀程度。乱砍滥伐、乱垦滥挖，内陆河流域不合理的开发，破坏原生植被，以及一些开发建设项目忽视水土保持，人为造成新的水土流失。

水土流失影响到国民经济发展的各个方面，主要是破坏土壤肥力，危害农业生产，同时也危害水利、交通、工矿企业。一是跑水、跑土、跑肥，许多水土流失地区每年损失土层的厚度约 0.2～1.0cm，严重流失的地方甚至达 2.0cm，使肥沃的表土层变薄，农作物产量下降。二是大量泥沙流入河川，导致河床抬高、水库淤积、工程效益和通航能力降低。由于河道堵塞引起下游河水暴涨暴落，又会使下游泛滥成灾、淹没村庄、冲毁大片耕地，造成重大损失。黄河多年来年平均输沙量达 16 亿吨，每年约有 4 亿吨泥沙淤积在下游河道，河床的抬高速率达 10cm/a 左右，现在下游许多地段河床高出地面 3～6m，最高地段达 12m，危及 12 万平方公里的人民生命财产，严重影响社会安定及国民经济的正常发展。

(2) 草原退化与土地沙化在扩展

世界各大洲约有 1/3 以上的土地属干旱区。沙漠蔓延已波及 150 个国家和地区。世界每年约有 2100 万公顷（1 公顷 = 10000m²）的农田由于沙化而严重减产。土地沙化正日益引起人们的焦虑。土地沙化是指由于植被遭到破坏，地面失去覆盖后，在干旱和多风的条件下，出现风沙活动和类似沙漠景观的现象——沙尘暴。目前，全球荒漠化土地面积为 3600 万平方公里，而且正以每年 5 万～7 万平方公里的速度扩展。土地沙化在我国西北、华北北部和东北西部地区最为严重。据调查，"三北"地区沙化土地面积约 17.6 万平方公里，其中历史上早已形成的有 12 万平方公里，此外还有约 15.8 万平方公里的土地有发生沙化的危险。

土地沙化以后，生产力下降甚至完全丧失，环境更趋恶化。一些地方的农田和村庄被流沙所吞没。据初步统计，20 世纪 50～70 年代末，我国沙化土地平均每年扩展 1500km²，到 20 世纪 80 年代每年达 2100km²。近年来防沙治沙工作取得一定成效，荒漠化和沙化持续扩展的趋势得到初步遏制。第五次全国荒漠化和沙化监测结果显示，截至 2014 年，全国荒漠化土地面积为 261.16 万平方公里，沙化土地面积为 172.12 万平方公里。与 2009 年相比，5

年间：荒漠化土地面积净减少 12120km^2，年均减少 2424km^2；沙化土地面积净减少 9902km^2，年均减少 1980km^2。我国防沙治沙任务仍然十分艰巨。

（3）土地次生盐渍化面积较大

在土壤学中一般把表层含有 0.6%～2% 以上易溶盐的土壤叫作盐土，土壤胶体中钠离子占阳离子总量 20% 以上叫碱土，统称盐碱土或盐渍土。由于人类不合理的农业措施而发生的盐渍化称次生盐渍化，由此形成的盐渍土称次生盐渍土。盐渍化严重时植物很难成活，土地就成了不毛之地。我国土地次生盐渍化面积较大，面积已达 2000 多万公顷，经过多年治理，发展趋势已得到一定程度的控制，但大水漫灌、新开垦荒地引起的次生盐渍化问题仍普遍存在。

（4）耕地肥力下降

肥力下降是指土壤的结构变坏，养分减少，地力下降。造成土壤有机质含量降低的主要原因是许多地区对耕地实行掠夺式经营，广种薄收，只用不养或重用轻养。全国第二次土壤普查 1403 个县的资料汇总表明：土壤无障碍因素的耕地只占耕地总面积的 15.3%；土壤有机质低于 0.6% 的耕地占 10.6%；耕地总面积的 59% 缺磷，23% 缺钾，14% 磷钾俱缺；耕层浅的占 26%；土壤变黏板结的占 12%。有相当一部分耕地由于有机肥投入不足，化肥使用不平衡，造成耕地退化，耕层变浅，耕性变差，保水、保肥能力下降。中低产田面积大，约占耕地面积的 71.3%。

（5）土壤污染问题严重

土壤是地球陆地表面由矿物质、有机质、水、空气和生物组成的，具有肥力并能生长植物的疏松表层。土壤为植物生长提供机械支撑以及所需要的水、肥、气、热等肥力要素，是一个复杂的陆地生态系统，是人类赖以生产、生活的物质基础。

根据《中华人民共和国土壤污染防治法》，土壤污染是指因人为因素导致某种物质进入陆地表层土壤，引起土壤化学、物理、生物等方面特性的改变，影响土壤功能和有效利用，危害公众健康或者破坏生态环境的现象。

我国土壤环境状况总体不容乐观，土壤污染较重。2014 年环保部发布的全国土壤污染状况调查公报显示：全国土壤总超标率为 16.1%，无机污染物超标点数占全部超标点位的 82.8%，其中镉、汞、砷、铜、铅、铬、锌、镍八种无机污染物点位的超标率分别为 7.0%、1.6%、2.7%、2.1%、1.5%、1.1%、0.9%、4.8%；全国受有机物污染的农田面积达 3600 万公顷，受重金属污染的土地面积达 2000 万公顷，约占总耕地面积的 1/5，且其中严重污染土地超过 70 万公顷，部分地区主要农产品的农药残留超标率已达 16%～20%。

污染物主要通过以下途径进入土壤：

① 含毒废水灌溉；

② 废气中含毒粉尘通过自然沉降，如冶炼废气中的铬、铅、锌、镉重金属粉尘造成周边土壤重金属超标，汽车尾气引起公路两侧土壤铅污染；

③ 有毒有害工业固废储存渗滤液和工业生产中的跑、冒、滴、漏将污染物渗入土壤致使土壤污染；

④ 农药、化肥和农膜的不当使用，如：我国每年施用农药量达 (50～60)×10^{7}kg，其中 40%～60% 落到地面渗入土壤，约 1300 万～1600 万公顷耕地受到农药污染；我国不足世界 10% 的耕地耗掉了全球 1/3 的化肥，化肥的有效使用率仅为 35% 左右，每年转化成污染物进入土壤的氮素达 1000 万吨；我国农膜残留率高达 40%，农膜污染土壤面积已超过 780 万公顷。

土壤污染会产生以下几方面的危害：

① **造成农作物污染、减产** 我国每年因重金属污染减产粮食 1000 多万吨，被重金属污染的粮食也多达 1200 万吨，因土壤污染造成的经济损失至少为 200 亿元。

② **导致农产品质量下降** 一些地方粮食、蔬菜、水果中镉、铬、砷、铅等含量接近临界值；有些地区污水灌溉使蔬菜的口感变差，易烂，甚至出现难闻的异味。

③ 污染物在植（作）物中积累，并通过食物链富集，危害人畜健康，引发癌症和其他疾病。

④ **导致其他环境问题** 污染表土易在风力和水力的作用下进入大气和水体中，产生大气污染、地表水污染、地下水污染和生态系统退化等其他次生生态环境问题。

土壤污染的特点：

① **不可逆转性** 重金属、有机物等污染物在土壤中通常难以降解，土壤自身的稀释能力和净化能力也很弱，致使土壤污染具有不可逆转性。

② **隐藏性** 土壤污染很难用肉眼直观到，通常发现问题时其已经对环境和人类造成严重危害。

③ **累积性** 土壤一旦受到污染，很难对其有害物质进行有效的分解，污染物会长期累积超标。

防治土壤污染的措施是控制和消除污染源：

① 控制和消除工业"三废"（废水、废气、废渣）的排放；

② 控制化学农药和化肥的使用，研制高效绿色农药；

③ 加强粪便、垃圾和生活污水的无害化处理；

④ 加强污水灌溉区的监测、管理与控制等。

污染土壤修复是指利用一定的技术措施、工程手段，转移、吸收、降解和转化土壤中的污染物，使其浓度降低到可接受的水平，或将有毒有害污染物转化为无害物质的过程，最终使污染土地恢复到未污染的水平。土壤污染的修复方法包括物理修复、化学修复、生物修复以及上述方式组合形成的复合修复。

物理修复是指将污染物隔离、富集以及转移，主要有换土法、挖掘填埋法、土壤汽提、热脱附等。化学修复是通过向土壤中加入化学药品，发生沉淀、络合、氧化还原等反应，改变土壤中污染物的形态，降低毒性，改变迁移性，主要包括固定/稳定化技术、化学淋洗法、氧氧化还原法等。生物修复是指利用特定的生物（植物、微生物或原生动物）吸收、转化、清除或降解污染物，实现环境净化、生态效应恢复。对于具体的污染地块和污染情况，要因地制宜地选用土壤修复技术，甚至是多种修复技术的联合，确保土壤修复的效果。

（6）耕地面积不断减少

随着工业现代化、城市化的发展，城乡建设和工业用地增多，同时由于灾毁、生态退耕、农业结构调整等因素，导致耕地减少，通过土地整治、农业结构调整等措施可以增加耕地面积，但耕地面积不断减少的趋势持续存在，耕地保护形势十分严峻。根据自然资源部 2017 年中国土地矿产海洋资源统计公报，2012 年全国耕地面积为 20.27 亿亩，2017 年全国耕地总面积为 20.23 亿亩。这意味着，中国目前人均耕地只有 1.46 亩，仅为世界人均耕地 3.75 亩的 39%。为了禁止违法、违规占用耕地，扭转耕地保有量失控状态，我国实行严格的耕地保护制度和节约用地制度，加强耕地数量、质量、生态"三位一体"保护，加强耕地管控、建设、激励多措并举保护，加强耕地占补平衡规范管理。《全国国土规划纲要（2016—2030 年）》要求：到 2030 年，耕地保有量保持在 18.25 亿亩以上，建成高标准农田 12 亿亩，新增治理水土流失面积 94 万平方公里以上。

2.3.3.3　土地资源的保护措施

要实现保护土地资源的目标,除了采取加强法制、人才培养和科学研究等措施外,还应采取下列管理和技术措施。

(1) 搞好土地资源的调查规划,加强土地资源的宏观控制

做好土地资源调查,一方面对土地的数量、质量和分布进行全面、综合考察,另一方面根据不同目的对土地资源质量做出鉴定、评价,为土地资源的合理开发、利用与保护提供科学的依据。

(2) 保护耕地,严格控制城乡建设用地

健全市场经济机制下的土地管理法规,实行建设占地指标控制和有偿使用办法,严格审批制度,征收土地税和土地使用费,运用经济、行政、法律的综合措施把城乡建设用地管起来。

(3) 积极治理已退化的土地

① **搞好水土保持工作**　预防与治理相结合,以预防为主;治坡与治沟相结合,以治坡为主;生物措施与工程措施相结合,以生物措施为主;因地制宜,综合治理。

② **对沙化土地的治理**　沙化防治的关键是调整生产方向,易沙化的土地应以牧为主,严禁滥垦草原,加强草场建设,控制载畜量。禁止过度放牧,以保护草场和其他植被。沙区林业要用于防风固沙、禁止采伐。防治的重点在经济发达、自然条件较好、治理容易、农牧业生产潜力大的地区。

③ **对土壤次生盐渍化的治理**　可分别采用水利改良、生物改良和化学改良措施,主要是建立完善的灌溉系统,实行科学的灌溉制度,采用先进的灌溉技术。

(4) 土地污染的防治

土地污染防治应贯彻以防为主、防治结合的方针,主要措施是:控制和治理污染源;加强土地污染管理,按照国家规定的污水灌溉标准实行科学的污水灌溉;合理使用化肥;推广高效、低毒、低残留量的农药;提倡生物防治,采取综合措施防治病虫害;对采矿破坏的土地进行整治复用。

(5) 提高单产,走集约经营的道路

我国人口众多,土地资源有限,因此要走提高单位面积产量、集约经营的道路。

加强农田基本建设,改造中低产田,改进农业技术,增加各种技术、物质和劳力的投入量,遵循生产与建设、利用与保护相结合的原则,不断提高农用土地的质量。

建立农、林、牧、副、渔各业综合经营的制度,纠正只重视耕地利用,忽视林地、草场、水面利用的倾向,对这些土地应努力实行集约经营,提高单产。鼓励按生态规律综合发展农、林、牧、副、渔业,提倡各种农产品的开发、综合利用,既提高土地利用率的生产力,又同时改善农业生态环境。

2.4　能源利用与保护

能源是人类社会赖以生存和发展的重要物质基础,纵观人类社会的发展历史,人类利用能源方式的改变推动了社会的不断进步,可以说,人类的发展史也就是能源利用的发展史。然而,人类在利用能源推动社会文明进步的同时,产生了严重的环境问题,有时甚至是毁灭性破坏。能源消费增加是社会发展的必然，因此，协调好经济发展、能源消费与环境保护的关系是当今社会亟待解决的重大课题。

2.4.1 能源的分类

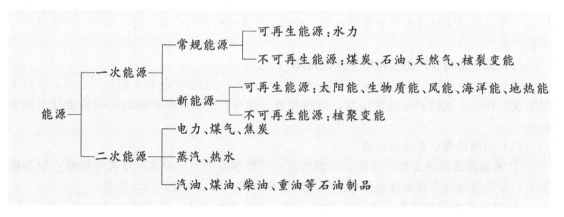

能源是指可能为人类利用获得有用能量的各种来源，凡是能够提供某种形式能量的物质或物质的运动都可以称为能源。能源是一种物质，一种能够提供能量的物质。如：煤、石油、天然气等燃烧提供热能；铀通过核裂变产生核能。有些物质只有在运动中才提供能量，这些运动的物质也是能源。如空气和水只有在流动中才能提供能量（动能）——风能和水能。

能源的分类多种多样，如一次能源和二次能源；常规能源和新能源；可再生能源和不可再生能源等。

① **一次能源** 指从自然界直接取得而不改变其基本形态的能源，有时也称为初级能源。

② **二次能源** 是指一次能源经过加工转换成另一种形态的能源。

③ **常规能源和新能源** 常规能源是指当前被广泛利用的一次能源；新能源是目前尚未广泛利用而正在积极研究以便推广利用的一次能源。

④ **可再生能源和不可再生能源** 可再生能源是具有自然恢复能力，其质量不会随自身的转化或人类的利用而日益减少的能源；不可再生能源是须经地质年代才能形成而短期内无法再生的一次能源，但它们又是人类目前主要利用的能源。

2.4.2 世界及我国的能源消耗

(1) 当前能源消耗的特点

能源主要来自一次不可再生能源即石油、煤、天然气及常规核燃料等。20 世纪 70 年代和 80 年代末以前，全球一次能源消耗结构中，石油占 40% 以上，煤占 20% 以上，再次是天然气 10% 以上。2000~2017 年，化石能源比重由 86.8% 下降到 85.0%，非化石能源比重由 13.2% 上升到 15.0%（其中核能 4%、水能 7%，风能、热能、太阳能、生物质能等 4%），化石能源中，石油消费比重出现下降，由 38.2% 下降至 34.0%；煤炭消费比重由 25.3% 上升到 28.0%，天然气比重由 23.3% 变为 23.0%；非化石能源中，核电消费比重下降，水电和其他可再生能源比重上升。进入 21 世纪以来，以中国为代表的新兴经济体经济高速发展，推动能源消费快速增长，全球能源消费量由 2000 年的 93.9 亿吨标准油增长到 2017 年的 135.1 亿吨标准油，年均增长 2.04%。

中国的能源消费呈现如下特点：

①　**能源消费量持续增长**　2000 年以来，能源消费总量高速增长，从 2000 年的 14.553 1 $\times 10^8$ 吨标准煤增长到 2012 年的 36.1574 $\times 10^8$ 吨标准煤，平均年增长率达 7.9%。从 2010 年开始，我国的能源消费总量已超越美国，成了全球最大的能源消费国。2017 年，我国能源消费总量达 44.9 亿吨标准煤，比 2016 年上升 2.9%。

②　**能源结构以煤为主**　全球一次能源以石油、煤炭、天然气为三大支柱，而我国则高度依赖煤炭。煤炭曾经在全部能耗中几乎占到 100%，后来比重下降，近年来天然气和可再生能源在我国一次能源消费结构中的比例不断上升，但煤炭的比例仍然高于 60%。2017 年，煤炭消费量占能源消费总量的 60.4%，比 2016 年下降 1.6 个百分点；天然气、水电、核电、风电等清洁能源消费量占能源消费总量的 20.8%，上升 1.3 个百分点。从全球来看，煤炭在一次能源供给中的比例只有 30% 左右，如果不包括我国，那么这个比例则不到 20%。在美国、日本、德国、英国等发达国家的一次能源结构中，石油的比例均超过 36%，天然气比例超过 20%。与发达国家相比，我国煤炭比例明显偏高，天然气比例明显偏低。

③　**能源效率低**　由于我国过去长期以粗放式经济增长为主，能源利用技术水平较低，导致能源效率也不高。按照 2014 年每 1 万美元 GDP 消耗的一次能源总量，中国为 2.87 吨油当量，美国为 1.32 吨油当量，日本、德国、法国均低于 1 吨油当量，英国更是低至 0.64 吨油当量，不足中国的 1/4，而全球平均水平也仅为 1.66 吨油当量。我国能源需求与经济发展的矛盾越来越突出。

④　**一次能源人均占有率低**　2017 年，我国一次能源消费总量占全球的 23.2%，但人均消费量却处于中下游水平。人均一次能源消费量与资源禀赋程度、经济发展程度密切相关，2017 年我国人均能源消费量为 2.26 吨油当量，略高于世界平均水平（1.8 吨油当量），而英、德、法等发达国家为 3~6 吨油当量，与美国的 7.0 吨油当量相比，差距有 3 倍多。

⑤　**污染严重，生态环境压力大**　能源消费规模绝对量的大幅增加和以煤为主的能源消费结构导致我国环境污染问题严重。2013 年初，我国中东部的大部分地区被雾霾笼罩。据原国家环境保护部公布的数据，2013 年上半年，京津冀地区空气质量平均达标天数比例为 31.0%，重度污染以上的天次达 26.2%，主要污染物为 $PM_{2.5}$，与 60 年前的"雾都"伦敦非常相似。这种以煤为主的能源结构导致了污染物大量排放，我国二氧化碳和二氧化硫排放量居世界第一。加快推进以绿色和低碳技术为标志的能源革命是我国治理大气污染、改善生态环境的必然选择。

（2）世界及我国的各种能源

煤炭、石油、天然气三大化石燃料是满足人类能源需求的重要资源，为人类提供能源和化学品的原料。《2017 年 BP 世界能源统计年鉴》曾报道：截至 2016 年，全球探明石油储量为 1.7 万亿桶，天然气储量为 186.6 万亿立方米，煤炭储量为 113.9 亿吨；按照 2016 年的产量水平，石油仅能供应 50.6 年，天然气只能生产 52.5 年，煤炭还能持续 153 年，化石原料储产比逐年降低。

除化石燃料外，还有许多非化石燃料能源，如核能、太阳能、水能、地热能、海洋能等。

①　**生物质能**　生物质能是自然界中有生命的植物提供的能量。生物质能源的特点有：a. 可再生性，生物质能源是通过植物的光合作用将太阳能转化为化学能，储存在生物质内部的能量，属可再生能源；b. 清洁、低碳，生物质能源中的有害物质含量很低，属于清洁能源；c. 替代优势，可以将生物质能源转化成可替代化石燃料的生物质成型燃料、生物质可燃气、生物质液体燃料等；d. 原料丰富，生物质能源资源丰富，全球生物质能源潜在可

利用量达 82.12 亿吨油当量/年，被誉为继煤炭、石油、天然气之外的"第四大"能源。

② **太阳能** 地球上自然生态系统得以正常运转所需要的能量全部来自太阳，化石能源也是过去储存下来的太阳能。太阳能每秒钟到达地面的能量高达 80 万千瓦·时，假如把地球表面 0.1% 的太阳能转为电能，转变率为 5%，每年发电量可达 $5.6×10^{12}$ 千瓦·时，相当于全球能耗的 40 倍。太阳能是可再生能源，具有充分的清洁性、绝对的安全性、相对的广泛性、确实的长寿命和免维护性、资源的充足性及潜在的经济性等优点。根据中国国家能源局（NEA）的数据，截至 2018 年 5 月，中国并网光伏装机容量已经超过 1.4 亿千瓦。2018 年 1~5 月，中国光伏发电量达 660 亿千瓦·时，同比增长 61%，光伏发电利用率达到了 96%。2017 年 1~11 月，我国光伏发电量达 1069 亿千瓦·时，可替代 3300 万吨标准煤，减排二氧化碳 9300 万吨，环境效益明显。

③ **水能** 水能是指水体的动能、势能和压力能等能量资源，是一种清洁、绿色的能源。水能的主要利用是水力发电，将水的势能和动能转换成电能。水电在已开发的可再生能源中，其比重仅次于薪材，占总能源的 6%~7%。目前已开发的水电占全球总电力的 20% 以上，并以年增长 4% 的速度发展。水力发电的优点是成本低、可连续再生、无污染。我国水电装机容量和发电量位居全球第一。根据国家能源局统计数据，截至 2016 年底，我国累计水电装机容量为 3.32 亿千瓦，2016 年我国水力发电量为 10518.4 亿千瓦·时，相较于 2015 年的 9959.9 亿千瓦·时增长 5.9%。

④ **风能** 风能是因空气流做功而提供给人类的一种可利用的能量，属于可再生能源。风能直接来自太阳能，太阳传给地球的辐射能约 2% 转化成风能，全球的风能约为 1300 亿千瓦，比地球上可开发利用的水能总量还要大 10 倍。到 2008 年为止，全球以风力产生的电力约有 9410 万千瓦，供应的电力已超过全世界用量的 1%。我国已成为全球风力发电规模最大、增长最快的市场，2017 年 1~12 月累计风力发电量为 2695.4 亿千瓦·时，同比增长 21.4%。

2.4.3 能源利用对环境的影响

环境问题与能源的开发利用密切相关：一方面，能源开采对地区生态环境造成严重污染和破坏；另一方面，能源的加工、运输和消费等环节会产生废气、废水和固体废弃物。

(1) 能源开发中的环境问题

煤炭开采会引起地表塌陷，从而导致地面工程设施和农田毁坏。据测算，我国煤矿采空区平均塌陷系数为 $2.4×10^{-5}hm^2/t$，现有塌陷面积为 $4×10^5hm^2$。煤炭开采过程中还会产生大量含有悬浮物、硫化物以及 COD 的矿井水，目前我国每年排出的矿井水约为 $2.3×10^9m^3$，平均利用率不到 30%，对周围水环境造成严重污染，而且外排矿井水会导致矿区地下水位下降。煤炭开采过程中还会产生大量的煤矸石，平均每生产 1t 煤要产生 0.13t 煤矸石，据不完全统计，全国现有矸石山 1600 座，累计堆存矸石 $4×10^9t$，占地面积 $1.6×10^4hm^2$，而且每年以 $200~300hm^2$ 的速度增加，煤矸石中的黄铁矿易自燃，放出大量含 SO_2、CO 等有害物质的废气，严重污染大气环境。

水能的开发利用一般需建设大型水库，这样就可能造成地面沉降和地表活动，甚至引发地震，还可能导致上下游生态系统显著变化、地区性疾病（如血吸虫病）蔓延、土壤盐碱化、野生动植物灭绝、水质发生变化等等。

原油开采中，易产生污染大气的硫化氢和污染河流的伴生盐水，井喷事故不仅可能造成人员伤亡，而且会污染环境、破坏生态平衡，使用的烧碱、铁铬盐和盐酸等化学试剂会对井场周围的环境造成不良影响。

地热能开发利用能引起地面下沉，使地下水或地表水受到氯化物、硫酸盐、碳酸盐、二氧化硅的污染，水质发生变化等。

（2）能源消费过程中的环境问题

能源利用过程中产生大量的 CO_2、SO_2、NO_x、TSP（总悬浮颗粒物）及多种芳烃化合物，是产生温室效应、形成酸雨污染的主要原因，还会破坏臭氧层，也可能会形成雾霾、光化学烟雾和硫酸型烟雾。如化石能源燃烧排放的 CO_2 是造成气候变化的主要原因，以 1 吨标准煤为单位，煤炭的燃烧约排放 2.66t 的 CO_2，石油排放 2.02 t 的 CO_2，天然气排放约 1.47t 的 CO_2。

发展核能技术，尽管在反应堆方面已有了安全保障，但是，世界范围内民用核能计划的实施已产生了上千吨的核废料，这些核废料的最终处理问题并没有完全解决。这些废料在数百万年里仍将保持着有危害的放射性。

2.4.4　清洁能源利用

（1）清洁能源利用的现状和发展潜力

传统化石能源的超负荷开采与利用带来了资源枯竭、环境污染问题，如世界核能协会对不同发电技术全生命周期的碳排放量研究结果表明，每生产 $1kW \cdot h$ 的电平均排放的 CO_2 量分别为：燃煤（褐煤）为 1054g，燃煤为 888g，燃油为 733g，燃气为 499g，太阳光电为 85g，生物质能为 45g，核能为 29g，水力和风力均为 26g。因此，发展非化石能源，实现能源清洁低碳化，是实现能源可持续发展的重要措施。

发达国家凭借先发优势，加速实现能源清洁低碳化。美国通过加大页岩气开发和发展，用可再生能源技术实现能源转型，建立起以开发页岩气为特色的"能源独立"战略，气电已超越煤电成为第一大电源，并在智能电网、生物质能、风能、核能技术方面处于全球领先地位，预计 2030 年电力供应的 20％由风电提供；英国提出利用多种电力来源组合来开创更环保、更清洁的能源发展道路，2015 年关闭了最后一个煤矿，彻底结束了煤炭时代；日本注重发展可再生能源、可燃冰等新型能源，大规模推广先进节能技术，并通过能源转型巩固其在储能、新能源汽车等领域的技术优势。

我国清洁能源资源十分丰富，发展潜力大，可满足建设资源节约型和环境友好型社会、实现能源革命战略目标的需要。

一方面，最新研究结果表明，包括常规天然气、页岩气、煤层气和天然气水合物在内的我国天然气地质资源量、可采资源量分别达 342 万亿立方米和 76 万亿立方米（按等热值换算，相当于 1000 亿吨标准煤）。即使消费水平比目前翻一番，每年达到 4000 亿立方米，我国天然气资源仍可供开采 200 年以上。新一轮油气资源评价和 2015 年国土资源部全国油气资源动态评价结果显示：我国常规天然气地质资源量、可采资源量分别为 68 万亿立方米和 40 万亿立方米；页岩气地质资源量、可采资源量分别为 134.42 万亿立方米和 25.08 万亿立方米；煤层气地质资源量、可采资源量分别为 36.81 万亿立方米和 10.87 万亿立方米（埋深在 1500m 以浅）；可燃冰地质资源量约为 102.35 万亿立方米，主要分布在南海和东海海域、青藏高原冻土带等区域。

另一方面，我国可再生能源资源十分丰富，技术可开发利用量达 60 亿千瓦，年产能量相当于 40 亿～46 亿吨标准煤。水能资源理论蕴藏量的年发电量达 6 万亿千瓦·时，技术可开发水电站装机容量为 5.4 亿千瓦，年发电量达 2.5 万亿千瓦·时（折合 8.6 亿吨标准煤）；风能技术可开发量为 7 亿～12 亿千瓦，年发电量可达 1.4 万亿～2.4 万亿千瓦·时；太阳能资源丰富地区的面积占国土面积的 96％以上，平均每年辐射到国土面积上的太阳能能量相当于 1.7 万亿吨标准煤，每年太阳能热利用可相当于约 3.2 亿吨标准煤，年发电量可达 2.9 万亿千瓦·时；深度 2000m 以浅的地热资源所含的热能相当于 2500 亿吨标准煤，地热资源的经济可开采量相当于 2000 万千瓦的地热发电装机容量（年发电量约 1300 亿千瓦·时）；可利用生物质资源约 2.9 亿吨标准煤，主要是农业有机废弃物，适宜的利用方式是作发电燃料和制沼气等；波浪能、潮汐能、潮流能和温差能等海洋能的理论资源量分别达数千万千瓦甚至数百亿千瓦，可开发利用量有望达到 9.9 亿千瓦。

（2）我国能源发展的战略方针和目标

1978～2000 年，我国靠能源翻一番支撑国民经济翻了两番，这是巨大的成就。随着经济发展和人民生活水平的提高。我国能源消费不断增长。1992 年以前，我国的能源生产多于消费，但是到了 20 世纪末 21 世纪初，消费逐渐多于生产，我国成了能源不能完全自给的国家。目前我国的能源自给率大约为 93％，有 7％的对外依存度，这 7％主要是石油。1985 年，我国石油净出口 3540 万吨，1993 年开始转为净进口，2017 年净进口达到 3.96 亿吨，占我国石油总需求的 67.4％。

经过长期发展，我国形成了煤炭、电力、石油、天然气、新能源、可再生能源全面发展的能源供给体系，基本满足了经济社会发展的需要。但是，能源生产和消费对生态环境损害严重，能源技术水平总体落后的局面仍未改变。如随着能源消费量快速增长，碳排放激增。改革开放初期，我国的碳排放总量只有 $11.3 \times 10^8 t$，占全球碳排放总量的 7％；2005 年，我国的碳排放总量增加到 $63.3 \times 10^8 t$，占全球碳排放总量的 21％，超越美国成为全球最大的碳排放国；2014 年，我国的碳排放总量达到了 $97.6 \times 10^8 t$，全球近 27.5％的碳排放来自我国。化石燃料燃烧是碳排放的最主要来源，国际能源署（IEA）的统计显示，我国 2013 年化石能源燃烧共排放 CO_2 近 $90.0 \times 10^8 t$，其中 $75.4 \times 10^8 t$ 来自煤炭，$11.5 \times 10^8 t$ 来自石油，$3.0 \times 10^8 t$ 来自天然气。

因此，我国要坚持"节约、清洁、安全"的战略方针，重点实施"节能优先、绿色低碳、立足国内、创新驱动"四大战略，加快构建低碳、高效、可持续的现代能源体系。

节约优先是能源发展永恒的主题。坚持"开源""节流"并重，控制能源消费总量，改变粗放型能源消费方式，科学管控劣质低效用能。提高能源利用效率，推动产业结构和能源消费结构双优化，推进能源梯级利用、循环利用和能源资源综合利用，加快形成能源节约型社会，降低社会用能成本。

绿色低碳是积极应对气候变化的必然选择。坚持能源绿色生产、绿色消费，减少对环境的破坏，保障生态安全。根据资源环境承载能力科学规划能源资源开发布局，推动能源集中式和分布式开发并举，坚持优存量和拓增量并重，降低煤炭在能源结构中的比重，大幅提高新能源和可再生能源比重，使清洁能源基本满足未来新增能源需求，实现单位国内生产总值碳排放量不断下降。

立足国内是保障能源安全的战略基石。加强国内能源资源勘探开发，是增强国内能源供应能力的关键。推动能源供应多元化，优化能源结构，形成煤、油、气、核、新能源和可再生能源多轮驱动、协调发展的能源供应体系。坚持互利共赢开放战略，提升能源国际合作质量和水平，参与全球能源治理，构建广泛利益共同体，实现开放条件下的能源安全。

创新驱动是由能源大国向能源强国转变的根本动力。加快能源科技创新，推动能源技术从被动跟随向自主创新转变，着力突破重大关键能源技术，加快建设智慧能源管理系统，增强需求侧响应能力，实现能源生产和消费智能互动。推动能源体制机制创新，加快重点领域和关键环节改革步伐，提高能源资源配置效率，为能源转型发展提供不竭动力。

中国能源发展的目标是：①到 2020 年，全面启动能源革命体系布局，推动化石能源清洁化，根本扭转能源消费粗放增长方式，实施政策导向与约束并重，能源消费总量控制在 50 亿吨标准煤以内，非化石能源占比 15%；单位国内生产总值二氧化碳排放比 2015 年下降 18%；能源开发利用效率大幅提高，主要工业产品能源效率达到或接近国际先进水平，单位国内生产总值能耗比 2015 年下降 15%，能源自给能力保持在 80% 以上，基本形成比较完善的能源安全保障体系。②2021～2030 年，能源消费总量控制在 60 亿吨标准煤以内，非化石能源比重达到 20% 左右，天然气占比达到 15% 左右，新增能源需求主要依靠清洁能源满足；单位国内生产总值二氧化碳排放比 2005 年下降 60%～65%，二氧化碳排放 2030 年左右达到峰值并争取尽早达峰；单位国内生产总值能耗（现价）达到目前世界平均水平，主要工业产品能源效率达到国际领先水平；自主创新能力全面提升，能源科技水平位居世界前列。③展望 2050 年，能源消费总量基本稳定，非化石能源占比超过 50%，能效水平、能源科技、能源装备达到世界先进水平。

本 章 小 结

本章通过介绍生态学基本原理，包括生态学的定义和任务、生态系统的概念和组成、生态平衡与生态失衡、生物多样性与环境影响，概述人口对环境的影响以及人口、粮食和耕地的关系，能源利用与环境的关系以及能源利用的发展方向，使学生能多方位理解人类活动对环境的影响，提高保护环境的意识。

第3章
大气污染及其防治

本章学习要点

- ☑ **重点**：大气污染物扩散、我国及全球大气污染现状、工业废气常用治理技术。
- ☑ **要求**：认识主要大气污染物及其危害，了解影响污染物在大气中扩散的气象和下垫面因素，掌握工业废气中颗粒物、二氧化硫、硫化氢、氮氧化物、汞、汽车尾气等污染物处理技术的基本原理。

3.1　大气结构与组成

3.1.1　大气结构

地球是宇宙中存在着生命体的一个星球。地球上生命的存在，特别是人类的存在，是因为地球具备了生命存在的环境，而大气就是必不可少的环境要素之一。

地球表面覆盖着多种气体组成的大气，称为大气层。一般是将随地球旋转的大气层叫作大气圈。

大气的总质量为5200万亿吨，相当于地球质量的百万分之一。大气圈中空气质量的垂直分布是不均匀的，总体上随高度的增加空气密度逐渐变小，其中50%集中在距地球表面5km以下，75%在10km以下，90%在30km以下。在1000～1400km以上的高空，气体已非常稀薄，因此，通常是把从地球表面到1000～1400km的气层作为大气圈的厚度。

大气在垂直方向上的温度、组成与物理性质也是不均匀的。根据大气温度垂直分布的特点，在结构上可将大气圈分为五个气层，见图3-1。

（1）对流层

对流层是大气圈中最接近地面的一层，其厚度从赤道向两极减少，低纬度地区为17～18km，高纬度地区为8～9km，平均厚度约为12km。对流层集中了占大气总质量75%的空气和几乎全部的水蒸气量，是天气变化最复杂的气层。对流层具有如下两个特点。

① 气温随高度增加而降低　由于对流层的大气不能直接吸收太阳辐射的能量，但能吸收地面反射的能量而使大气增温，因而靠近地面的空气温度高，远离地面的空气温度低，高度每增加 100m，气温约下降 0.65℃。对流层顶温度为−83～−53℃。

② 空气具有强烈的对流运动　近地层的空气接受地面的热辐射后温度升高，与高空冷空气发生垂直方向的对流，构成了对流层空气的强烈的对流运动。

对流层中存在着极其复杂的气象条件，各种天气现象也都出现在这一层，因而在该层中有时形成污染物易于扩散的条件，有时又会形成污染物不易扩散的条件。人类活动排放的污染物主要是在对流层中聚集，大气污染也主要是在这一层发生。因而对流层的状况对人类生活的影响最大，与人类关系最密切，是进行研究的主要对象。

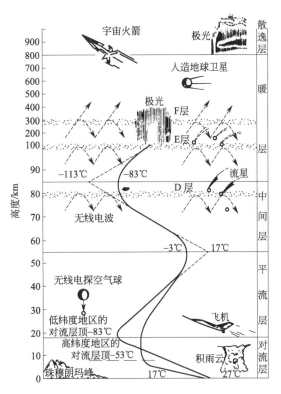

图 3-1　大气在垂直方向上的分层

(2) 平流层

对流层层顶之上的大气为平流层，其上界伸展到约距地面 55km 处。

平流层内温度垂直分布的特点是：在平流层下层，即 30～35km 以下，温度随高度升高变化很小；30～35km 以上，温度随高度的增加而升高，到平流层顶升至−3℃。这一方面是由于它受地面辐射影响小，另一方面也是由于在 15～35km 范围内，存在 20km 厚的臭氧层。臭氧可直接吸收太阳的紫外线辐射，并且发生放热反应，造成了气温的升高。

臭氧层的存在对地面免受太阳紫外辐射和宇宙辐射起着很好的防护作用，否则，地面上所有的生命将会由于这种强烈的辐射而致死。同时，臭氧层又对地球起保温作用。平流层内的空气基本无垂直对流运动，主要是平流运动，污染物一旦进入则很难扩散。

(3) 中间层

平流层顶至距地面 85km 处范围内的大气称为中间层。由于该层中没有臭氧这一类可直接吸收太阳辐射能量的组分，因此其温度垂直分布的特点是气温随着高度的增加而迅速降低，其顶部气温可低至−113～−83℃。中间层底部的空气通过热传导接受了平流层传递的热量，因而温度最高。这种温度分布下高上低的特点，使得空气再次出现强烈的垂直对流运动。

(4) 暖层

暖层（又称热成层）位于距地面 85～800km 的高度之间。这一层空气密度很小，气体在宇宙射线的作用下处于电离状态，因此又称为电离层。由于电离后的氧能强烈地吸收太阳的短波辐射，使空气迅速升温，因此气温的分布是随高度的增加而升高，其顶部可达 750～1500K。电离层能反射无线电波，对全球的无线通信极为重要。

（5）散逸层

暖层层顶以上的大气统称为散逸层，也称为外层大气。该层大气极为稀薄，密度几乎与太空的密度相同，气温高，分子运动速度快。有的高速运动的粒子能克服地球引力的作用逃逸到太空中去，所以称其为散逸层。

如果按空气组成成分划分大气团层结构，又可将大气层分为均质层及非均质层。

① **均质层**　其顶部高度可达90km，包括了对流层、平流层和中间层。在均质层中，大气中的主要成分氧和氮的比例保持不变，只有水汽及微量成分的组成有较大的变动，因此，均质层的主要特点为大气成分是均匀的。

② **非均质层**　在均质层以上的大气统称为非均质层。其特点是气体的组成随高度的增加有很大的变化。非均质层主要包括暖层和散逸层。

3.1.2　大气的组成

大气是由多种成分组成的混合气体，该混合气体的组成通常认为应包括如下几部分。

（1）干洁空气

干洁空气（干燥清洁的空气）的主要成分为氮、氧和氩，它们在空气的总容积中约占99.96%。此外还有少量的其他成分，如二氧化碳、氖、氦、氪、氙、氢、臭氧等。以上各组分在空气总容积中所占的容积分数见表3-1。

表3-1　干洁空气的组成

气体类别	含量(容积分数)/%	气体类别	含量(容积分数)/%
氮(N_2)	78.09	氪(Kr)	1.0×10^{-4}
氧(O_2)	20.95	甲烷(CH_4)	1.5×10^{-4}
氩(Ar)	0.93	一氧化二氮(N_2O)	0.5×10^{-4}
二氧化碳(CO_2)	0.03	氙(Xe)	0.08×10^{-4}
氖(Ne)	18×10^{-4}	氢(H_2)	0.5×10^{-4}
氦(He)	5.24×10^{-4}	臭氧(O_3)	$(0.01\sim0.04)\times10^{-4}$

由于空气的垂直运动、水平运动以及分子扩散，干洁空气中各组分的比例在地球表面直到90~100km的各个地方几乎是不变的，可看作是大气的恒定组成。干洁空气的平均分子量为28.966，在标准状态（273.15K，1atm❶）下密度为1.293kg/m³。

（2）水汽

大气中的水汽含量随时间、地域、气象条件的不同而变化很大，在干旱地区可低到0.02%，而在温湿地带可高达6%。大气中的水汽含量虽然不大，但对天气变化却起着重要的作用，因而也是大气中的重要组分之一。

（3）悬浮微粒

悬浮微粒是指由于自然因素而生成的颗粒物，如岩石的风化、火山爆发、宇宙落物以及海水溅沫等。无论是它的含量、种类，还是化学成分，都是变化的。

以上为大气的自然组成，或称为大气的本底。根据这个组成可以很容易地判定大气中的外来污染物。若大气中某个组分的含量远远超过上述标准含量时，或自然大气中本来不存在的物质在大气中出现时，即可判定它们是大气的外来污染物。在上述各个组分中，一般不把

---

❶　1atm=101325Pa。

水分含量的变化视为外来污染物。

3.2　主要大气污染物及其来源

3.2.1　大气污染

在大气中，大气外来污染物的存在并最终构成大气污染是有一定条件的。按照国际标准化组织（ISO）的定义：大气污染通常是指由于人类活动和自然过程引起某种物质进入大气中，呈现出足够的浓度，达到了足够的时间，并因此危害了人体的舒适、健康和福利或危害了环境的现象。

这里指明造成大气污染的原因是人类活动和自然过程。人类活动不仅包括生产活动也包括生活活动，但生产活动是造成大气污染的主要原因。自然过程包括火山活动、山林火灾、海啸、土壤和岩石的风化以及大气圈的空气运动等。上述所说的原因导致一些非自然大气组分如硫氧化物、氮氧化物等进入大气，或使一些组分的含量大大超过自然大气中该组分的含量，如碳氧化物、颗粒物等。

ISO 对大气污染的定义还指明了形成大气污染的必要条件，即污染物在大气中要有足够的浓度，并在此浓度下对受体作用足够的时间，对受体及环境产生了危害，造成了后果，称为大气污染。如果大气中的污染物质浓度较低，由于大气本身的自净作用，经过一段时间后自动消除，是不会造成大气污染的。

按污染的范围，大气污染可分为四类。

① **局部地区大气污染**　如某个工厂烟囱排气所造成的直接影响。

② **区域性大气污染**　厂矿或其附近地区的污染，或整个城市的大气污染。

③ **广域性大气污染**　是指更广大地区或更广大地域的大气污染，在大城市及大工业区可能出现这种污染。

④ **全球性大气污染**　指跨国界乃至涉及整个地球大气层的污染，如酸雨、温室效应、臭氧层破坏等。

3.2.2　主要的大气污染物

排入大气的污染物种类很多，依据不同的原则，可将其进行分类。根据污染物的存在形态，可将其分为颗粒污染物和气态污染物。

(1) 颗粒污染物

进入大气的固体粒子和液体粒子均属于颗粒污染物。对颗粒污染物可做如下的分类。

① **尘粒**　一般是指粒径大于 $75\mu m$ 的颗粒物。这类颗粒物由于粒径较大，在气体分散介质中具有一定的沉降速度，因而易于沉降到地面。

② **粉尘**　在固体物料的输送、粉碎、分级、研磨、装卸等机械过程中产生的颗粒物，或由于岩石、土壤的风化等自然过程中产生的颗粒物，悬浮于大气中称为粉尘，其粒径一般小于 $75\mu m$。在这类颗粒物中，粒径大于 $10\mu m$，靠重力作用能在短时间内沉降到地面的，

称为降尘。

③ **飘尘**　能长期飘浮的悬浮物质称为飘尘，其主要是粒径小于 $10\mu m$ 的微粒（PM_{10}），其中粒径 $\leqslant 2.5\mu m$ 的可吸入颗粒物又称为 $PM_{2.5}$。$PM_{2.5}$ 颗粒小，含有大量有毒有害物质，能穿透肺泡溶入血液，而且不易沉降，能长期在大气中存在，传送距离较远，导致污染范围扩大，同时还能为化学反应提供载体，又有极强的消光性，能影响大气能见度，因而对人的健康和大气环境质量的影响很大。

④ **烟尘**　在燃料的燃烧、高温熔融和化学反应等过程中所形成的颗粒物，飘浮于大气中称为烟尘。烟尘的粒子粒径很小，一般均小于 $1\mu m$。它包括了因升华、焙烧、氧化等过程形成的烟气，也包括了燃料不完全燃烧所造成的黑烟以及由于蒸汽的凝结所形成的烟雾。

⑤ **雾尘**　小液体粒子悬浮于大气中的悬浮体的总称。这种小液体粒子一般是由蒸汽的凝结和液体的喷雾、雾化以及化学过程所形成，粒子粒径小于 $100\mu m$。水雾、酸雾、碱雾、油雾等都属于雾尘。

⑥ **煤尘**　指燃烧过程中未被燃烧的煤粉尘，大、中型煤码头的煤扬尘以及露天煤矿的煤扬尘等。

(2) 气态污染物

以气体形态进入大气的污染物称为气态污染物。气态污染物种类极多，常见的有以下 5 种。

① **含硫化合物**　主要指 SO_2、SO_3 和 H_2S 等，其中以 SO_2 的数量最大，危害也最大，是影响大气质量的最主要的气态污染物。

② **含氮化合物**　含氮化合物种类很多，其中最主要的是 NO、NO_2、NH_3 等。

③ **碳氧化合物**　污染大气的碳氧化合物主要是 CO 和 CO_2。

④ **烃类化合物**　此处主要是指有机废气。有机废气中的许多组分构成了对大气的污染，如烃、醇、酮、酯、胺等。

⑤ **卤素化合物**　对大气构成污染的卤素化合物主要是含氯化合物及含氟化合物，如 HCl、HF、SiF_4 等。

按照与污染源的关系，可将大气污染物分为一次污染物与二次污染物。若大气污染是从污染源直接排出的原始物质，进入大气后其性质没有发生变化，则称其为一次污染物；若由污染源排出的一次污染物与大气中原有成分，或几种一次污染物之间，发生了一系列的化学变化或光化学反应，形成了与原污染物性质不同的新污染物，则所形成的新污染物称为二次污染物，如硫酸烟雾和光化学烟雾，其毒性一般比一次污染物还强。主要气态污染物和由其所生成的二次污染物种类见表 3-2。

表 3-2　气态大气污染物的种类

污染物	一次污染物	二次污染物
含硫化合物	SO_2、H_2S	SO_3、H_2SO_4、MSO_4
碳氧化合物	CO、CO_2	无
含氮化合物	NO、NH_3	NO_2、HNO_3、MNO_3、O_3
烃类化合物	C_mH_n	醛、酮、过氧乙酰基硝酸酯
卤素化合物	HF、HCl	无

注：M 代表金属离子。

二次污染物中危害最大，也受到人们普遍重视的是化学烟雾。化学烟雾主要有硫酸型烟雾和光化学烟雾两种类型。

① **硫酸型烟雾**　也称为伦敦型烟雾，主要指大气中的硫化物在有水雾、含有重金属的

飘尘或氮氧化物存在时，发生一系列化学或光化学反应而生成硫酸雾或硫酸盐气溶胶。这种污染多发生在冬季，气温较低、湿度较高和日光较弱的气象条件下。

② **光化学烟雾**　也称为洛杉矶烟雾，含有氮氧化物和烃类化合物等一次污染物的大气，在阳光照射下发生光化学反应而产生二次污染物，这种由一次污染物和二次污染物的混合物所形成的烟雾污染现象，称为光化学烟雾。

硫酸型烟雾从化学上看是属于还原型污染物，又称为还原型烟雾；而光化学烟雾是高浓度氧化剂的混合物，因此又称为氧化型烟雾。这两种烟雾在许多方面具有相反的化学行为，但有可能交替发生，如有的城市夏季以光化学烟雾为主，冬季以硫酸型烟雾为主。

3.2.3　主要大气污染物的来源

根据大气污染的定义，大气污染物主要来源于自然过程和人类活动。大气污染物的排放源及排放量如表 3-3 所列。

由自然过程排放污染物所造成的大气污染多为暂时的和局部的，人类活动排放污染物是造成大气污染的主要根源。因此，我们对大气污染所做的研究，针对的主要是人为造成的大气污染问题。

表 3-3　大气污染物的排放源及排放量

污染物名称	自然过程排放		人类活动排放		大气中背景浓度
	排放源	排放量 /(t/a)	排放源	排放量 /(t/a)	
SO_3	火山活动	未估计	煤和油的燃烧	146×10^6	0.2×10^{-9}
H_2S	火山活动、沼泽中的生物作用	100×10^6	化学过程污水处理	3×10^6	0.2×10^{-9}
CO	森林火灾、海洋、萜烯反应	33×10^6	机动车和其他燃烧过程排气	304×10^6	0.1×10^{-6}
NO、NO_2	土壤中的细菌作用	$NO:430\times10^6$ $NO_2:658\times10^6$	燃烧过程	53×10^6	$NO:(0.2\sim2)\times10^{-9}$ $NO_2:(0.5\sim4)\times10^{-9}$
NH_3	生物腐烂	1160×10^6	废物处理	4×10^6	$(6\sim20)\times10^{-9}$
N_2O	土壤中生物作用	590×10^6	无	无	0.25×10^{-6}
C_mH_n	生物作用	$CH_4:1.6\times10^9$ 萜烯$:200\times10^6$	燃烧和化学过程	88×10^6	$CH_4:1.5\times10^{-6}$ 非$CH_4<1\times10^{-9}$
CO_2	生物腐烂、海洋释放	10^{12}	燃烧过程	1.4×10^{19}	320×10^{-6}
$PM_{2.5}$	火山烟尘、地面扬尘、大风沙尘以及植物花粉、孢子等		燃烧、工业粉尘、汽车尾气；其他污染物经化学反应转换生成，包括硫酸盐、硝酸盐、铵盐和半挥发性有机物等		

(1) 大气污染源的分类

关于污染源的含义目前还没有一个通用的确切定义。按一般理解，它含有"污染物发生源"的意思，如火力发电厂排放 SO_2 为 SO_2 的发生源，因此就将发电厂称为污染源。它的另一个含义是"污染物来源"，如燃烧对大气造成了污染，则表明污染源于燃料燃烧。通常我们所说的污染源，其含意指的是前者。

为了满足污染调查、环境评价、污染物治理等不同方面的需要，对大气污染人工源进行了多种分类。下面简述一下人工源的分类。

① **按污染源存在形式**

固定污染源——排放污染物的装置、处所位置固定，如火力发电厂、烟囱、炉灶等。

移动污染源——排放污染物的装置、处所位置是移动的，如汽车、火车、轮船等。

② **按污染物的排放形式**

点源——集中在一点或在可当作一点的小范围内排放污染物，如烟囱。

线源——沿着一条线排放污染物。

面源——在一个大范围内排放污染物。

③ **按污染物排放空间**

高架源——在距地面一定高度上排放污染物，如烟囱。

地面源——在地面上排放污染物。

④ **按污染物排放的时间**

连续源——连续排放污染物，如火力发电厂的排烟。

间断源——间歇排放污染物，如某些间歇生产过程的排气。

瞬时源——无规律的短时间排放污染物，如事故排放。

⑤ **按污染发生类型**

工业污染源——主要包括工业用燃料燃烧排放的废气及工业生产过程的排气等。

农业污染源——农用燃料燃烧的废气、某些有机氯农药对大气的污染，施用的氮肥分解产生的 NO_x。

生活污染源——民用炉灶及取暖锅炉燃煤排放污染物，焚烧城市垃圾的废气、城市垃圾在堆放过程中由于厌氧分解排放出二次污染物。

交通污染源——交通运输工具燃烧燃料排放污染物。

(2) 大气污染物的来源

造成大气污染的污染物，从产生源来看，主要来自以下几个方面。

① **燃料燃烧**　火力发电厂、钢铁厂、炼焦厂等工矿企业的燃料燃烧，各种工业窑炉的燃料燃烧以及各种民用炉灶、取暖锅炉的燃料燃烧均向大气排放出大量污染物。燃烧排气中的污染物组分与能源消费结构有密切关系。发达国家的能源以石油为主，大气污染物主要是一氧化碳、二氧化硫、氮氧化物和有机化合物。我国能源以煤为主，大气污染物主要是颗粒物和二氧化硫。

② **工业生产过程**　化工厂、石油炼制厂、焦化厂、水泥厂等各种类型的工业企业，在原材料及产品的运输、粉碎以及由各种原料制成成品的过程中，都会有大量的污染物排入大气中，由于工艺、流程、原材料及操作管理条件和水平的不同，所排放污染物的种类、数量、组成、性质等差异很大。这类污染物主要有粉尘、烃类化合物、含硫化合物、含氮化合物以及卤素化合物等多种污染物。

③ **农业生产过程**　农业生产过程对大气的污染主要来自农药和化肥的使用。有些有机氯农药如 DDT，施用后能在水中悬浮，并同水分子一起蒸发而进入大气；氮肥在施用后可直接从土壤表面挥发以气体形式进入大气；而以有机氮或无机氮进入土壤内的氮肥，在土壤微生物作用下可转化为氮氧化物进入大气，从而增加了大气中氮氧化物的含量。此外，稻田释放的甲烷也会对大气造成污染。

④ **交通运输**　各种机动车辆、飞机、轮船等均排放有害废物到大气中。由于交通运输工具主要以燃油为主，因此主要的污染物是烃类化合物、一氧化碳、二氧化碳、微粒、氮氧化物等。排放到大气中的这些污染物，在阳光照射下，有些还经光化学反应生成光化学烟雾，因此它也是二次污染物的主要来源之一。

上述几个大气污染物的来源，对不同的国家，由于燃料结构的不同，生产水平、生产规模以及生产管理方法的不同，污染物的主要来源也不相同。我国燃料构成是以燃煤为主，煤炭消耗约占能源消费的 60% 以上，因此煤燃烧成为我国大气污染物的主要来源，同时也形成了我国煤烟型大气污染的特点。据估算，全国烟尘排放量的 70%、二氧化硫排放量的 90%、氮氧化物排放量的 67%、二氧化碳排放量的 70% 都来自煤炭燃烧。虽然随着交通运输等事业的发展，这种状况会有所改变，但我国的资源特点和经济发展水平决定了以煤为主的能源结构长期保持，因此，控制煤烟型的大气污染将是我国大气污染防治的主要任务。

3.3　污染物在大气中的迁移和扩散

一个地区的大气污染程度与污染源参数、气象条件和下垫面状况有关。

① **污染源参数**　污染源参数是指污染源排放污染物的数量、组成、排放方式、排放源的密集程度及位置等。它是影响大气污染的重要因素，它决定了进入大气的污染物的量和所涉及的范围。

② **气象条件**　大气污染物自排出后，在到达受体之前，在大气中要经过气象因子作用而引起的输送和扩散稀释，要经过物理或化学变化等过程。在这许多变化过程中，气象条件将决定大气对污染物的稀释扩散速率和迁移转化的途径。在大气污染监测工作中，常常发现在相同污染源参数的同一个污染源的下风向，在不同时刻监测到的污染物浓度不同，彼此间可以相差几倍到几十倍。污染源参数不变的同一污染源，在有利于扩散稀释的气象条件下可能不造成多大的污染，而在不利于污染物扩散的气象条件下就会造成严重的大气污染。世界上发生的一些著名的大气污染事件都是在特定的气象条件下发生的，即当地的气象条件不利于污染物的扩散稀释。

大气污染气象学就是研究污染物在气象因子作用下，在大气中输送和扩散稀释规律的科学，是气象学在环境方面的分支与应用。掌握了这些规律就能主动避开不利于污染物扩散稀释的气象条件，就能充分利用有利的气象条件降低污染物的浓度，减轻污染。同时，掌握了这些规律，也有利于区域性综合治理措施的制定、环境规划及环境影响预评价等工作的进行。

③ **下垫面状况**　下垫面是指大气底层接触面的性质、地形及建筑物的构成情况。下垫面的状况不同会影响气流的运动，同时也直接影响当地的气象条件，因此同样会对大气污染物的扩散造成影响。

3.3.1　大气污染物的扩散与气象因子的关系

影响大气中污染物扩散的主要气象因素有风、湍流和温度层结。

3.3.1.1　风和大气湍流的影响

大气运动包括有规则的平直的水平运动和不规则的紊乱的湍流运动，实际的大气运动就是这两种运动的叠加。

(1) 风

空气的水平运动称为风。描述风的两个要素为风向和风速，风在不同时刻都有着相应的风向和风速。

风对污染物的扩散有两个作用。第一个作用是整体的输送作用，风向决定了污染物迁移运动的方向。污染物总是由上风向被输送到下风向，在污染源的下风向，污染总要重一些。第二个作用是对污染物的冲淡稀释作用，对污染物的稀释程度主要取决于风速。风速越大，单位时间与废气混合的清洁空气量越大，冲淡稀释的作用就越好。一般来说，大气中污染物的浓度与污染物的总排量成正比，而与风速成反比。

（2）大气湍流

大气除了整体水平运动以外，还存在着不同于主流方向的各种不同尺度的次生运动或旋涡运动，我们把这种极不规则的大气运动称作湍流。根据形成的原因，湍流可分为两种：一种是机械湍流，主要取决于风速梯度和地面粗糙度；另一种是热力湍流，与大气的热力因子如大气的垂直稳定有关。大气湍流就是这两种湍流综合作用的结果。大气湍流以近地层大气表现最为突出。其表现为风速的时强时弱、风向的不停摆动，并由此引起温度、湿度以及污染物浓度等气象属性的随机变化。

大气的湍流运动造成湍流场中各部分之间的强烈混合。当污染物由污染源排入大气时，高浓度污染物由于湍流，不断与周围空气混合，同时又无规则地分散到其他方向，使污染物不断地被稀释、冲淡。

风和湍流是决定污染物在大气中扩散状况的最直接的因子，也是最本质的因子，是决定污染物扩散快慢的决定性因素，风速愈大，湍流愈强，污染物扩散稀释的速率就愈快。凡是有利于增大风速、增强湍流的气象条件，都有利于污染物的稀释扩散，否则，将会使污染加重。

3.3.1.2 大气的温度层结

大气的温度层结是指大气的气温在垂直方向上的分布，即指在地表上方不同高度大气的温度情况。大气的湍流状况在很大程度上取决于近地层大气的垂直温度分布，因而大气的温度层结直接影响着大气的稳定程度，稳定的大气将不利于污染物的扩散。对大气湍流的测量比相应垂直温度的测量要困难得多，因此常用温度层结作为大气湍流状况的指标，从而判断污染物的扩散情况。

（1）气温垂直递减率

大气中的某些组分可以吸收太阳的辐射能量，使大气增温。地表也可以吸收太阳的辐射能量，使地表增温，增温后的地表又会向近地层大气释放出辐射能。由于近地层大气吸收地表辐射能的能力比直接吸收太阳辐射能的能力强，因此，地面成了近地层大气增温的主要热源，这样，在正常的气象条件下（即标准大气状况下），近地层的气体温度总要比其上层气体温度高。因此，对流层内气温垂直变化的总趋势是随高度的增加而逐渐降低。气温垂直变化的这种情况，用气温垂直递减率 γ 来表示。

气温垂直递减率的含义是：在垂直地球表面方向上，高度每增加 100m 的气温变化值。在正常的气象条件下，对流层内不同高度上的 γ 值不同，其平均值约为 0.65℃/100m。

由于近地层实际大气的情况非常复杂，各种气象条件都可影响到气温的垂直分布，因此实际大气的气温垂直分布因时因地而异。概括起来有下述三种情况：

① 气温随高度的增加而降低，其温度垂直分布与标准大气相同，此时 $\gamma > 0$；

② 高度增加，气温保持不变，符合这样特点的气层为等温层，此时 $\gamma = 0$；

③ 气温随高度的增加而上升，其温度垂直分布与标准大气相反，这种现象称为温度逆增，简称逆温。出现逆温的气层叫逆温层，此时 $\gamma < 0$。

实际大气的气温垂直分布情况见图 3-2。

逆温层的出现将阻止气团的上升运动，使逆温层以下的污染物不能穿过逆温层，只能在其下方扩散，因此可能造成高浓度污染。很多空气污染事件都发生在有逆温的静风的条件下，故对逆温现象必须予以高度重视。

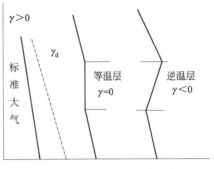

图 3-2　实际大气的气温垂直分布情况

（2）气温的干绝热递减率

空气团在大气中的升降过程可以看作绝热过程，因为在此过程中，气团与其周围大气的热量交换很少，可以忽略。这样，当一个干空气团或未饱和的湿空气团在大气中绝热上升时，因周围气压的降低而膨胀，一部分内能用于反抗外压力做膨胀功，气团温度下降；反之，气团绝热下降时，温度升高。气团在大气中做绝热上升或下降时的温度变化情况用干绝热递减率来描述。由热力学第一定律可推导出大气绝热过程方程：

$$\frac{dT}{T} = \frac{R}{C_p} \times \frac{dp}{p} \tag{3-1}$$

或

$$\frac{T}{T_0} = \left(\frac{p}{p_0}\right)^{\frac{R}{C_p}} \tag{3-2}$$

式中　T_0，T——气块移动前后的温度，K；

　　　　p，p_0——气块移动前后的压力，Pa；

　　　　C_p——空气的比定压热容，J/(kg·K)；

　　　　R——空气的气体常数，J/(kg·K)。

干空气团或未饱和的湿空气团绝热上升或下降单位高度（通常取 100m）时，温度降低或升高的数值叫干绝热递减率，用 $\gamma_d = \left(\dfrac{dT_i}{dz}\right)_d$ 表示。

利用式(3-2)和气压与高度的关系式可得：

$$\gamma_d = \frac{g}{C_p} \tag{3-3}$$

式中　g——重力加速度，$g = 9.81 \text{m/s}^2$；

　　　　C_p——干空气的比定压热容，0.996kJ/(kg·K)。

根据计算可得 $\gamma_d = 0.98℃/100\text{m}$，表明干空气在大气中绝热上升（或下降）100m 时温度要降低（或升高）0.98℃。做绝热运动的湿空气块，如果在运动过程中未发生相变，其温度直减率与干绝热递减率相同。

3.3.1.3　逆温

如上所述，当 $\gamma < 0$ 时，气温出现逆温，逆温分为接地逆温及上层逆温。若从地面开始就出现逆温，称为接地逆温，这时把从地面到某一高度的气层称为接地逆温层；若在空中某一高度区间出现逆温，称其为上层逆温，该气层称为上部逆温层。逆温层的下限距地面的高度称为逆温高度，逆温层上、下限的高度差称为逆温深度，上、下限间的温差称为逆温强度。逆温层的类型见图 3-3。

根据逆温层形成的原因，可将逆温分为以下几种类型。

（1）辐射逆温

辐射逆温是在大陆区常年可见的一种逆温，一般出现在晴朗、少云、风小的夜间。此时

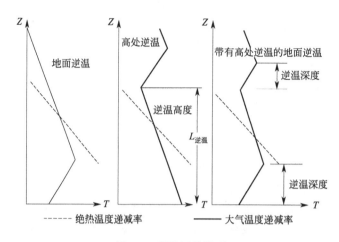

图 3-3　逆温层的类型

地面由于强烈的辐射损失而迅速冷却，近地层大气也随之冷却，而上层大气冷却较慢，出现了从地面起上高下低的温度分布，形成接地逆温。这种逆温是由于地面辐射形成的，因而称为辐射逆温。随日出逆温会逐渐消失。辐射逆温的生消过程见图 3-4。

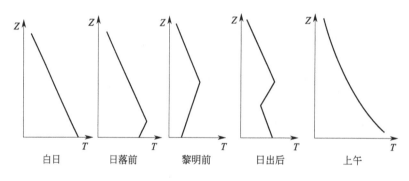

图 3-4　辐射逆温的生消过程

(2) 下沉逆温

当高压区内某一气层（团）发生大规模下沉时，由于气压的增大以及气层向水平方向的扩散，气层厚度减小，气层顶部下沉的距离较底部长，因而气层顶部绝热温升高，下部温度低，形成逆温。这种由于气团下沉所形成的逆温称为下沉逆温。

下沉逆温持续时间长、范围宽、厚度大，特别是在冬季，若与辐射逆温结合在一起，会形成很厚的逆温层，对高架污染源的排放影响很大。

(3) 地形逆温

这种逆温是由于局部地区的地形而形成的。这种逆温常发生在盆地、谷地中，日落后由于山坡散热，近坡面上的大气温度变得比盆地、谷地同高度处的气温低。坡面上的冷气沿坡滑向谷底，而谷底的暖气浪被抬升，从而形成逆温。

(4) 锋面逆温

在对流层中，冷暖空气相遇时，暖空气密度小，会爬升到冷空气的上面去，形成倾斜的过渡区，称为锋面。锋面处冷暖空气温差较大，即可在冷气团范围内的不同高度处形成逆温，称为锋面逆温。

(5) 平流逆温

当暖空气平流到冷空气上面时，会形成下低上高的温度分布而形成逆温，这种逆温称作平流逆温。

3.3.1.4　大气稳定度

大气稳定度是空气团在垂直方向稳定程度的一种度量。当气层中的气团受到对流冲击的作用时，产生了向上或向下的运动，那么当外力消失后，该气团继续运动的趋势将存在着三种可能的情况：

① 该气团的运动速度逐渐减小，并有返回原来高度的趋势。这种情况表明此时的气层对该气团是稳定的。

② 该气团仍继续上升或下降，并且速度不断增大，运动的结果是气团逐渐远离原来的高度。这表明此时的气层是不稳定的。

③ 气团被推到某一高度，就停留在那一高度保持不动。这表明该气层是中性的。

(1) 大气稳定度的判别

可用气块法来判别大气稳定度。单位体积的一个空气块，受到浮力 ρg 及本身的重力 $\rho_i g$ 的共同作用，空气块的加速度为：

$$a = \frac{\rho - \rho_i}{\rho} g \tag{3-4}$$

利用准静力条件 $p_i = p$ 和理想气体状态方程，则有：

$$a = \frac{T_i - T}{T_i} g \tag{3-5}$$

当气块运动过程中满足绝热条件，气块上升 Δz 高度时，其温度 $T_i = T_{i0} - \gamma_d \Delta z$，而同样高度的周围空气温度 $T = T_0 - \gamma \Delta z$。因为起始温度相当，即 $T_0 = T_{i0}$，则有：

$$a = g \frac{\gamma - \gamma_d}{T_i} \Delta z \tag{3-6}$$

由上式可见，$(\gamma - \gamma_d)$ 的符号表明气块加速度 a 与气块位移 Δz 的方向是否一致，也就是说大气是否稳定。

当 $\gamma > \gamma_d$ 时，气块加速度 a 与气块位移 Δz 的方向一致，气块运动将加速进行，大气不稳定。

当 $\gamma < \gamma_d$ 时，气块加速度 a 与气块位移 Δz 的方向不一致，气块运动受到抑制，大气稳定。

当 $\gamma = \gamma_d$ 时，气块加速度 $a = 0$，气块处于平衡状态，大气是中性的。

当大气处于稳定状态时，湍流受到限制，大气不易产生对流，因而大气对污染物的扩散能力很弱。如逆温条件下的大气层均处于稳定状态或强稳定状态，污染物极不易扩散，会引起高浓度污染。当大气处于不稳定状态时，空气对流很少阻碍，湍流可以充分发展，对大气中的污染物扩散稀释能力就很强（图 3-5）。

(2) 大气稳定与污染物扩散的关系

大气稳定度对烟流扩散有很大的影响，通过对这种影响的分析，可以更直观地看出大气稳定度与污染物扩散的关系。图 3-6 为不同温度层结下典型的烟流类型。

① **波浪型**　又称蛇形型。烟流排放轨迹是曲曲弯弯的，并在上下左右各方向上波动翻腾，在波动翻腾中烟流很快扩散。此时大气状况为 $\gamma > \gamma_d$，大气处于不稳定状态。由于对流强烈，污染物扩散快，因此地面最大浓度落地点距离烟囱较近且浓度较大。这种情况多发生

在晴朗的白天。

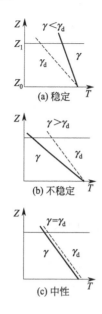

图 3-5 三种不同大气稳定度的情况

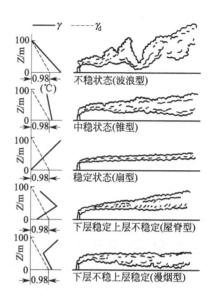

图 3-6 大气稳定度与烟型

② **锥型** 烟气沿主导风向呈锥形流动，横向和竖直方向的扩散速度差不多，因而烟形愈扩愈大形成锥形。这种烟型扩散速度比波浪型低，大气状况为 $\gamma = \gamma_d$，处于中性或弱稳定状态，污染物落地浓度低于波浪型，但污染距离长。这种状况多发生在多云的白天或冬季的夜晚。

③ **扇型** 又称平展型。在垂直方向上烟流扩散很小，沿水平方向缓慢扩散，烟流从烟源处呈扇形展开。此时的大气状况为 $\gamma < \gamma_d$，即在烟源出口的一层大气处于逆温，因此污染情况随烟源有效源高的不同而不同。这种烟云对地面污染较轻，且可传送到较远的地方。但若遇到山峰、高层建筑物的阻挡，则可出现下沉现象，造成严重污染。在晴朗天气的夜间或清晨常出现这种烟型。

④ **屋脊型** 又称爬升型，排出的烟流呈脊形扩散。在排烟出口上方 $\gamma > \gamma_d$，大气处于不稳定状态；排烟口下方 $\gamma < \gamma_d$，大气处于稳定状态，气层为逆温层。因此，排出的烟流只能向上扩散，而不能向下扩散。这种烟型对地面不会造成很大的污染。这种烟型一般出现在日落前后，持续时间较短。

⑤ **漫烟型又称熏蒸型** 在存在辐射逆温的情况下，日出后由于地面增温，低层空气被加热，使逆温从地面上逐渐破坏。当不稳定大气发展到烟流的下缘，而上部仍处于稳定状态时，就出现这种烟型，此时排出口上方仍存在逆温（$\gamma < \gamma_d$），大气稳定，犹如上面盖了一层顶盖，阻止了烟气的向上扩散，而排出口下方逆温已遭破坏，大气不稳定（$\gamma > \gamma_d$），造成烟气大量下沉，发生熏烟情况。这种情况多发生在日出以后，持续时间较短，对排出口下风向的附近地面会造成强烈的污染，很多烟雾事件就是这种情况下形成的。

通过对以上五种烟型产生条件的分析，可以粗略了解温度层结与大气稳定度对烟云扩散的影响。由于影响因素很多，实际烟型要比以上的典型烟型复杂得多，例如风和地面粗糙度都会对烟型及污染物扩散造成影响。但从以上的分析还是可以直观地了解到污染物扩散与大气稳定与否的密切关系。

3.3.2　大气污染物的扩散与下垫面的关系

地形或地面状况的不同，即下垫面情况的不同，会影响到该地区的气象条件，形成局部地区的热力环流，表现出独特的局地气象特征。除此之外，下垫面本身的机械作用也会影响到气流的运动，如：下垫面粗糙，湍流就可能较强；下垫面光滑平坦，湍流就可能较弱。因此，下垫面通过影响该地的气象条件影响着污染物的扩散，同时也通过本身的机械作用影响着污染物的扩散。

（1）城市下垫面的影响

城市下垫面以两种基本方式改变着局地的气象特征：一个是城市的热力效应，即城市热岛效应；另一个是城市粗糙地面的动力效应。

① **城市热岛效应**　城市是人口、工业高度集中的地区，由于人的活动和工业生产，使城市

图 3-7　城市热岛环流图

温度比周围郊区温度高，这一现象被称为城市热岛效应。由于城区气温比农村高，特别是低层空气温度比四周郊区空气温度高，于是城市地区热空气上升，并在高空向四周辐散，而四周郊区较冷的空气流来补充，形成了城市特有的热力环流——热岛环流。这种现象在夜间、在晴朗平稳的天气下表现得最为明显。图 3-7 为城市热岛环流图。

由于热岛环流的存在，城市郊区工厂所排放的污染物可由低层吹向市区，使市区污染物浓度升高。因此，在城市四周布置工业区时要考虑热岛环流存在这一特点。

城市热岛使城乡近地层的温度层结也有很大的不同。在夜晚，这种差异表现得尤为明显。白天，城乡的近地气温都较高，而夜晚，乡村由于地面辐射较强，冷却较快，因而形成接地逆温层。而城市近地气层，由于受城市热源影响，温度较高。当乡村空气流到温暖的城市上空时，与城市暖空气形成城市热岛混合层，混合层上方才是逆温层，因此城市较少出现接地逆温。图 3-8 为乡村、城市的典型温度层结。这种温度层结的差异形成了不同的大气污染日变化特征。在郊区的夜晚，逆温层的垂直扩散微弱，高架源对地面污染很轻；而在城市，混合层内垂直扩散较强，处在混合层内的低矮源会对城市地面造成较大的污染（图 3-9）。

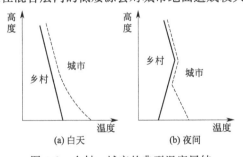

图 3-8　乡村、城市的典型温度层结

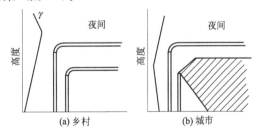

图 3-9　城乡温度层结的差异对污染的影响

② **动力效应**　城市下垫面粗糙度大，对气流产生了阻挡作用，使得气流的速度与方向变得很复杂，而且还会形成小尺度的涡流，造成较强的机械湍流。

城市热岛使城市上空大气趋于不稳定，增加了热力湍流，而粗糙的下垫面又增强了机械湍流，这就使城区的湍流程度比郊区高 30%～50%。

（2）山区下垫面的影响

山区地形复杂，日照不均匀，使得各处近地层大气的增热与冷却的速度不同，因而形成

山区特有的局地热力环流，它们对大气污染物的扩散影响很大。

①**过山气流**　气流过山时，在山坡迎风面形成上升气流，山脚处形成反向旋涡；背风面形成下沉气流，山脚处形成回流区。污染源在山坡上风侧时，对迎风坡会造成污染，而在背风侧，污染物会被下沉气流带至地面，或在回流区内回旋积累，无法扩散出去，很容易造成高浓度污染。

②**坡风和谷风**　晴朗的白天，阳光使山坡首先受热，受热的山坡把热量传递给其上的空气，这一部分空气的温度比同高度谷底上空的空气高，密度小，于是就上升，谷底较冷的空气来补充，形成从山谷流向山坡的风，称为"谷风"。夜晚的情况正好相反，由于山坡地辐射冷却快，其上方空气相应冷却得比同一高度谷底上空的空气快。贴近山坡的冷而重的空气顺坡滑向谷底，形成"山风"。图 3-10 为山谷风示意图。

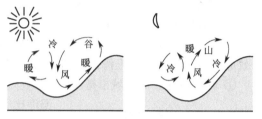

图 3-10　山谷风示意图

"山风"可将污染物带至地面，或聚集谷底、低地，形成厚而强的逆温层，而且由于地形的阻挡，污染物难以向外扩散，形成严重的局地污染。

山谷风对污染物输送有明显的影响。吹谷风时排放的污染物向外流出，若不久转为山风，被污染的空气又被带回谷内。特别是山谷风交替时，风向反复变化，空气中污染物浓度不断增大，导致山谷中污染加重。

（3）水陆交界区对大气污染的影响

在海陆交界处经常出现海陆风，是以 24 小时为周期的一种大气局部环流。海陆风是由陆地和海洋的热力性质的差异引起的。白天，由于太阳辐射，陆地增温比海面快，因此陆地上的气温高于海面上的气温，陆地上的暖空气上升，并在上层流向海洋，而下层海面上的空气则由海洋流向陆地，形成海风。而在夜间，陆地散热快，海洋散热慢，形成和白天相反的热力环流，上层空气由海洋吹向陆地，而下层空气由陆地吹向海洋，即为陆风。图 3-11 为海陆风环状气流示意图。

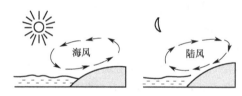

图 3-11　海陆风环状气流示意图

在湖泊、江河的水陆交界地带也会产生水陆风局地环流，称为"水陆风"。但水陆风的活动范围和强度比海陆风要小。

海陆风的环状气流不能把污染物完全输送、扩散出去，当海陆风转换时，原来被陆风带走的污染物会被海风带回原地，形成重复污染。

3.4　大气污染综合防治

3.4.1　我国大气污染现状及危害

（1）大气污染现状

我国大气污染严重，特别是在工业、人口集中的城市，污染程度更为严重。根据中国生态环境状况公报，2018 年全国 338 个地级及以上城市中，64.2% 的城市环境空气质量超标；平均优良天数比例为 79.3%、超标天数比例为 20.7%；发生重度污染 1899 天次、严重污染 822 天次，以 $PM_{2.5}$ 为首要污染物的天数占重度及以上污染天数的 60.0%，以 PM_{10} 为首要污染物的占 37.2%，以 O_3 为首要污染物的占 3.6%。

我国以燃煤为主，大气污染是以烟尘和 SO_2 为主的煤烟型污染。预测表明，我国国内生产总值每增加 1%，废气产生量增长 0.55%。工业废气的排放是我国大气污染的主要来源。2005 年全国烟尘排放量达到 1182 万吨，二氧化硫排放量达到 2549 万吨，超过了环境容量的一倍以上。虽然经过努力，2015 年二氧化硫排放量降为 1859.1 万吨，但氮氧化物排放量仍达 1851.9 万吨、烟尘排放量 1538.5 万吨，大气污染问题仍十分严重。2013 年元月份，全国雾霾面积达 130 万平方公里，8 亿人口受影响，北京市雾霾天数达 25 天，最严重时 $PM_{2.5}$ 浓度超过 $1000\mu g/m^3$。

面对严峻的大气污染形势，国务院颁布实施了《大气污染防治行动计划》（〔2013〕37 号），人大常委会修订了《中华人民共和国大气污染防治法》，通过优化产业结构、增强科技创新能力、提高经济增长质量来加强大气污染综合治理、减少多污染物排放，大气污染防治取得显著成效。2017 年，全国 338 个地级及以上城市可吸入颗粒物（PM_{10}）平均浓度比 2013 年下降 22.7%，京津冀、长三角、珠三角区域细颗粒物（$PM_{2.5}$）平均浓度比 2013 年分别下降 39.6%、34.3%、27.7%，北京市 $PM_{2.5}$ 平均浓度从 2013 年的 $89.5\mu g/m^3$ 降至 $58\mu g/m^3$。如表 3-4 所列，根据 463 个城市（区、县）降水监测的结果，与 2011 年相比，2017 年我国酸雨污染问题得到极大缓解。

表 3-4　2017 年 463 个城市酸雨监测数据

年份	全国酸雨面积比例	酸雨概率（>25%）城市比例	酸雨城市比例	年均 pH<5.6 城市比例	年均 pH<5.0 城市比例	年均 pH<4.5 城市比例
2011	12.9%	29.9%	48.5%	31.8%	19.2%	6.4%
2018	5.5%	16.3%	37.6%	18.9%	4.9%	0.4%

但我国大气污染防治任务仍然十分艰巨，2018 年全国 338 个城市全年大气质量达标的只有 33.7%，全国 PM_{10} 平均浓度是 $78\mu g/m^3$（标准是 $70\mu g/m^3$），$PM_{2.5}$ 平均值为 $41\mu g/m^3$（标准是 $35\mu g/m^3$），要实现大气质量根本好转任重道远。

(2) 大气污染的危害

人为活动所造成的大气污染对人的健康形成很大威胁。毒气大量泄漏以及烟雾事件的发生对人体健康造成了急性危害，直接导致人的死亡和使人群健康受损。大气污染的加剧导致了呼吸系统疾病和癌症发病率的增高。

可吸入颗粒物 PM_{10} 及细颗粒物 $PM_{2.5}$ 能够经呼吸进入支气管、肺部并产生沉积，引起支气管炎症，尤其是慢性阻塞性肺病；穿过肺泡而进入血液，是心血管疾病、肺心病的主要诱因之一；还是细菌、病毒、重金属和有机化合物等有毒有害成分的载体，具有致癌和促癌作用。SO_2 生成酸雾，对人的眼结膜、鼻腔和呼吸道黏膜具有急性刺激作用，可引起支气管收缩、呼吸道阻力增加，进入肺部组织严重时可能引起肺部炎症和肺水肿。NO 侵入呼吸道深部的细支气管和肺泡，生成亚硝酸、硝酸，腐蚀和刺激肺组织，可引起闭塞性细支气管炎和肺水肿，并且可能穿过肺泡进入血液，影响循环系统，NO 也是形成光化学烟雾的重要物质。强氧化性的光化学烟雾可引起眼睛红肿、呼吸困难、头痛、胸闷气短等呼吸系统和心血管系统症状，对患有心脏病和肺部疾病的人群影响更为明显。

大气污染与呼吸、循环系统疾病关系最密切。自 1990 年以来，这两类疾病的死亡率一直高居城市居民死因排序前四位。2003 年排在前四位的是恶性肿瘤、脑血管病、呼吸系统疾病和心脏病，死亡构成比分别占 21.98％、18.15％、16.73％和 16.43％，四项合计高达 73.29％。

大气污染物对地球生物圈也造成了很大的危害。世界各地出现的大面积的酸雨就是由大气中 SO_2 和 NO_x 所引起的，造成了森林的大面积死亡和枯萎，土壤酸化，水体水质变酸，水生生物灭绝。此外，大气污染已对植物的生长产生了慢性危害，使生长萎缩，产量下降，品质变坏。

大气污染还对全球的环境造成很大影响。温室气体的过量排放造成了温室效应的增强，使地球气候变暖，海平面升高；消耗臭氧层物质的排放使臭氧层破坏，地面紫外辐射增强。这些都给人类的经济发展以及生命和财产带来严重的危害。

3.4.2　综合防治的对策与措施

(1) 搞好区域规划，优化功能分区

在城乡规划及选择厂址时充分研究地形及气象条件对大气污染物扩散的影响，综合考虑生产规模、性质、回收利用技术及净化处理设备效率等因素，合理规划布局或调整不合理的工业布局。

(2) 调整优化产业结构，推进产业绿色发展

优化产业布局，严控"两高"行业产能，强化"散、乱、污"企业综合整治，深化工业污染治理，开展工业炉窑治理专项行动，实施挥发性有机物专项整治，大力培育绿色环保产业。

(3) 调整能源结构，构建清洁低碳高效能源体系

有效推进清洁取暖，降低煤炭消费总量，开展燃煤锅炉综合整治，提高能源利用效率，加快发展清洁能源和新能源。

(4) 调整运输结构，发展绿色交通体系

提升铁路货运比例，升级车船结构，治理柴油货车污染，加快油品质量升级，强化移动源污染防治，发展公共交通。

(5) 优化调整用地结构，推进面源污染治理

实施防风固沙绿化工程，推进露天矿山综合整治，加强扬尘综合治理，加强秸秆综合利用和氨排放控制。

(6) 植树造林、开展绿化

植物本身除有调节气候、吸尘、降噪的功能外，还能吸收大气中的有害污染物，减轻其对人体的危害，使大气的自净作用增强。例如：每公顷阔叶林在生长季节每天可吸收近 1000kg CO_2，释放 750kg 氧气；每公顷森林每昼夜可滞留粉尘 32～68t；每千克柳杉叶（干重）每天可吸收 SO_2 3g。因此，植树造林、开展绿化是长效性和多功能的大气污染综合防治措施。

(7) 强化区域联防联控，有效应对重污染天气

建立和完善区域大气污染防治协作机制，加强重污染天气应急联动，夯实应急减排措施。

（8）完善相关政策，为大气污染治理提供有力保障

完善法律法规标准体系，拓宽投融资渠道，加大经济政策支持力度。完善环境监测监控网络，强化科技基础支撑，加大环境执法力度，深入开展环境保护督察。加强组织领导，明确落实各方责任，严格考核问责，加强环境信息公开，构建全民行动格局。

3.5　大气污染治理技术简介

3.5.1　颗粒污染物的治理技术

从废气中将颗粒物分离出来并加以捕集、回收的过程称为除尘。实现上述过程的设备装置称为除尘器。

3.5.1.1　除尘装置的分类与除尘原理

依照除尘器除尘的主要机制可将其分为机械式除尘器、过滤式除尘器、湿式除尘器、静电除尘器等四类。

根据在除尘过程中是否使用水或其他液体可分为湿式除尘器、干式除尘器。

近年来，为提高对微粒的捕集效率，还出现了综合几种除尘机制的新型除尘器，如声凝聚器、热凝聚器、高梯度磁分离器等，但目前大多仍处于试验阶段，还有些新型除尘器由于性能、经济性等方面的原因不能推广应用，因此本书仍以介绍常用除尘装置为主。

（1）机械式除尘器

机械式除尘器是通过质量力的作用达到除尘目的的除尘装置。质量力包括重力、惯性力和离心力，主要除尘器形式为重力沉降室、惯性除尘器和旋风除尘器等。

① **重力沉降室的除尘原理**　重力沉降室是利用粉尘与气体的密度不同，使含尘气体中尘粒依靠自身的重力从气流中自然沉降下来，达到净化目的的一种装置。常见的重力沉降室有水平气流沉降室、单层重力沉降室和多层重力沉降室。图 3-12 为重力沉降室的结构示意图。含尘气体通过横断面比管道大得多的沉降室时，流速大大降低，气流中大而重的尘粒在随气流流出沉降室之前，由于重力的作用缓慢下落至沉降室底部而被消除。

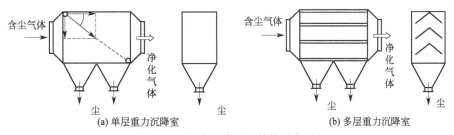

(a) 单层重力沉降室　　　　　　　　　　　(b) 多层重力沉降室

图 3-12　重力沉降室的结构示意图

重力沉降室是各种除尘器中最简单的一种，投资少、阻力损失小（一般为 50～130Pa）、维护管理方便，但它只能捕集粒径较大的尘粒，只对 $50\mu m$ 以上的尘粒具有较好的捕集作用，因此除尘效率低，只能作为初级除尘手段。

② **惯性除尘器的除尘原理**　利用粉尘与气体在运动中的惯性力不同，使粉尘从气流中

分离出来的方法称为惯性力除尘。常用方法是使含尘气流冲击在挡板上，气流方向发生急剧改变，气流中的尘粒惯性较大，不能随气流急剧转弯，便从气流中分离出来。

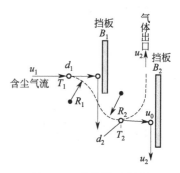

图 3-13 惯性除尘器的除尘原理示意图

图 3-13 表示的是含尘气流冲击在挡板上时尘粒分离的机理。当含尘气流冲击到挡板 1 上时，气流方向发生改变，绕过挡板 1。气流中粒径较大的尘粒 d_1，由于惯性较大，不能随气流转弯，受自身重力作用落下，首先被分离出来。气流继续流动时受挡板 2 的阻挡，方向再次发生改变，被气流携带的较小尘粒 d_2 借助离心力的作用撞击在挡板上而落下。显然，惯性力除尘器除利用了惯性力作用外，还利用了离心力和重力的作用。

一般情况下，惯性除尘器中的气流速度越高，气流方向转变角越大，气流转换方向次数越多，则对粉尘的净化效率越高，但压力损失也会越大。

惯性除尘器适用于非黏性、非纤维粉尘的去除，设备结构简单，阻力较小，但其分离效率较低，约为 50%～70%，只能捕集 10～20μm 以上的粗尘粒，故只能用于多级除尘中的第一级除尘。

③ **旋风除尘器的除尘原理** 使含尘气流沿某一定方向做连续的旋转运动，粒子在随气流旋转中获得离心力，使粒子从气流中分离出来的装置为离心式除尘器，也称为旋风除尘器。旋风除尘器具有结构简单、体积小、造价低、维护管理方便、耐高温等优点。

图 3-14 为旋风除尘器的除尘原理示意图。普通旋风除尘器是由进气管、排气管、圆筒体、圆锥体和灰斗组成的。

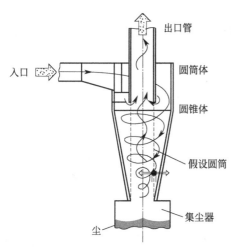

图 3-14 旋风除尘器的除尘原理示意图

在机械式除尘器中，旋风除尘器是效率最高的一种，它适用于非黏性及非纤维性粉尘的去除，对粒径 5μm 以上的颗粒具有较高的去除效率，属于中效除尘器，且可用于高温烟气的净化，因此是应用广泛的一种除尘器。它多应用于锅炉烟气除尘、多级除尘及预除尘，它的主要缺点是对细小尘粒（<5μm）的去除效率较低。

(2) 过滤式除尘器

过滤式除尘是使含尘气体通过多孔滤料，把气体中的尘粒截留下来，使气体得到净化的方法。按滤尘方式有内部过滤与外部过滤之分。内部过滤是把松散多孔的滤料填充在框架内作为过滤层，尘粒是在滤层内部被捕集，如颗粒层过滤器就属于这类过滤器。外部过滤是用纤维织物、滤纸等作为滤料，通过滤料的表面捕集尘粒，故称为外部过滤。这种除尘方式的最典型的装置是袋式除尘器，它是过滤式除尘器中应用最广泛的一种。

脉冲袋式除尘器的结构和工作原理示意图见图 3-15。

用棉、毛、有机纤维、无机纤维的纱线织成滤布，用此滤布做成的滤袋是袋式除尘器中最主要的滤尘部件。图 3-16 为滤料的过滤过程。滤袋是通过以下机制完成捕尘的。

① **筛分作用** 由于滤料是由经纬线纺织而成，因此当尘粒粒径大于经纬线间的孔隙时

会被滤料拦截，从气流中筛分出来；由于粉尘在滤料上沉积后，堵塞了纤维间的孔眼，使允许通过的粉尘粒径变小，筛分作用加强。这种由于最初的粉尘沉积而形成的粉尘层称为粉尘初层。实际上，含尘气体的筛分过滤主要依靠粉尘层进行，粉尘层的存在是保证高除尘效率的关键因素。随着粉尘层的增厚，除尘效率不断提高，但气流通过阻力也不断加大，当粉尘积累到一定厚度后，要进行清灰，以减小通过阻力。

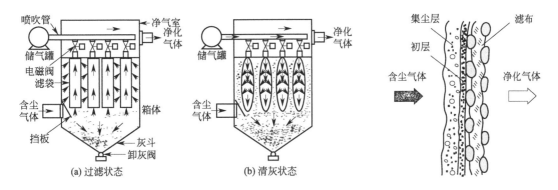

图 3-15　脉冲袋式除尘器的结构和工作原理示意图　　　图 3-16　滤料的过滤过程

② **惯性碰撞作用**　由于纤维间的孔隙远大于粉尘的粒径，因此单纯依靠织物的孔隙截留粉尘粒子的效率很低。但当含尘气流绕流流过滤料纤维时，气流中的尘粒可以由于惯性作用碰撞到纤维上而被捕集。

③ **扩散作用**　气流中粒径小于 $1\mu m$ 的小尘粒会由于气流分子的热运动而做布朗运动，当尘粒在运动中与纤维接触时即可被捕集，这种作用称为扩散作用。

④ **静电作用**　当滤布和粉尘带有电性相反的电荷时，由于静电引力，尘粒可被吸引到纤维上而捕获。

⑤ **重力沉降作用**　当气流进入除尘器后，因气流速度的降低，大颗粒由于重力作用而下沉。

在袋式除尘器中，集尘过程的完成并非只是一种机理在起作用，而往往是上述各机制综合作用的结果。由于粉尘性质的不同、装置结构的不同及运行条件的不同，各种机理所起作用的重要性也就不会相同。

袋式除尘器的主要优点是：除尘效率高，特别对细粉尘有很强的捕集作用，一般可达90%以上，达到 99.9% 的除尘效率也不难；适应性强，能捕集不同性质的粉尘，进口含尘浓度在大范围内变化时对除尘效率和阻力影响都不大；风量范围大，可由每小时数百立方米到每小时数百万立方米；便于回收干料，不存在水污染治理和泥浆处理问题。袋式除尘器不适用于处理含油、含水的黏结性粉尘，烟气温度不能低于露点，否则会发生结露现象，堵塞滤袋；耐温和耐腐蚀性能与滤料有关，目前常用的滤料（如涤纶绒布）一般适用于 120～130℃，而玻璃纤维等滤料可耐 250℃ 左右。

(3) 湿式除尘器

湿式除尘也称为洗涤除尘，该方法是用液体（一般为水）洗涤含尘气体，使尘粒与液膜、液滴或气泡碰撞而被吸附、凝集变大，尘粒随液体排出，气体得到净化。

湿式除尘可以有效地去除气流中直径为 $0.1～20\mu m$ 的液滴或固体颗粒，由于洗涤液对多种气态污染物具有吸收作用，因此还能同时脱除气体中的气态有害物质，对高温气体还能起降温作用，这是其他类型除尘器所无法做到的，某些洗涤器也可以单独作为吸收器使用。

湿式除尘器主要通过以下作用捕获尘粒。

① **惯性碰撞** 气体在流动中碰到液滴会改变方向，绕过液滴流动，但尘粒由于惯性仍会保持原有的运动方向，当与液滴撞击时会被液滴捕获。

② **扩散作用** 细小的尘粒受气流分子热运动的影响，也做不规则的运动，在运动中尘粒与液滴等接触即被捕获。

③ **凝聚作用** 烟气中的水分和一些气态有机物常在温度降低时凝结在尘粒表面，增湿后的尘粒会互相凝聚成大粒子，被液滴、液膜等捕集。

④ **黏附** 含尘气流中的尘粒与液滴、液膜等接触会直接被黏附。

在工程上使用的湿式除尘器类型很多，总体上可分为低能和高能两类。低能湿式除尘器的压力损失为 $200 \sim 1500 Pa$，包括喷淋塔和旋风洗涤器等，在一般运行条件下的耗水量（液气比）为 $0.5 \sim 3.0 L/m^3$，对 $10 \mu m$ 以上颗粒的净化效率可达 $90\% \sim 95\%$；高能湿式除尘器的压力损失为 $2500 \sim 9000 Pa$，净化效率可达 99.5% 以上，如文丘里洗涤器等。图 3-17 即为喷淋洗涤装置的示意图。

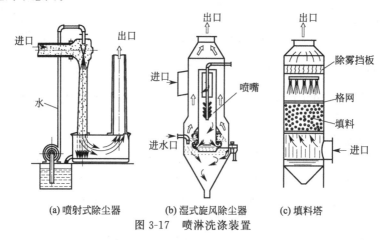

(a) 喷射式除尘器　(b) 湿式旋风除尘器　(c) 填料塔

图 3-17　喷淋洗涤装置

湿式除尘器结构简单、造价低、占地面积小、操作维修方便、除尘效率高，适宜于净化非纤维性和不与水发生化学作用的各种粉尘，在处理高温、易燃、易爆气体时安全性好，在除尘的同时还可去除气体中的有害物。湿式除尘器的不足是用水量大，易产生腐蚀性液体，产生的废液或泥浆需进行处理，并可能造成二次污染，在寒冷地区和季节使用时易结冰。

（4）静电除尘器

静电除尘是利用高压电场产生的静电力（库仑力）的作用实现固体粒子或液体粒子与气流分离的方法。

常用除尘器有管式与板式两大类型。图 3-18 是目前应用广泛的板式静电除尘示意图，主要部件有外壳、电晕极、集尘极、振打器、气流分布板和灰斗等。含尘气体进入除尘器后，通过以下几个阶段实现尘气分离。

① **电晕放电** 电极间的空气离子在静电除尘器的高压电场的作用下向电极移动，形成电流。当电压升到一定数值，电晕极附近离子获得了较高的能量和速度，它们撞击空气中中性分子时，中性分子会电离

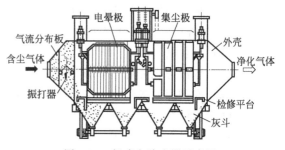

图 3-18　板式电除尘器示意图

成正、负离子，这种现象称为空气电离。空气电离后，由于连锁反应，在极间运动的离子数大大增加，表现为极间电流（电晕电流）急剧增大。当电晕极周围的空气全部电离后，形成了电晕区，此时在电晕极周围可以看见一圈蓝色的光环，这个光环称为电晕放电。如果在电晕极上加的是负电压，则产生的是负电晕；反之，则产生正电晕。工业用的电除尘器采用稳定性强的负电晕极，空气调节的小型电除尘器采用臭氧产生量少的正电晕极。

②　**粒子荷电**　在放电电极附近气体中的电晕区内，正离子立即被电晕极表面吸引而失去电荷，自由电子和负离子则因电场力的驱使和扩散作用向集尘极迁移。在迁移过程中，中性气体分子很容易捕获这些电子或阴离子形成负气体离子，当这些带负电荷的粒子与气流中的尘粒相撞并附着其上时，就使尘粒带上了负电荷，实现了粉尘粒子的荷电。

③　**粒子沉降**　荷电粉尘在电场中受库仑力的作用被驱往集尘极，经过一定时间到达集尘极表面，尘粒上的电荷便与集尘极上的电荷中和，尘粒放出电荷后沉积在集尘极表面。

④　**粒子清除**　集尘极表面上的粉尘沉积到一定厚度时，用机械振打等方法使其脱离集尘极表面，沉落到灰斗中。

图 3-19 为电除尘器中带电粒子的运动示意图。

电除尘器是一种高效除尘器，与其他类型除尘器相比，主要优点是：①除尘性能好（对细微粉尘及雾状液滴的捕集性能优异）；②除尘效率高（除尘效率最高可达 99%，对于 <0.1μm 的粉尘粒子仍有较高的去除效率）；③处理气体量大（每台设备每小时可处理 $10^5 \sim 10^6 \mathrm{m}^3$ 的烟气）；④适用范围广（可以用于高温、高压的场合，能连续运行，并可完全实现自动化）；⑤压力损失低（一般为 200~500Pa）。因此，电除尘器被广泛用于工业除尘。电除尘器的主要缺点是设备庞大，占地面积大，投资费用高，电耗大，运行费用高，对超细颗粒（如 $PM_{2.5}$）的捕集能力有限，不适合用来捕集比电阻过高或过低（合适的比电阻为 $10^4 \sim 10^{11} \Omega \cdot \mathrm{cm}$）的粉尘。

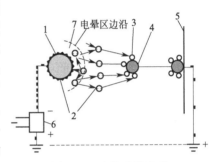

图 3-19　电除尘器中带
电粒子的运动示意图

1—放电电极；2—电子；3—离子；4—尘粒；
5—收尘极；6—供电装置；7—电晕区

（5）电袋复合除尘器

电除尘器和布袋除尘器本身都有难以克服的缺点，单靠单一设备进行除尘已不能满足日益严格的环保要求，因此兼顾电除尘和布袋除尘优点的电袋除尘技术应运而生。

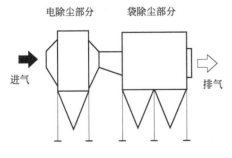

图 3-20　"前电后袋"组合式图

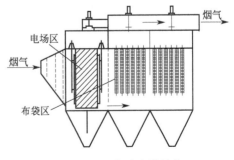

图 3-21　电袋除尘器结构

"前电后袋"电袋复合除尘器是将静电除尘与布袋除尘器串联结合（图 3-20 和图 3-21），

前级为电除尘，后级为袋式除尘。含尘气体通过前级电场时，电除尘部分捕集了绝大部分粉尘，为后级布袋除尘提供了有利条件，一是粉尘浓度大幅度降低，二是通过前级电场对粉尘荷电，这样可以：①强化扩散作用，因粉尘带有同种电荷，相互排斥，迅速在后级的空间扩散，形成均匀分布的气溶胶悬浮状态，使得流经后级的粉尘浓度均匀；②强化吸附和排斥作用，带异性电荷的粉尘相互吸附，产生电凝并作用，使细颗粒粉尘凝并成较大颗粒粉尘利于

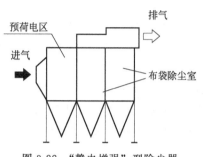

图 3-22 "静电增强"型除尘器

捕集；带相同极性的粉尘相互排斥，使得沉积到滤袋表面的粉尘颗粒之间有序排列，形成的粉尘层透气性好，孔隙率高，剥落性好，因此阻力降低，清灰效率提高，滤袋使用寿命延长，设备的整体性能得到提高。现有的电除尘器大多数设置三、四个电场，甚至五、六个电场，然而几乎 80％以上的粉尘是被第一级电场收集的，后面几个电场级捕集的粉尘不到 20％，不仅占地面积大而且制造费用高。"前电后袋"组合式除尘器只保留一、二级电除尘，后面改用布袋除尘，这样占地面积小，投资费用低。

"静电增强"型除尘器（结构见图 3-22）是含尘气流先经过一段电场区进行预荷电使粉尘颗粒带电，带电颗粒在静电力作用下被后级滤袋捕集。"静电增强"型除尘器与"前电后袋"组合式除尘器在结构形式上类似，只是前级的静电场作用有所区别，"静电增强"主要在电场区进行预荷电，除尘工作主要由后级滤袋来完成。粉尘粒子通过前级电场的预荷电作用增强了过滤特性，有助于提高粉尘粒子的过滤特性，随着清灰次数的减少，也明显改善了滤袋的清灰特性及使用寿命。

电袋复合除尘器的优势：①在除尘机理上，对超细粉尘颗粒，特别是 $0.01\sim1.00\mu m$ 的气溶胶粒子有很高的捕集效率，在电除尘电场中因静电力和重力作用除去粒径较大的颗粒，余下细微颗粒被布袋除尘部分捕集。②从性能上来看，运行可靠，能够保持设定的除尘效率，受粉尘特性的影响较小，适应性强；阻力低，压力损失小，滤袋使用寿命长；结构紧凑、除尘设备建造费用低，能耗少且不需要频繁更换滤袋，总的运行费用低于同容量的静电除尘器和布袋除尘器。

3.5.1.2 除尘装置的性能比较与选用原则

各种除尘装置的实用性能比较见表 3-5。除尘器的整体性能主要是用三个技术指标（处理气体量、压力损失、除尘效率）和三个经济指标（一次性投资、运转管理费用、占地面积及使用寿命）来衡量。在评价及选择除尘器时，应根据所要处理气体的颗粒特性、运动条件、标准要求等进行技术、经济的全面考虑。理想的除尘器在技术上应满足工艺生产和环境保护的要求，同时在经济上要合理、合算。

表 3-5 各种除尘装置的实用性能比较

类型	处理的粒度/μm	压力降/Pa	除尘效率%	设备费用	运转费用
重力除尘	>50	50～130	40～60	小	小
惯性力除尘	20～50	300～800	50～70	小	小
离心除尘	5～15	800～1500	85～95	小	中
湿式文丘里除尘	0.1～1.0	4000～10000	90～98	小	大
袋式过滤除尘	0.1～1.0	1000～2000	95～99	中	中以上
电除尘	0.05～1.0	50～130	90～99.9	大	大
电袋除尘	0.05～1.0	500～1200	95～99.99	中	中以上

在选用除尘器时，可按如下顺序考虑各项因素。

① 需达到的除尘效率；

② 设备运行条件，其中包括含尘气体的性质（温度、压力、黏度、湿度等）、颗粒特性（粒度分布、毒性、黏性、吸湿性、电性、可燃性等）、供水及污水处理的条件；

③ 经济性主要包括设备安装、运行和维护的费用及粉尘回收后的价值等；

④ 占地面积及空间的大小；

⑤ 设备操作要求及使用寿命；

⑥ 其他因素，如处理有毒、易燃物的安全措施等。

3.5.2　低浓度 SO_2 废气的治理

SO_2 污染的控制方法主要有采用低硫燃料和清洁替代能源、燃料脱硫、燃烧过程脱硫和烟气脱硫。重金属冶炼厂、硫酸厂等工业尾气中 SO_2 的浓度通常为 2%～40% 之间的高浓度，一般采用接触法回收烟气中的 SO_2 制硫酸。这里主要介绍低浓度 SO_2 烟气脱硫技术 FGD（flue gas desulfurization）。

目前常用的脱除 SO_2 的方法有抛弃法和回收法两种。抛弃法是将脱硫的生成物作为固体废物抛掉，方法简单、费用低廉，并且同时用于除尘。回收法是将 SO_2 转变成有用的物质回收，成本高，所得副产品存在着应用及销路问题，而且通常需在脱硫系统前配套高效除尘系统。在我国，从国情的长远观点考虑，应以回收法为主。

烟气脱硫方法按脱硫剂是液态还是固态分为湿法和干法两种。湿法脱硫采用液体吸收剂洗涤烟气中的 SO_2，湿法工艺包括氨法、石灰石/石灰法、双碱法、氧化镁法、柠檬酸盐法、钠碱法、海水法等。湿法工艺所用设备简单，操作容易，脱硫效益高，但脱硫后烟气温度较低，不利于烟气的排放扩散。干法脱硫采用固体吸收剂、吸附剂或催化剂除去废气中的 SO_2，干法脱硫工艺包括活性炭法、氧化法、炉内喷钙法、电子束法、非平衡等离子体法、石灰石炉内喷射和钙活化脱硫技术以及金属氧化物吸收法等。干法脱硫的优点是脱硫过程中无废水、废酸排出，不造成二次污染，并且节水，缺点是效率低、设备庞大。

本章简单介绍氨法、钠碱法、石灰石法和活性炭吸附法脱硫工艺。

(1) 氨法

氨法工艺和其他湿法脱硫工艺相比有特有的优点，因其碱性强于钙基吸收剂，反应速率快，吸收剂利用率高，脱硫率可达 90%～99%，吸收设备体积可大大减小，并能提供化学肥料硫铵作为含硫和氮的适合于高碱性土壤的农用化肥，还能脱除除 SO_2 外的其他酸性气体（如 SO_3 和 HCl），是一种资源回收型的脱除高硫煤烟气中 SO_2 的方法。国外于 20 世纪 70 年代初成功开发出湿氨法脱硫工艺，20 世纪 90 年代以后其应用范围逐渐扩大。

用氨水作吸收剂吸收废气中的 SO_2，由于氨易挥发，实际上此法是用氨水与 SO_2 反应后生成的亚硫铵水溶液作为吸收 SO_2 的吸收剂，主要反应如下：

$$(NH_4)_2SO_3 + SO_2 + H_2O \longrightarrow 2NH_4HSO_3$$

通入氨后的再生反应：

$$NH_4HSO_3 + NH_3 \longrightarrow (NH_4)_2SO_3$$

对吸收后的混合液用不同方法处理可得到不同的副产物。

若用浓硫酸或浓硝酸等对吸收液进行酸解，所得到的副产物为高浓度 SO_2、$(NH_4)_2SO_4$ 或 NH_4NO_3，该法称为氨-酸法。

若用 NH_3、NH_4HCO_3 等将吸收液中的 NH_4HSO_3 中和为 $(NH_4)_2SO_3$，经分离可副产结晶的 $(NH_4)_2SO_3$，此法不消耗酸，称为氨-亚铵法。

若将吸收液用 NH_3 中和，使吸收液中的 NH_4HSO_3 全部变为 $(NH_4)_2SO_3$，再用空气对 $(NH_4)_2SO_3$ 进行氧化，则可得副产品 $(NH_4)_2SO_4$，该法称为氨-硫铵法。

氨法工艺成熟，流程和设备简单，操作方便，副产的 SO_2 可生产液态 SO_2 或硫酸，副产硫铵可作化肥。我国是一个人口、粮食和化肥大国，化肥生产对硫（SO_2）的需求为 2000 万吨/年，因此采用氨-硫铵法脱硫，既可治理 SO_2 废气污染，又可合理利用资源，在我国具有广阔的应用前景。

(2) 钠碱法

本法是用氢氧化钠或碳酸钠的水溶液作为开始吸收剂，与 SO_2 反应生成的 Na_2SO_3 继续吸收 SO_2，主要吸收反应为：

$$NaOH + SO_2 \longrightarrow NaHSO_3$$
$$2NaOH + SO_2 \longrightarrow Na_2SO_3 + H_2O$$
$$Na_2SO_3 + SO_2 + H_2O \longrightarrow 2NaHSO_3$$

生成的吸收液为 Na_2SO_3 和 $NaHSO_3$ 的混合液。用不同的方法处理吸收液，可得不同的副产物。

将吸收液中的 $NaHSO_3$ 用 $NaOH$ 中和，得到 Na_2SO_3。由于 Na_2SO_3 溶解度较 $NaHSO_3$ 低，它可从溶液中结晶出来，经分离得副产物 Na_2SO_3。析出结晶后的母液作为吸收剂循环使用。该法称为亚硫酸钠法。

若将吸收液中的 $NaHSO_3$ 加热再生，可得到高浓度 SO_2 作为副产物，而得到的 Na_2SO_3 结晶经分离溶解后返回吸收系统循环使用，此法称为亚硫酸钠循环法或威尔曼洛德钠法。

钠碱吸收剂吸收能力大，不易挥发，对吸收系统不存在结垢、堵塞等问题，亚硫酸钠法工艺成熟、简单，吸收效率高，所得副产品纯度高，但耗碱量大，成本高，因此只适于中小气量烟气的治理。而吸收液循环法可处理大气量烟气，吸收效率可达 90% 以上。

(3) 石灰石/石灰法

石灰石/石灰是最早使用的烟气脱硫剂之一，因石灰石价廉易得，目前用作 FGD 的脱硫剂仍然以石灰石为主，占脱硫市场 80% 左右的份额。石灰石/石灰法脱硫主要有干法、湿法、半干法三种脱硫方式。

① **湿式石灰石/石膏法烟气脱硫技术** 湿式石灰石/石膏法烟气脱硫是用含石灰石的浆液洗涤烟气（石灰石/石膏法脱硫塔的结构见图 3-23），以中和（脱除）烟气中的 SO_2，形成的产物为石膏。

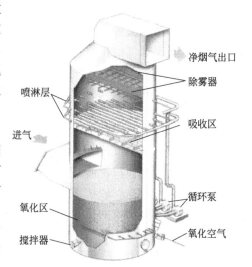

图 3-23 石灰石/石膏法脱硫塔的结构

其特点是 SO_2 的脱除率高，效率可达 90% 以上，能适应大气量、高浓度 SO_2 烟气的脱硫。湿式石灰石/石膏法脱硫反应的机理如下：

气相 $SO_2(g)$ 溶解在水中生成 SO_2（aq），并进一步反应：

$$SO_2(g) \longrightarrow SO_2(aq)$$
$$SO_2(aq) + H_2O \longrightarrow H_2SO_3$$
$$H_2SO_3 \longrightarrow H^+ + HSO_3^-$$

$$HSO_3^- \longrightarrow H^+ + SO_3^{2-}$$

产生的 H^+ 促进了 $CaCO_3$ 的溶解，生成 Ca^{2+}：

$$H^+ + CaCO_3 \longrightarrow Ca^{2+} + HCO_3^-$$

Ca^{2+} 与 SO_3^{2-} 或 HSO_3^- 结合，生成 $CaSO_3$：

$$Ca^{2+} + HSO_3^- + 2H_2O \longrightarrow CaSO_3 \cdot 2H_2O + H^+$$
$$Ca^{2+} + SO_3^{2-} + 2H_2O \longrightarrow CaSO_3 \cdot 2H_2O$$
$$H^+ + HCO_3^- \longrightarrow H_2CO_3$$
$$H_2CO_3 \longrightarrow CO_2 + H_2O$$

由上述反应机理可见，在 $CaCO_3$ 脱硫系统中，Ca^{2+} 的产生与 H^+ 浓度以及 $CaCO_3$ 的存在有关。美国环保局的试验结果表明，$CaCO_3$ 脱硫的最佳 pH 值为 5.8～6.2。

用石灰石作脱硫吸收剂必须考虑其纯度和活性，脱硫反应的活性主要取决于石灰石粉的粒度和颗粒的比表面积。一般要求石灰石粉 90% 通过 325 目筛（$44\mu m$）或 250 目筛（$63\mu m$），并且 $CaCO_3$ 含量大于 90%，用含石灰石质量分数 10%～15% 的浆液吸收 SO_2。

吸收液中存在的 $CaSO_3$ 可通过鼓入空气进行强制氧化转化为石膏。

该法所用吸收剂价廉易得，吸收效率高，回收的产物石膏可用作建筑材料，因此成为目前应用最广泛的脱硫方法，美国、日本 90% 的燃煤电厂采用这种技术。该法存在的最主要问题是吸收系统容易结垢、堵塞。另外，由于石灰乳循环量大，使设备体积增大，操作费用增高，水的消耗量大，投资费用占燃煤电厂总费用的 14%～20%。

② **喷雾干燥法（spray dry absorption）**　喷雾干燥法是将吸收剂石灰浆 $Ca(OH)_2$ 以雾状喷入反应塔内，雾滴在与烟气中 SO_2 进行中和反应的同时被蒸发，生成固体亚硫酸钙和灰的混合物并由除尘器捕集。整个过程的主要反应式如下：

$$SO_2(l) + H_2O \longrightarrow H^+ + HSO_3^-$$
$$HSO_3^- \longrightarrow H^+ + SO_3^{2-}$$
$$Ca^{2+} + SO_3^{2-} \longrightarrow CaSO_3$$
$$CaSO_3 + 0.5O_2 \longrightarrow CaSO_4$$
$$CaO + H_2O \longrightarrow Ca(OH)_2$$
$$SO_2 + Ca(OH)_2 + H_2O \longrightarrow CaSO_3 \cdot 0.5H_2O + 1.5H_2O$$
$$2CaSO_3 \cdot 0.5H_2O + H_2O + O_2 \longrightarrow 2CaSO_4 \cdot 2H_2O$$

上述反应在气-液界面间完成，整个过程的速率由气膜传质控制。当钙硫比（Ca/S）为 1.2～1.5 时能达到 70% 的脱硫效率。由于该法使用的吸收剂是湿态的，而副产物是干态的，又被称为半干法。

③ **石灰石炉内喷射和钙活化脱硫技术**　石灰石炉内喷射和钙活化脱硫工艺是将石灰石粉（$CaCO_3$ 含量大于 92%，80% 的粒度为 $42\mu m$）用气力喷射到锅炉炉膛上部温度为 900～1250℃ 的区域，发生 $CaCO_3$ 分解和脱硫反应，未反应的吸收剂再与烟气一起进入位于锅炉后面的增湿活化器，通过喷水使吸收剂活化［生成 $Ca(OH)_2$］，达到进一步脱硫的目的。该工艺包括炉内喷钙和炉后增湿活化两个阶段，发生的主要反应如下。

炉内喷钙阶段：

$$CaCO_3 \longrightarrow CaO + CO_2$$
$$CaO + SO_2 + 0.5O_2 \longrightarrow CaSO_4$$
$$CaO + SO_3 \longrightarrow CaSO_4$$

炉后增湿活化阶段：

$$CaO + H_2O \longrightarrow Ca(OH)_2$$
$$SO_2 + Ca(OH)_2 \longrightarrow CaSO_3 + H_2O$$
$$CaSO_3 + 0.5O_2 \longrightarrow CaSO_4$$

该法是一种干法脱硫工艺，当钙硫比（Ca/S）为（2∶1）～（2.5∶1）时，系统的脱硫效率可达75%以上，利用增湿后的脱硫灰再循环使用，脱硫效率有可能达到90%。

(4) 活性炭吸附法

活性炭是一种黑色多孔的固体炭质，其优良的吸附性能得益于巨大的比表面积、丰富的孔隙结构（图3-24），活性炭的内表面积为 $400 \sim 1000 m^2/g$，活性炭表面的孔隙可分为微孔（<2nm）、中孔（2～50nm）、大孔（>50nm）。活性炭表面大部分是微孔，对 SO_2 的吸附起主要作用，中孔和大孔一般作为 SO_2 吸附通道。此外，活性炭的表面化学性质也会影响 SO_2 吸附，活性炭中90%以上为碳元素，其他还有 H、S、O、N 等，它们一起构成活性炭表面丰富的化学官能团，可分为酸性官能团和碱性官能团，提高活性炭表面的碱性官能团数量，可以提高 SO_2 的吸附能力。

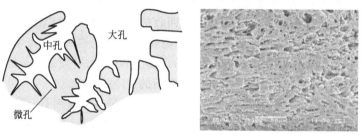

图 3-24　活性炭孔隙结构（左为结构示意图，右为扫描电镜图）

在有氧及水蒸气存在的条件下，用活性炭吸附 SO_2，不仅存在物理吸附，而且存在化学吸附。由于活性炭表面具有催化作用，使吸附的 SO_2 被烟气中的 O_2 氧化为 SO_3，SO_3 再和水蒸气反应生成硫酸。生成的硫酸可用水洗涤下来，或用加热的方法使其分解，生成浓度高的 SO_2，可用于制造硫酸。

物理吸附：

$$SO_2 \longrightarrow SO_2^{\cdot}$$
$$O_2 \longrightarrow O_2^{\cdot}$$
$$H_2O \longrightarrow H_2O^{\cdot}$$

化学吸附：

$$2SO_2^{\cdot} + O_2^{\cdot} \longrightarrow 2SO_3^{\cdot}$$
$$SO_3^{\cdot} + H_2O \longrightarrow H_2SO_4^{\cdot}$$
$$H_2SO_4^{\cdot} + nH_2O \longrightarrow H_2SO_4 \cdot nH_2O$$

总反应：

$$SO_2 + H_2O + 0.5O_2 \longrightarrow H_2SO_4$$

活性炭吸附法虽然不消耗酸、碱等原料，过程简单，又无污水排出，但由于活性炭吸附容量有限，因此对吸附剂要不断再生，操作麻烦。另外，为保证吸附率，烟气通过吸附装置的速度不宜过大（一般为 $0.3 \sim 1.2 m/s$）。当处理气量大时，吸附装置的体积必须大才能满足要求，因而不适用于大气量烟气的处理，而所得副产物硫酸浓度较低，需进行浓缩才能使用。以上这些限制了该法的推广应用。

在实际过程中应根据气量、SO_2 浓度和环保标准，因地、因厂、因气制宜，按照技术、经济和工程三统一的原则合理选择脱硫工艺。如大型燃煤电厂，烟气量往往超过 $100\times10^4 m^3/h$，通常采用石灰石/石膏法；当烟气量在 $(20\sim80)\times10^4 m^3/h$，$SO_2$ 浓度处于中低范围时，可以考虑湿式石灰法、喷雾干燥法等脱硫技术；当 SO_2 浓度高又具有稳定的供氨条件时，适应工艺是氨法，如化工厂的高硫烟气通常采用氨肥法脱硫；当烟气量在 $20\times10^4 m^3/h$ 以下时，可选用钠碱吸收法、活性材料吸附法等工艺。

3.5.3 硫化氢的控制

硫化氢是一种存在于合成氨、煤气、乙烯、天然气和合成气等生产过程中的易燃、无色气态污染物，具有强烈的臭鸡蛋气味，易溶于水，20℃时，2.9 体积气体溶于 1 体积水中，亦溶于醇类、二硫化碳、石油溶剂和原油中；比空气重，易在通风条件差的环境、低凹处聚集；具有强烈的神经性毒性，对黏膜有强烈的刺激作用，其毒性较 CO 大 5～6 倍；为爆炸性气体，爆炸极限范围为 4%～46%（体积比）；对输运管路、设备等造成腐蚀，会导致后续加工过程中的催化剂中毒。

国内外处理硫化氢废气的方法很多，可分为干法和湿法。

干法脱硫是指采用粉末状或颗粒状脱硫剂通过物理吸附和化学吸附作用脱除硫化氢，脱硫剂主要有铁系、锌系、铜锰系、炭系等，适用于硫化氢浓度低的废气治理，多用于精脱硫，工艺简单、操作方便，但设备庞大，脱硫剂更换频繁、消耗大、难再生，操作费用高，同时硫资源不能有效回收利用。

湿法脱除硫化氢是利用特定的溶剂与气体接触而脱除其中的硫化氢。根据吸收机理的不同，分为化学吸收法、物理吸收法、物理化学吸收法以及湿式氧化法，还有近几年发展起来的生物脱硫法。湿法脱硫流程复杂，投资大，适合于气体处理量大、硫化氢浓度高的场合。

物理吸收法是利用有机溶剂，如甲醇、聚乙二醇二甲醚、碳酸丙烯酯、N-甲基吡咯烷酮、磷酸三丁酯等，脱除废气中的硫化氢，具有流程简单、易于操作、节能明显的特点。

化学吸收法是以稀碱液与硫化氢发生反应来脱除硫化氢，常用的碱性吸收剂有氨、碳酸盐以及胺类化合物，采用烷醇胺类作为溶剂脱除硫化氢是迄今最常用的化学吸收法。

物理化学吸收法是将化学吸收剂和物理吸收剂联合应用，即通过采用复配型溶剂提高硫化氢脱除效率，如采用环丁酚(二氧化四氢噻吩)-二异丙醇胺水溶液脱除硫化氢。

液相催化法是利用碱性溶液吸收硫化氢，在均相催化剂的作用下用空气将溶液中的硫化氢氧化为硫黄。

本章对应用广泛的克劳斯法、A.D.A 法和络合铁法做一个简单介绍。

(1) 克劳斯法

克劳斯法又称干式氧化法，是最早的也是应用较为广泛的一种废气中硫化氢治理方法，每个克劳斯单元包括管道燃烧器、克劳斯反应器和冷凝器（废热锅炉）三个部分，基本原理是在克劳斯燃烧炉内，在 1000℃ 以上高温、0.06MPa 下，通过严格控制气量，用空气将 1/3 的硫化氢燃烧成二氧化硫：

$$H_2S+1.5O_2 \longrightarrow SO_2+H_2O \qquad \Delta H=518.4kJ/kg$$

生成的 SO_2 在克劳斯反应器中，在 220～350℃、铝矾土催化剂（使用量为反应混合物的 0.1%～0.2%）作用下，与进气中的 H_2S 反应生成硫黄：

$$2H_2S+SO_2 \longrightarrow 1.5S_2+2H_2O \qquad \Delta H=146.7kJ/kg$$

随着温度的降低，S_2 可以变成 S_6、S_8，生成的硫元素经冷凝后回收。

克劳斯法要求 H_2S 的初始浓度应大于 15%，否则，H_2S 的燃烧不能提供足够的热量维持反应所需的温度。燃烧炉的温度不应低于 1000℃，最好在 1250～1300℃ 左右，如果燃烧炉的温度低于 1000℃，H_2S 的燃烧反应就不稳定；H_2S 与 SO_2 的转化反应是放热反应，故希望在较低的温度下进行，反应器的温度应控制在 300℃ 以下，温度高了，S 的转化率就低。

为了提高硫的回收率，传统克劳斯工艺装置一般设有二～四级转化器（三级克劳斯硫回收工艺流程见图 3-25），采用二级转化时硫回收率为 93.2%～95.2%，三级转化时为 94.1%～96.3%，四级转化时可达 95.1%～97.3%。

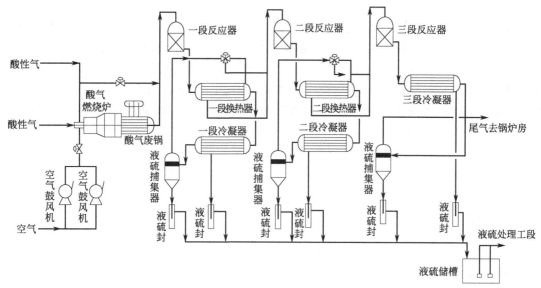

图 3-25 三级克劳斯硫回收工艺流程

克劳斯法具有所产硫黄纯度高（纯度可达 99.8%）、不产生废液、工艺成熟、硫容量大、操作成本低等优点，适合大规模处理硫化氢。

（2）A.D.A 法

A.D.A 法是目前国内应用最多的脱硫方法之一，该工艺以钒作为脱硫基本催化剂，以蒽醌-二磺酸钠（A.D.A）作为还原态钒的再生氧载体，以碳酸盐作吸收溶剂，反应原理是 H_2S 在脱硫塔中与脱硫剂发生吸收反应，脱硫后的吸收液在再生塔中与空气中氧气发生再生反应，并且用空气吹出生成的单质硫实现固液分离。

吸收剂中，Na_2CO_3（也可以是氨或其他碱源）浓度为 3%～5%，$NaVO_3$ 浓度为 0.12%～0.28%，A.D.A 与 $NaVO_3$ 的质量比大于 1.69，pH 值为 8.5～9.2，加入酒石酸钾（其质量浓度为 $NaVO_3$ 的一半）阻止黑色的 V-O-S 络合物沉淀生成，又加少量三氯化铁、乙二胺四乙酸等螯合剂（起稳定溶液的作用），操作温度为常温到 50～60℃，最佳 40～45℃。A.D.A 异构体中蒽醌-2,7-二磺酸钠（A.D.A）的脱硫效率比蒽醌-2,6-二磺酸钠（A.D.A）的脱硫效率更好，净化效率可达 99%。基本反应过程如下：

在吸收塔内发生 H_2S 的吸收和转化，气态 H_2S 溶解在吸收液中形成 NaHS：

$$H_2S + Na_2CO_3 \longrightarrow NaHS + NaHCO_3$$

偏钒酸钠将 NaHS 氧化成单质硫：

$$2NaHS + 4NaVO_3 + H_2O \xrightarrow{\text{A.D.A}} Na_2V_4O_9 + 4NaOH + 2S$$

A. D. A(o) 将产生的 4 价钒氧化再生为 5 价钒：

$$Na_2V_4O_9+2NaOH+H_2O+2A.D.A(o) \longrightarrow 4NaVO_3+2A.D.A(r)$$

空气将产生的 A. D. A(r) 氧化为 A. D. A(o)：

$$O_2+2A.D.A(r) \longrightarrow 2A.D.A(o)+2H_2O$$

$$[(o)为氧化态;(r)为还原态]$$

因吸收液含有溶解氧，因此在吸收塔中也伴有再生反应，在脱硫塔和再生塔内再生和硫的转化反应都有发生。

(3) 络合铁法

采用络合铁液相氧化法脱除废气中 H_2S 的工业化装置越来越多，络合铁法处理 H_2S 气体有显著的优点：吸收与再生均可在常温下进行；H_2S 转化为硫氧化物的副反应少；含铁溶液不存在环境问题。络合铁脱硫技术适用于 H_2S 浓度较低或 H_2S 浓度较高但气体流量不大的场合，在硫产量<20t/d 时，该工艺的设备投资和操作费用具有明显优势。

络合铁法脱硫的基本原理是：H_2S 在碱性溶液中被 Fe^{3+} 的络合物 $Fe^{3+}(L)$ 氧化成单质硫，而 $Fe^{3+}(L)$ 本身被 H_2S 还原成 $Fe^{2+}(L)$，然后用空气氧化 $Fe^{2+}(L)$ 为 $Fe^{3+}(L)$，其反应为如下。

HS^- 被转化成单质硫：

$$H_2S+2Fe^{3+}(L) \longrightarrow 2Fe^{2+}(L)+0.125S_8+2H^+$$

用空气（氧气）将 $Fe^{2+}(L)$ 氧化为 $Fe^{3+}(L)$：

$$2Fe^{2+}(L)+0.5O_2+H_2O \longrightarrow 2Fe^{3+}(L)+2HO^-$$

总反应为：

$$H_2S+0.5O_2 \longrightarrow 0.125S_8+H_2O$$

LO-CAT 工艺是由美国空气资源公司开发的一种典型的铁基硫化氢脱除工艺，催化剂为双螯合体系，螯合剂是乙二胺四乙酸（EDTA）、羟乙基乙二胺三乙酸（HEDTA），聚羟基糖为稳定剂，铁浓度为 $250\sim2000mg/L$，pH 值为 $8.0\sim9.0$，脱硫效率可达 99.99%。LO-CAT 有如下技术优势：①应用范围广，可以处理各行各业含 H_2S 的气体；②操作弹性大，原料气流量和 H_2S 含量的大幅变化都能适应；③选择性高，所用的铁催化剂只对 H_2S 有选择性；④环境友好，不仅脱除 H_2S，而且将其转化为硫黄产品。

国内外还提出、研究了多种其他的络合铁法脱除硫化氢的工艺，如：以氨为吸收剂，以磺基水杨酸为配体的 FD 法；以 1-羟基乙亚基-1,1-二磷酸（HEDP）和氨三乙酸（NTA）为配体的 HEDP-NTA 络合铁法；以三乙醇胺（TEA）作为 Fe^{3+} 的络合剂和吸收剂，以柠檬酸作为 Fe^{2+} 络合剂的二元络合体系。

3.5.4 氮氧化物的控制

氮氧化物包括 N_2O、NO、N_2O_2、N_2O_3、NO_2、N_2O_4 和 N_2O_5 等，其中对大气产生污染的主要是 NO 和 NO_2，N_2O 也是大气尤其是高层大气的主要污染物之一。在大气中约有 0.3×10^{-9} 的 N_2O，$(1\sim1.5)\times10^{-9}$ 的 NO 和 NO_2，大气中 95% 以上的 NO_x 为 NO，NO_2 只占很少量，烟道气中 90% 以上的 NO_x 也是 NO。

固定 NO_x 污染源的治理方法主要有三种：①低氮燃烧；②燃料脱氮；③废气脱硝。低氮燃烧是通过改进燃烧方式来降低 NO_x 的排放，是一种一级污染预防措施，作为一种简便易行且有效的方法受到了广泛的重视，但缺点是一些控制燃烧过程的技术往往降低热效率，不完全燃烧损失增加，设备规模也随之增大，NO_x 的减少率却有限。燃料脱氮技术不是很成熟，有待继续研究。

废气脱硝是目前最重要的 NO_x 治理方法。但 NO_x 的去除相当困难，主要原因是烟道气中 NO_x 的主要成分是浓度为 10^{-6} 级的 NO，而 NO 相对来说比较稳定，并且烟道气中还含有浓度高于 NO 的水蒸气、CO_2 和 SO_2。经过多年的研究，国内外研究开发了各种各样的脱硝方法，如表 3-6 所列。本章仅对非选择性还原法、选择性还原法和部分吸收法做一个简单的介绍。

表 3-6　排烟脱硝方法分类表

干法		湿法
催化还原法	选择性催化还原法	碱吸收法
	非选择性催化还原法	酸吸收法
非催化还原法		生成络盐吸收法
催化分解法		氧化吸收法
吸收法		液相还原法
吸附法		
电子射线照射法		

(1) 非选择性还原法

非选择性还原法是用铂作为催化剂，以氢或甲烷等还原性气体作为还原剂，将烟气中的 NO_x 还原成 N_2。所谓非选择性还原法是指反应时的温度条件不仅仅控制在只让烟气中的 NO_x 还原成 N_2，而且在反应过程中还能有一定量的还原剂与烟气中的过剩氧作用。以甲烷为还原剂时，其主要反应有：

$$4NO+CH_4 \longrightarrow 2N_2+CO_2+2H_2O \tag{1}$$

$$4NO_2+CH_4 \longrightarrow 4NO+CO_2+2H_2O \tag{2}$$

$$CH_4+2O_2 \longrightarrow CO_2+2H_2O \tag{3}$$

上述三个反应的速率次序是 (2)>(3)>(1)，其中反应(1) 最慢。由此可见，只有当排气中的氧完全耗尽后才能开始 NO 的还原反应。

本法的关键是要控制烟气中过剩氧的含量，过剩氧的含量高，CH_4 在未与 NO_x 反应完全之前本身氧化就要多消耗还原剂，产生的热量也增多。反应式(3) 的反应放热量很大，催化剂层的温度难以控制，此法很难适用于高氧含量烟气的治理。

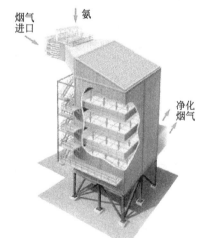
烟气进口　氨　净化烟气

图 3-26　SCR 催化反应器

该法所用的催化剂除用 Pt 等贵金属外，还可使用 Co、Ni、Cu、Cr、Mn 等金属的氧化物。

(2) 选择性还原法

① 选择性催化还原法（selective catalytic reduction）

选择性催化还原法以氨为还原剂，以最适宜的温度范围进行脱硝反应，反应温度与催化剂、还原剂类型、容积速度等有关。

SCR 催化反应器如图 3-26 所示。NO_x 在催化剂的存在下可被氨还原，其反应如下：

$$4NO+4NH_3+O_2 \longrightarrow 4N_2+6H_2O \tag{4}$$

$$6NO+4NH_3 \longrightarrow 5N_2+6H_2O \tag{5}$$

$$6NO_2+8NH_3 \longrightarrow 7N_2+12H_2O \tag{6}$$

SCR 的催化剂目前有 3 种，即贵金属催化剂、金属氧化物催化剂和沸石催化剂。它们各有特点，都有一定程度的应用。在各种金属氧化物催化剂中，以 V_2O_5 为活性物质、WO_3 或 MoO_3 为助剂、TiO_2 为载体的催化剂优势较大，应用较为广泛。以 V_2O_5-WO_3/TiO_2 作催化剂时，反应（4）在 $250\sim450℃$（最好 $350\sim400℃$）、过量氧存在下能迅速进行。"选择性"是指氨选择性地与 NO_x 反应而不是被氧气氧化成 N_2、N_2O 或 NO，一氧化碳、烃等其他的还原剂没有发现有这样的性质，因此是氨所特有的。

20 世纪 50 年代末，Engelhard 公司申请了 SCR 反应的催化剂专利；70 年代，日本率先实现了 SCR 技术工业化；80 年代中期，德国引进了 SCR 技术；90 年代，美国也加快了 SCR 技术的推广。氨选择性催化还原法是目前唯一能在高含氧气氛下脱除 NO 的实用方法。

② **选择性非催化还原法（selective non-catalytic reduction）**　在 $900\sim1100℃$ 温度范围内，在无催化剂作用下，氨或尿素等氨基还原剂可选择性地把烟气中的 NO_x 还原为 N_2 和 H_2O，基本上不与烟气中的氧气作用，据此发展了选择性非催化还原法（SNCR）。其主要反应如下。

氨（NH_3）为还原剂时：
$$4NH_3+6NO\longrightarrow 5N_2+6H_2O$$
尿素 $[(NH_2)_2CO]$ 为还原剂时：
$$(NH_2)_2CO\longrightarrow 2NH_2+CO$$
$$NH_2+NO\longrightarrow N_2+H_2O$$
$$2CO+2NO\longrightarrow N_2+2CO_2$$
实验表明，当温度超过 $1100℃$ 时，NH_3 会被氧化成 NO，反而造成 NO 排放浓度增大。其反应为：
$$4NH_3+5O_2\longrightarrow 4NO+6H_2O$$
而温度低于 $900℃$ 时，反应不完全，氨逃逸率高，造成新的污染。可见温度过高或过低都不利于对污染物排放的控制。适宜的温度区间被称作温度窗口，所以，在 SNCR 法的应用中温度窗口的选择是至关重要的。

选择性非催化还原法（SNCR）是一项成熟的技术，在火力发电行业是仅次于 SCR 而被广泛应用的脱硝工艺，具有建设周期短、投资少等优点。1974 年，SNCR 在日本首次投入商业应用，目前 SNCR 技术在电站锅炉、工业锅炉、市政垃圾焚烧炉和其他燃烧装置脱硝中得到广泛应用。但 SNCR 的 NO 脱除效率低（$<50\%$），而氨的逃逸却较高（$>10\times10^{-6}$），所以目前国外大型电站锅炉单独使用 SNCR 的不多，绝大部分是 SNCR 技术和其他脱硝技术的联合应用。

（3）吸收法

按其所使用的吸收剂不同分为碱液吸收法、熔融盐吸收法、硫酸吸收法等。

① **碱液吸收法**　该法也可同时去除烟气中的 SO_2。当烟气中 $NO/NO_2=1$ 时，碱液的吸收速度比只有 1% 的 NO 时大约快 10 倍。通常采用 30% 的 NaOH 溶液或 $10\%\sim15\%$ 的碳酸钠溶液作为吸收液，其主要反应为：
$$2MOH+N_2O_3(NO+NO_2)\longrightarrow 2MNO_2+H_2O$$
$$2MOH+2NO_2\longrightarrow MNO_2+MNO_3+H_2O$$
式中，M 代表 Na^+、K^+、NH_4^+、Ca^{2+} 等。

② **熔融盐吸收法**　是以熔融状态的碱金属或碱土金属盐类吸收烟气中的 NO_x 的方法，此法也可同时去除烟气中的 SO_2，其主要反应为：
$$M_2CO_3+2NO_2\longrightarrow MNO_2+MNO_3+CO_2$$

$$2MOH + 4NO \longrightarrow N_2O + 2MNO_2 + H_2O$$
$$4MOH + 6NO \longrightarrow N_2 + 4MNO_2 + 2H_2O$$

式中，M 代表 Li^+、Na^+、K^+、Rb^+、Cs^+、Sr^{2+}、Ba^{2+} 等。

③ **硫酸吸收法**　该法可同时去除烟气中的 SO_2，基本反应与铅室制硫酸相似，其主要反应为：

$$SO_2 + NO_2 + H_2O \longrightarrow H_2SO_4 + NO$$
$$NO + NO_2 + 2H_2SO_4 \longrightarrow 2NOHSO_4 + H_2O$$
$$2NOHSO_4 + H_2O \longrightarrow 2H_2SO_4 + N_2O_3(NO + NO_2)$$
$$3NO_2 + H_2O \longrightarrow 2HNO_3 + NO$$
$$NO + 0.5O_2 \longrightarrow NO_2$$

④ **湿式氧化法**　废气中 $90\% \sim 95\%$ 的 NO_x 是浓度为 10^{-6} 级的 NO，由于 NO 在水溶液中的溶解度很低，NO 的湿法脱除可以采用液相氧化剂，如双氧水、亚氯酸钠、高锰酸钾、过硫酸钠、臭氧以及声化学过程等，将 NO 氧化为易溶于水的 NO_2。其中，亚氯酸钠氧化脱除 NO 的基本原理如下。

亚氯酸钠在酸性溶液中分解放出 ClO_2：

$$5ClO_2^- + 4H^+ \longrightarrow 4ClO_2 + Cl^- + 2H_2O$$

ClO_2 将 NO 氧化成 NO_2：

$$5NO + 2ClO_2 + H_2O \longrightarrow 5NO_2 + 2HCl$$

NO_2 溶解在碱性溶液中：

$$2NO_2 + 2OH^- \longrightarrow NO_2^- + NO_3^- + H_2O$$

ClO_2 将生成的 NO_2^- 氧化成 NO_3^-：

$$5NO_2^- + 2ClO_2 + H_2O \longrightarrow 5NO_3^- + 2HCl$$

亚氯酸钠溶液氧化脱除 NO 的最佳 pH 值为 $4 \sim 7$。

脱硝是国际上研究的一个热点，开发研究的方法很多，但许多方法没有得到广泛应用，本章不予介绍。

3.5.5　废气中汞的控制

全球每年排放到大气中的汞的总量约为 5000t，其中 80% 是人为排放的，人为来源主要是矿石燃料的燃烧、汞矿和其他金属的冶炼、氯碱和电器工业中使用的汞等。在中国，燃煤烟气汞排放占人为排放的 47%，是大气中汞的主要排放源。

汞是煤中的重金属痕量元素，煤燃烧时，少部分汞留在飞灰和底灰中，大部分汞随烟气排放。烟气中的汞主要有 3 种存在形态，即单质气态汞 $Hg^0(g)$、氧化态汞 $Hg^{2+}(g)$ 和颗粒态汞 $Hg(p)$。单质汞（Hg^0）是汞的热力稳定形态，大部分汞的化合物在温度高于 800℃时处于热不稳定状态，会受热分解成单质汞，因此，在炉内高温下（大约 1200～1500℃）煤中的汞几乎都转变成单质汞，并以气态形式停留于烟气中。单质汞是大气中汞的主要存在形式，其挥发性较高、水溶性较低，在大气中的平均停留时间长达 $0.5 \sim 2$ 年，可通过呼吸道进入人体，或通过干、湿沉降大范围地污染土壤和地表水体，经食物链进入人体，危害健康。燃煤烟气脱汞技术主要分为燃烧前脱汞、燃烧中脱汞以及燃烧后尾部烟气脱汞，燃烧后脱汞是燃煤烟气汞排放控制的主要实现方式。$Hg^{2+}(g)$ 易溶于水，可被湿法脱硫装置脱除；颗粒态汞 $Hg(p)$ 可被静电除尘器或布袋除尘器捕获；而单质气态汞由于具有易挥发性及难水溶性而无法被脱除，是烟气中汞污染控制的难点。

　　燃煤烟气汞的排放控制方法有很多种，包括以活性炭吸附为代表的吸附法、利用现有脱硫装置或除尘装置的除汞法、电晕放电等离子体法、电催化氧化联合处理法等，烟道活性炭喷射（activated carbon injection，ACI）被认为是最接近于应用的燃煤烟气汞排放控制技术。

　　活性炭对汞的吸附是一个多元的过程，包括吸附、凝结、扩散以及化学反应等，与吸附剂本身的性质、温度、烟气成分、停留时间、烟气中汞浓度、炭汞比例等因素有关，Hg^{2+} 主要吸附在活性炭表面的碱性位上，Hg^0 则吸附在酸性位上。通过对活性炭进行改性可以提高脱汞效率，改性方法很多，主要有渗硫、渗氯、渗碘、渗溴、载银等。活性炭表面负载溴、氯、硫、碘等元素，可提高汞化学吸附的速率，阻止吸附在活性炭上的汞再次蒸发逸出，因而大幅提高汞的脱除效率（可高达 95％ 以上）。如氯与碳形成 Cl—C—Cl 的基团，含氯官能团对 Hg^0 有很强的氧化作用，将 Hg^0 氧化成 Hg^{2+}，并产生化学吸附作用，生成 $HgCl^+$ 和 $HgCl_2$，如果氯含量相对汞量足够大，甚至可以进一步生成 $HgCl_4^{2-}$，因而吸附汞的能力大大增强。溴对燃煤烟气中 Hg^0 的氧化能力比氯更强，活性炭上负载少量的溴对脱汞的促进作用就非常显著。

3.5.6　氟化物的控制

　　随着炼铝工业、磷肥工业、硅酸盐工业和氟化学工业的发展，氟化物的污染变得日趋严重。氟化物治理技术的研究始于 20 世纪 40 年代，因氟化物易溶于水和碱性水溶液，因此多采用湿法吸收的方法去除气体中的氟化物。但湿法工艺流程复杂，20 世纪 50 年代又提出了干法治理氟化物污染的技术。

　　烟气中的氟化物包括元素 F_2、HF 和 NaF、冰晶石（Na_3AlF_6）的尘粒，其中最主要的是 HF，它的排放量大，毒性也高。元素 F_2 在空气中与水蒸气反应迅速生成 HF。

　　(1) 干法吸收净化含氟废气

　　干法吸收可用石灰石细颗粒、氟化钠粉末作吸收剂，其基本原理基于下述反应：

$$CaCO_3 + 2HF \longrightarrow CaF_2 + CO_2 + H_2O$$
$$NaF + HF \longrightarrow NaHF_2$$

可加热将生成的 $NaHF_2$ 分解：

$$NaHF_2 \xrightarrow{\triangle} NaF + HF$$

NaF 可循环使用，HF 可以作为产物回收利用。

　　近年来，美国、德国等利用氧化铝吸收氟化氢，再将吸收氟化氢的氧化铝直接送入电解槽，这样既能回收利用氟化物又可省掉水处理设备。

　　(2) 湿法吸收净化含氟废气

　　湿法吸收可用水、石灰乳、碱液作为吸收剂，吸收反应如下：

$$Ca(OH)_2 + 2HF \longrightarrow CaF_2 + 2H_2O$$
$$NaOH + HF \longrightarrow NaF + H_2O$$
$$Na_2CO_3 + 2HF \longrightarrow 2NaF + CO_2 + H_2O$$
$$NH_3 + HF \longrightarrow NH_4F$$

用水作吸收剂时，当废气含元素氟的浓度高时，因氟能分解水，反应激烈，应防止爆炸发生。

　　在碱吸收液中加入矾土（Al_2O_3）可制得冰晶石，反应如下：

$$12NH_4F + Al_2O_3 \xrightarrow{90℃} 2H_3AlF_6 + 12NH_3 + 3H_2O$$

$$H_3AlF_6 + 3NaOH \longrightarrow Na_3AlF_6 + 3H_2O$$

在 Na_2CO_3 吸收液中加入铝酸钠溶液［由 $NaOH$：$Al(OH)_3$ 按 1.6：1 配制而成］也可制得冰晶石：

$$6NaF + NaAlO_2 + 2H_2O \longrightarrow Na_3AlF_6 + 4NaOH$$

3.5.7 含氯废气的治理净化

工业中另一种常见的有害气体是氯，含氯废气的净化大都采用湿法吸收。

(1) 水吸收法

氯和水反应生成次氯酸、氢离子及氯离子：

$$H_2O + Cl_2 \longrightarrow HClO + HCl$$

由于氯在水中的溶解度小，因此用水吸收废气中氯的效率较低，而且吸收液的酸度很高，对设备的腐蚀性大。

(2) 碱吸收法

常用的碱吸收液有 $Ca(OH)_2$、$NaOH$、Na_2CO_3 等溶液，其吸收反应如下：

$$2Ca(OH)_2 + 2Cl_2 \longrightarrow CaCl_2 + Ca(ClO)_2 + 2H_2O$$
$$2NaOH + Cl_2 \longrightarrow NaCl + NaClO + H_2O$$
$$Na_2CO_3 + Cl_2 \longrightarrow NaCl + NaClO + CO_2$$

碱吸收法是目前应用最多的一种方法，只要控制碱度适当，吸收效率相当高。

3.5.8 有机废气的治理净化

挥发性有机废气（VOCs）是指沸点在 $50 \sim 260℃$、室温下饱和蒸气压超过 $133.3Pa$ 的易挥发性有机化合物，其主要成分为烃类、硫化物、胺类等。有机废气与大气中的 NO_2 反应生成 O_3，形成光化学烟雾，并有异味，对人的眼、鼻和呼吸道有刺激作用，部分 VOCs 属于强致癌物或突变物，有些 VOCs 达到一定浓度时可以引起致死性的急性中毒，芳香烃类和脂肪烃类化合物能损害人的神经系统，氯代烃类有机溶剂慢性中毒损害人体肝肾，酮类和酯类有机溶剂引起人体呼吸道炎症、支气管哮喘、过敏性皮炎、湿疹、结膜炎等，VOCs 还会导致农作物减产。

VOCs 种类繁多，分布面广，它们主要来源于石油、化工、轻工等许多行业和部门，具体行业比如石油开采与加工、炼焦与煤焦油加工、有机合成、溶剂加工、化肥、农药、感光材料、油漆涂料加工及使用等，中国大多数城市市区的 VOCs 主要来源于汽车尾气。为消除环境污染，保护人体健康，回收资源，对 VOCs 进行治理是非常必要的。

挥发性有机废气的治理方法有很多，总的来看分为破坏法和回收法。破坏法又可分为燃烧法（包括直接燃烧、热力燃烧与催化燃烧）和生物法，回收法又可分为吸收法、吸附法、冷凝法、膜分离法等，在实际应用中通常是上述方法中两种或两种以上方法的组合。

现简要介绍燃烧法和吸收法。

(1) 燃烧法

燃烧法是利用挥发性有机物的可燃性，在一定的温度下将其通入焚烧炉中进行燃烧，最终生成 CO_2 和 H_2O 而得以净化的方法。反应通式如下：

$$C_xH_y + \left(x + \frac{y}{4}\right)O_2 \longrightarrow xCO_2 + \frac{y}{2}H_2O$$

燃烧是处理 VOCs 最彻底的方法，根据燃烧的温度和氧化炉的不同，分为直接燃烧法、催化燃烧法和蓄热燃烧法。

① **直接燃烧法**　直接燃烧法在直燃式氧化炉里完成，适应于小风量、高浓度废气。直燃式系统由燃烧嘴、燃烧室和热交换器组成，含有 VOCs 的高浓度废气进入热交换器进行预热后，进入 750℃的燃烧室进行高温氧化反应。为了使燃烧较为安全，温度宜维持在 650～800℃，这种氧化炉一般风量低于 50000Nm³/h，VOCs 浓度大于 5g/Nm³ 的废气可直接进行处理。废气在燃烧室停留 0.2～0.8s 左右，为了节约能源，可以利用燃烧后的热量预热废气。

② **催化燃烧法**　当废气中有机蒸气浓度较低时，如直接燃烧，需加热温度到 800～900℃，能耗大。使用催化剂后，燃烧温度可降低到 300℃左右，停留时间 0.14～0.24s。目前使用的催化剂有非贵金属、贵金属（铂或钯）和稀土钙钛矿型复合氧化物。催化燃烧法具有净化效果好，无后处理问题，且可回收能量等优点。但要求废气中可燃物含量足够高、排放连续稳定；同时废气中不能有易在催化剂表面沉积或使催化剂"中毒"的物质。

③ **蓄热燃烧法**　蓄热燃烧法是在蓄热式焚烧炉（regenerative thermal oxidizer，简称 RTO，又称再生热氧化分解器）中加热分解 VOCs。其原理是将废气加热到 750℃以上，VOCs 在燃烧室停留 0.7～1.0s 后分解成 CO_2 和 H_2O。氧化后的高温气体流经特制的陶瓷蓄热体，使陶瓷体升温而"蓄热"，此"蓄热"用于预热后续进入的有机废气，从而节省废气升温的燃料消耗。陶瓷蓄热室应分成两个（含两个）以上，每个蓄热室依次经历蓄热—放热—清扫等程序，周而复始，连续工作。蓄热室"放热"后应立即引入适量洁净空气对该蓄热室进行清扫（以保证 VOCs 去除率在 98% 以上），只有清扫完成后才能进入"蓄热"程序，否则残留的 VOCs 随烟气排放将降低处理效率。RTO 法焚烧效率约为 95%，运行成本和投资成本低于直接燃烧法。RTO 法主要适用于大风量、低浓度的 VOCs 废气焚烧处理。废气中 VOCs 浓度不能超过 25% 的爆炸下限，不能含固体、粉尘，也不能含有氢气、甲烷、乙烯等危险性组分。

(2) 吸收法

吸收法是采用低挥发或不挥发液体为吸收剂，通过吸收装置利用废气中各种组分在吸收剂中的溶解度或化学反应特性的差异，使废气中的有害组分被吸收剂吸收，从而达到净化废气的目的。

VOCs 成分复杂，吸收剂的选择尤其重要。良好的吸收剂通常具有溶解度大、挥发性低、无腐蚀性、黏度低、无毒无害、不易燃、价格便宜且来源广等特点。用来吸收苯系物的吸收剂主要包括：矿物油类吸收剂（柴油、洗油），水型复合吸收剂（例如水-洗油、水-表面活性剂-助表面活性剂），高沸点有机溶剂和离子液体。当吸收剂为水时，采用精馏处理就可以回收有机溶剂；当吸收剂为非水溶剂时，需对吸收液进行解吸处理，再生吸收剂，回收其中的 VOCs。

吸收工艺的主体单元通常是喷淋塔、填料塔等能提供良好气液接触的设备。吸收法工艺成熟，适应性强，运行费用低，适合多种有机废气，不仅能消除气态污染物，还能回收一些有用物质，可用来处理气体流量为 3000～15000m³/h、浓度为 0.05%～0.5%（体积分数）的 VOCs，去除率可达 95%～98%，在喷漆、绝缘材料、金属清洗和化工等行业得到比较广泛的应用。缺点是对设备要求较高、需要定期更换吸收剂，同时设备易受腐蚀。

3.5.9　汽车尾气的治理

传统汽车以汽油、柴油为燃料，截止到 2016 年年底，我国机动车辆保有量达 2.91 亿辆，每年产生的机动车尾气污染物排放量高达 5002.3 万吨，汽车尾气中含有 CO、烃类

NO_x 和硫化物等多种有害物质，污染严重。采用新能源汽车可以实现节能减排，低碳环保，能有效降低对环境的污染。

对于传统汽车，控制尾气中有害物排放的方法有两种：一种是机内净化，即改进发动机的燃烧方式，使污染物的产生量减少；另一种是机外净化，利用发动机外部净化设备对排出的废气进行净化处理。从发展方向上说，机内净化是解决问题的根本途径，也是今后应重点研究的方向。机外净化是采用三效催化转化器来降低汽车尾气中有害物的排放浓度。

三效催化转化器的主要原理是利用汽车尾气组分的化学特点来促成反应的进行。尾气中的烃类化合物和 CO 的还原性较强，而 NO_x 有一定的氧化性，在催化剂的作用下，发生氧化还原反应，烃类化合物和 CO 氧化为 CO_2 和 H_2O，NO_x 还原为 N_2。三效催化剂的主要活性组分是铂（Pt）和铑（Rh），用量为每升催化转化器 1.4～1.7g，铂铑比例为 5：1，使用的载体为堇青石蜂窝状陶瓷。铂主要催化氧化反应，铑主要催化还原反应。三效催化的主要反应如下。

氧化反应：
$$2CO + O_2 \longrightarrow 2CO_2$$
$$2C_xH_y + (2x + 0.5y)O_2 \longrightarrow yH_2O + 2xCO_2$$

还原反应：
$$2NO + 2CO \longrightarrow 2CO_2 + N_2$$
$$2NO + 2H_2 \longrightarrow 2H_2O + N_2$$
$$C_xH_y + (2x + 0.5y)NO \longrightarrow 0.5yH_2O + xCO_2 + (x + 0.25y)N_2$$

水煤气转换反应：
$$CO + H_2O \longrightarrow CO_2 + H_2$$

水蒸气的重整反应：
$$C_xH_y + xH_2O \longrightarrow xCO + (x + 0.5y)H_2$$

CO、H_2 和 C_xH_y 是 NO_x 的还原剂，如尾气中氧气过量，这些还原剂首先和氧反应，则 NO_x 的还原反应就不能顺利进行；然而，如果氧浓度不足，CO 和 C_xH_y 就不能完全氧化。因此，必须严格控制汽油的喷射量，确保尾气中的氧浓度为一定值，保证尾气中 CO、C_xH_y、NO_x 的浓度成一定比例，使这三种有害污染物的排放浓度同时高效降低。

本 章 小 结

学生在学习大气层结构与组成、大气中的主要污染物及来源、污染物在大气中的迁移和扩散以及我国大气污染现状及危害等基础知识的基础上，重点掌握废气污染治理技术，包括颗粒物、二氧化硫、硫化氢、氮氧化物、汞、VOCs、氯化物、氟化物和汽车尾气等污染物的处理方法。

第4章
水污染及其防治

本章学习要点

☑ **重点**：水污染在水体中的状态与转化、污水治理技术。

☑ **要求**：认识水污染物的危害，掌握污水的物理、化学、物理化学、生物治理方法的原理以及污水处理流程组合的原则。

　　水是地球上一切生命赖以生存、人类生活和生产中不可缺少的基本物质之一。由于工农业的迅速发展、城市人口的剧增，缺水已是当今世界许多国家面临的重大问题。

　　防治水污染，保护水资源是当今世界性的问题，更是我国城乡普遍面临的当务之急。

　　我国是世界上 13 个贫水国家之一，人均淡水资源占有量为 2200m³，不到世界平均水平的 1/4，位于世界第 121 位。水利部对全国 669 个城市的调查表明，我国有 400 多个城市缺水，110 个城市严重缺水。我国因缺水造成的经济损失每年达 100 亿人民币以上。据中国工程院《21 世纪我国可持续发展水资源战略研究报告》显示，目前我国一般年份全国总缺水量约 300～400 亿立方米，农田受害面积为 1 亿～3 亿亩，因缺水而造成工矿企业限产甚至停产，城市生活限时供水甚至停水。

　　随着经济发展和人民生活水平的提高，我国的废水排放量逐年增加，1997 年全国废污水排放总量 584 亿吨，2011 增加到 807 亿吨。废水的大量排放造成了严重的土壤和地表水污染，破坏了生态环境，损害了人体健康。污水进入土壤和地表水后，还有可能经渗滤侵入地下水，导致地下水污染。2018 年，我国 10168 个国家级地下水水质监测点中，Ⅰ类水质监测点为 1.9%，Ⅱ类为 9.0%，Ⅲ类为 2.9%，Ⅳ类为 70.7%，Ⅴ类为 15.5%，超标指标为锰、铁、浊度、总硬度、溶解性总固体、碘化物、氯化物、"三氮"（亚硝酸盐氮、硝酸盐氮和氨氮）和硫酸盐，个别监测点铅、锌、砷、汞、六价铬和镉等重（类）金属超标。虽然有多种地下水污染修复技术，如抽出处理技术、原位化学氧化/还原、原位生物修复、可渗透反应墙、植物修复、监测自然衰减等，但是地下水修复难度大、成本高，要大规模应用还须尚待时日。

　　面对日趋严重的水污染问题，我国近年来加大水污染治理力度，水污染防治工作取得了积极成效。2017 年废水排放量降为 756 亿吨，全国地表水优良水质断面比例不断提升。根据国控断面（点位）监测数据，2011 年，Ⅰ～Ⅲ类水质断面比例 61.0%，Ⅳ、Ⅴ类水质比例 25.3%，劣 V 类 13.7%；2018 年，I ～ III 类水体比例提高到 71.0%，IV、V 类水质占 22.3%，劣 V 类水体比例下降到 6.7%。

但水污染防治工作仍然十分艰巨，形势依然严峻。从空间上看，大江大河水质明显改善，但一些支流、城市水体等"小河小沟"水质改善不明显甚至恶化；从类型上看，全国水质总体呈改善趋势，但部分良好水体有所恶化，部分水体仍为劣 V 类，局部近岸海域严重污染；从污染指标来看，实施总量控制的化学需氧量、氨氮等指标明显改善，但总磷、总氮等污染日益突出，持久性有机污染物等未得到有效控制；从问题来看，水资源开发利用强度大，水生态空间严重挤占，产业结构偏重、空间不合理布局等因素导致环境风险高、水污染事件频发，水环境安全压力大。

水环境保护事关人民群众的切身利益，事关全面建成小康社会，事关实现中华民族伟大复兴的中国梦。为保持经济社会持续发展，必须通过产业结构调整、优化空间布局、推进循环发展、提高用水效率、防治工业污染、完善法规制度、加强水环境管理等，保护水环境质量，实现绿水长流。

为了有效地控制水体污染，必须全面了解所排污水及污染物的数量、性质和特性，以及受纳水体的水质水量特征和净化规律。这样才能根据污水和水体的情况制定相应的技术标准，进而采用有效的治理和控制措施来防治水体污染。

水污染控制（治理）工程，也就是采用工程技术措施来防止、减轻或消除水环境的污染，改善和保持水环境质量，保障人体健康，以及有效地保护和合理利用水资源。

4.1 水体的污染与自净

4.1.1 水体污染及水体自净作用

(1) 水体的概念

水体是河流、湖泊、沼泽、水库、地下水、冰川和海洋等"储水体"的总称。在环境科学领域中，水体不仅包括水，而且包括水中的悬浮物、溶解物质、底泥和水生生物等。从自然地理的角度看，水体是指地表被水覆盖的自然综合体。

在水污染研究中，区分"水"和"水体"的概念十分重要。如重金属污染物易于从水中转移到底泥中（生成沉淀，或被吸附和螯合），水中重金属的含量一般都不高，仅着眼于水，似乎未受到污染，但从整个水体来看，则很可能受到较严重的污染。重金属污染由水转向底泥可称为水的自净作用，但从整个水体来看，沉积在底泥中的重金属将成为该水体的一个长期次生污染源，很难治理，它们将逐渐向下游移动，扩大污染面。

(2) 水体污染

水体污染是指进入水体的污染物在数量上超过了该物质在水体中的本底含量和水体的环境容量，从而导致水体的物理特征、化学特征和生物特征发生不良变化，破坏了水中固有的生态系统，破坏了水体的功能及其在经济发展和人民生活中的作用。

(3) 水体自净作用

自然环境包括水环境对污染物质都具有一定的承受能力，即所谓环境容量。水体能够在其环境容量的范围以内，经过水体的物理、化学和生物作用，使排入的污染物质的浓度和毒性随着时间的推移在向下游流动的过程中自然降低，称为水体的自净作用。简单地说，水体受到污染后，逐渐从不洁变清的过程称为水体自净。

水体自净的过程很复杂，按其机理可分为：

① **物理过程**　包括稀释、混合、扩散、挥发、沉淀等过程。在这一系列过程的作用下，水体中的污染物浓度降低，水体得到净化。物理过程的作用强弱由水体的物理条件如温度、流速、流量以及污染物的物理性质如密度、形态、粒度等决定。

② **化学及物理化学过程**　即通过氧化还原、分解化合、吸附解吸、胶溶凝聚、酸碱中和等过程，使污染物质发生化学性质或形态、价态上的转化，改变了污染物在水体中的迁移能力和毒性大小。影响这一过程的环境因素有酸碱度、氧化还原电位、温度、化学组分等，污染物自身的形态和化学性质也有很大影响。

③ **生物化学过程**　污染物质中的有机物由于水体中微生物的代谢活动而被分解、氧化并转化为无害、稳定的无机物，从而使其浓度降低。影响生物化学过程因素的主要是水中的溶解氧含量、温度和营养物质的碳氮比。

通常物理和生物化学过程在水体自净作用中占主要地位。

(4) 水环境容量

一定水体所能容纳污染物的最大负荷被称为水环境容量，即某水域所能承担外加的某种污染物的最大允许负荷量。水体对某些污染物的水环境容量可用下式表示：

$$W = V(C_s - C_b) + C \tag{4-1}$$

式中　W——某地面水体对某污染物的水环境容量，kg；

V——该地面水体的体积，m^3；

C_s——地面水中某污染物的环境标准值（水质目标），g/L；

C_b——地面水体对某污染物的环境背景值，g/L；

C——地面水对某污染物的自净能力，kg。

由此可见，水环境容量与水体的自净能力、污染物本身的性质以及水体的用途和功能有密切的关系，具有资源性、时空性、系统性和动态发展性的特征。

4.1.2　水污染指标

污水和受纳水体的物理、化学、生物等方面的特征是通过水污染指标来表示的。水污染指标又是控制和掌握污水处理设备的处理效果和运行状态的重要依据。

现就一些主要的水污染指标简述如下。

(1) 生化需氧量 (BOD)

生化需氧量（BOD）表示在有氧条件下，好氧微生物氧化分解单位体积水中有机物所消耗的游离氧的数量，常用单位为 mg/L。这是一种间接表示水被有机污染物污染程度的指标，是借助微生物来表示，但也不是直接用微生物，而是通过微生物代谢作用所消耗的溶解氧量来表示，实际上是通过测定一段时间内水样中溶解氧浓度由于微生物代谢作用引起的变化量来确定。

BOD 的测定是湿法氧化过程，微生物是作为将有机物氧化生成 CO_2 和水等的中间介质，并以此得到能量，化学反应通式为：

$$C_nH_aO_bN_c + \left(n + \frac{a}{4} - \frac{b}{2} - \frac{3}{4}c\right)O_2 \xrightarrow{微生物} nCO_2 + \left(\frac{a}{2} - \frac{3}{2}c\right)H_2O + cNH_3$$

一般有机物在微生物的新陈代谢作用下，其降解过程可分为两个阶段：第一阶段是有机物转化为 CO_2、NH_3 和 H_2O 的过程；第二阶段则是 NH_3 进一步在亚硝化细菌和硝化细菌的作用下转化为亚硝酸盐和硝酸盐，即所谓的硝化过程。

NH_3 已是无机物。污水的生化需氧量一般只指有机物在第一阶段生化反应所需要的氧量。微生物对有机物的降解活动与温度有关，一般最适宜的温度是 $15\sim30℃$，所以在测定生化需氧量时必须规定一个标准温度，一般以 $20℃$ 作为测定的标准温度。

在 $20℃$ 和 BOD 的测定条件（氧充足、不搅动）下，一般有机物 20 天才能够基本完成第一阶段的氧化分解过程（完成全过程的 99%）。这就是说，测定第一阶段的全部生化需氧量需要 20 天，这在实际工作中是难以做到的。为此又规定一个标准时间，一般以五日作为测定 BOD 的标准时间，称为五日生化需氧量，以 BOD_5 表示。BOD_5 约为 BOD_{20} 的 70%。

(2) 化学需氧量（COD）

一种氧化剂——重铬酸钾，在酸性条件下能够将有机物氧化为 H_2O 和 CO_2，此时所测出的耗氧量称为化学需氧量。

COD 能够比较精确地表示有机物含量，而且测定需时较短，不受水质限制，因此多作为工业废水的污染指标。重铬酸钾能够比较完全地氧化水中的有机物，它对低碳直链化合物的氧化率为 $80\%\sim90\%$，其缺点是不能像 BOD 那样表示出微生物氧化的有机物量，直接从卫生方面说明问题。此外，重铬酸钾还能氧化一部分无机还原性物质，因此 COD 值也有一定的误差。但 COD 不包括硝化所需的氧量。

另一种氧化剂——高锰酸钾，也能将有机物氧化，但氧化率低（仅为 50% 左右），测定值较 COD 低，称为耗氧量，以 OC 或 COD_{Mn} 表示。国际标准化组织规定 COD_{Mn} 为高锰酸盐指数。

成分比较固定的污水，其 BOD_5 值与 COD 值之间能够保持一定的相关关系。而 BOD_5/COD 的值可作为衡量污水是否适宜于采用生物处理法进行处理（即可生化性）的一项指标，其值越高，污水的可生化性越强。

一般来说，对于同一水样，$COD>BOD_{20}>BOD_5>COD_{Mn}$，而 COD 值与 BOD_5 值之差可大致地表示不能被微生物降解的有机物量。

(3) 氨氮

氨氮是指水中以非离子氨（NH_3）和铵离子（NH_4^+）形式存在的氮。非离子氨在水中一般是以 $NH_3 \cdot H_2O$ 的形式存在，其含量不仅与溶液中氨离子（NH_4^+）浓度有关，而且还受溶液酸度及温度变化的影响。非离子氨是引起水生生物毒害的主要因子，而铵离子相对基本无毒。国家标准Ⅲ类地面水，非离子氨氮的浓度 $\leqslant1mg/L$。氨氮是水体中的营养素，可导致水富营养化现象产生，是水体中的主要耗氧污染物，对鱼类及某些水生生物有毒害作用。

(4) 总氮

总氮，简称为 TN，水中的总氮含量是衡量水质的重要指标之一。总氮的定义是水中各种形态无机和有机氮的总量。包括 NO_3^-、NO_2^- 和 NH_4^+ 等无机氮和蛋白质、氨基酸和有机胺等有机氮，以每升水含氮毫克数计算。地表水中氮超标时，微生物大量繁殖，浮游生物生长旺盛，出现富营养化状态。国家标准Ⅲ类地面水总氮浓度 $\leqslant1mg/L$。

(5) 总磷

总磷就是水体中磷元素的总含量，可以元素磷、正磷酸盐、缩合磷酸盐、焦磷酸盐、偏磷酸盐和有机团结合的磷酸盐等形式存在。其主要来源为生活污水、化肥、有机磷农药及洗涤剂所用的磷酸盐增洁剂等。水体中的磷是藻类生长需要的一种关键元素，过量磷是造成水体污秽异臭，使湖泊发生富营养化和海湾出现赤潮的主要原因。国家标准Ⅲ类地面水总磷浓度 $\leqslant0.2mg/L$。

（6）色度

水质色度是对天然水或处理后的各种水进行颜色定量测定时的指标。水产生颜色的原因是由于溶于水的腐殖质、有机物或无机物质造成的，当水体受到工业废水的污染时也会呈现不同的颜色。这些颜色分为真色和表色，真色是由于水中溶解性物质引起的，也就是除去水中悬浮物后的颜色，而表色是没有除去水中悬浮物时产生的颜色。这些颜色的定量程度就是色度，我国规定了钴铂比色法和稀释倍数法两种水质色度测定标准，饮用水色度要求小于 15°（铂钴色度单位）。

（7）总有机碳（TOC）

总有机碳（TOC）表示的是污水中有机污染物的总含碳量，其测定结果以 C 含量表示，单位为 mg/L。总有机碳的测定原理是：水中有机碳在高温燃烧过程中生成 CO_2，经红外气体分析仪测定后，再折算出其中的 C 含量。

水质比较稳定的同一污水，其 BOD_5 值与 TOC 值之间也可能存在着一定的相关关系。

（8）溶解氧

溶解于水中的分子态氧称为溶解氧，通常记作 DO，用每升水里氧气的毫克数表示。溶解氧的大小与空气中氧的分压、温度以及水气接触面积等有密切关系。溶解氧值降到 5mg/L 时，一些鱼类的呼吸就发生困难。当水体受到有机物污染时，耗氧严重，溶解氧降低，厌氧菌就会很快繁殖，水体就会变黑、发臭。溶解氧也是衡量水体自净能力的一个指标，水中的溶解氧被消耗，要恢复到初始状态，若所需时间短，说明该水体的自净能力强，或者说水体污染不严重，否则说明水体污染严重，自净能力弱，甚至失去自净能力。

（9）悬浮物

水中悬浮物含量是衡量水体污染程度的指标之一。水质指标规定，悬浮物是指水样通过孔径为 $0.45\mu m$ 的滤膜，截留在滤膜上并于 $103\sim105℃$ 下烘干至恒重的固体物质，单位为 mg/L。水中的悬浮物质是颗粒物，主要由泥沙、黏土、原生动物、藻类、细菌、病毒以及高分子有机物等组成。悬浮物是造成水浑浊的主要原因，水体中的有机悬浮物沉积后易厌氧发酵，使水质恶化。

（10）有毒物质

有毒物质是指其达到一定浓度后，对人体健康、水生生物的生长造成危害的物质。由于这类物质的危害较大，因此有毒物质含量是污水排放、水体监测和污水处理中的重要水质指标。有毒物质种类繁多，要检测哪些项目应视具体情况而定。其中，非重金属的氰化物和砷化物及重金属中的汞、镉、铬、铅等是国际上公认的六大毒物。

（11）pH 值

pH 值是反映水的酸碱性强弱的重要指标，它的测定和控制对维护污水处理设施的正常运行、防止污水处理及输送设备的腐蚀、保护水生生物的生长和水体自净功能都有着重要的实际意义。

（12）大肠菌群数

大肠菌群数是指单位体积水中所含的大肠菌群的数目，单位为个/L，它是常用的细菌学指标。大肠菌群包括大肠菌等几种大量存在于大肠中的细菌，在一般情况下属非致病菌。如在水中检测出大肠菌群，表明水被粪便所污染。由于水致传染病的病菌和病毒检测困难，因此以大肠菌群作为间接指标。如地面水或饮用水中的大肠菌群数符合各自的规定，则可以认为是安全的。

(13) 石油类

石油类物质是各种烃类的混合物，以溶解态、乳化态和分散态存在于废水中。石油类物质会在水面形成油膜，影响空气与水体界面氧的交换，造成水体缺氧；还会消耗水中的溶解氧，抑制水体自净，导致水体富营养化、微生物大量繁殖、水体透明度降低、水生生态系统破坏等现象。石油类中的环烃物质还具有明显的生物毒性。

4.2　水体中主要污染物的来源及其危害

水体污染物的种类繁多，可以用不同的方法、标准或根据不同的角度分成不同的类型。从环境保护的角度，水体中的污染物按其物理、化学、生物性质和污染特性一般可分为四大类，即无机无毒物、无机有毒物、有机无毒物和有机有毒物。除此以外，对水体造成污染的还有放射性物质、生物污染物质和热污染等。

4.2.1　无机无毒物

污水中的无机无毒物质大致可分为三种类型：一是属于砂粒、矿渣一类的颗粒状的物质；二是酸、碱、无机盐类；三是氮、磷等植物营养物质。

4.2.1.1　颗粒状的污染物质

(1) 颗粒状污染物质的来源及特点

砂粒、土粒及矿渣一类的颗粒状的污染物质是无毒害作用的，一般它们和有机性颗粒状的污染物质混在一起统称为悬浮固体。

悬浮固体是通过过滤法测定的，滤后膜或滤纸上截留下来的物质即为悬浮固体，它包括部分胶体物质。

由于悬浮固体在污水中人是能够看到的，而且它能够使水浑浊，因此，悬浮物是属于感官性的污染指标。

(2) 悬浮物的污染危害

悬浮物是水体的主要污染物之一。水体被悬浮物污染，可能造成以下主要危害：

① 降低光的穿透能力，减少水的光合作用并妨碍水体自净；

② 对鱼类产生危害，可能堵塞鱼鳃，导致鱼的死亡；

③ 各种污染物的载体，可能吸附一部分水中的污染物并随水流动迁移，扩大了污染区域；

④ 破坏水的观感，对水体复氧产生不利影响，增加了给水净化工艺的复杂性；

⑤ 沉底的悬浮物形成污泥层，危害底栖生物的繁殖，影响渔业生产，如污泥层主要由有机物组成，则易出现厌氧状态，恶化环境。

4.2.1.2　酸、碱、无机盐类的污染物质

(1) 酸、碱、盐的来源

污染水体中酸主要来自矿山排水及许多工业废水，如金属加工酸洗车间、粘胶纤维和酸性造纸等工业部门都可能排放酸性工业废水。雨水淋洗含二氧化硫的空气后，汇入地表水体

也能形成酸污染。

水体中的碱主要来源于碱法造纸、化学纤维、制碱、制革及炼油等工业废水。

酸性废水与碱性废水相互中和产生各种盐类，它们与地表物质相互反应也可能生成无机盐类，因此酸、碱污染必然伴随着无机盐类的污染。

（2）酸、碱、盐污染物进入水体的危害

酸、碱、盐污染水体，使水体的 pH 值发生变化，破坏自然缓冲作用，消灭或抑制微生物生长，妨碍水体自净，如长期遭受酸、碱污染，水质逐渐恶化，周围土壤酸化，危害渔业生产。对渔业水体来说，pH 值不得低于 6 或高于 9.2，当 pH 值为 5.5 时，一些鱼类就不能生存或生殖率下降，甚至死亡。农业灌溉用水的 pH 值应在 5.5～8.5 之间。

酸、碱、盐污染物不仅能改变水体的 pH 值，而且可大大增加水中的一般无机盐类和水的硬度，对淡水生物和植物生长不利。世界卫生组织国际饮用水标准规定水中无机盐总量最大值为 500mg/L，极限值为 1500mg/L。对于农业用水，一般以低于 500mg/L 为好。

酸、碱、盐污染物造成水体的硬度增加对地下水的影响尤为显著。到目前为止还不能够确切地说明水质硬度的提高会对人体健康产生怎样的影响，但是使工业用水的水处理费用提高是显而易见的。

4.2.1.3　氮、磷等植物营养物

营养物质是指促使水中植物生长，从而加速水体富营养化的各种物质，主要是指氮、磷。

（1）水体中植物营养物的来源

天然水体中过的植物营养物质主要来自农田施肥、农业废弃物、城市生活污水和某些工业废水。

污水中的氮可分为有机氮和无机氮两类，前者是含氮有机化合物，如蛋白质、多肽、氨基酸和尿素等，后者则指氨氮、亚硝酸态氮、硝酸态氮等，它们中大部分直接来自污水，但也有一部分是有机氮经微生物分解转化作用而形成的。

城市生活污水中含有丰富的氮、磷，每人每天都会带到生活污水中一定数量的氮，由于使用含磷洗涤剂，所以在生活污水中也含有大量的磷。

据统计，"十二五"期间，从 2011 年到 2015 年，我国施用氮肥由 2381 万吨提高为 2397 万吨，钾肥由 605 万吨提高为 655 万吨，磷肥由 819 万吨提高为 855 万吨，复合肥总施用量由 1895 万吨提高为 2190 万吨。农业部数据显示，目前我国水稻、玉米、小麦三大粮食作物对钾肥、氮肥、磷肥的当季平均利用率分别为 42%、33% 和 24%。氮肥的当季利用率仅有 33%，远低于发达国家当季利用率 50%～60% 的水平。未被植物吸收利用的化肥绝大部分被农田排水和地表径流带至地下水和地表水中。为了减轻化肥过量使用对环境的压力，从 2015 年开始，农业部组织实施了"到 2020 年化肥使用量零增长行动"，推进化肥减量增效，引领种植业绿色发展，进展迅速，到 2017 年我国提前实现了化肥使用的零增长。

在某些工业废水中也含有大量的氮、磷等植物营养物质。表 4-1 为某些工业废水中植物营养物质的含量。

表 4-1　某些工业废水中植物营养物质的含量　　单位：mg/L

类　型	总　氮	氨　氮	磷	钾
洗毛废水	558～997	15～121	—	—
含酚废水	140～180	2～70	3.5～17	8.13
制革废水	37	18.8	7.5	74.6
化工废水	30～76	28～56	0.9～11.2	1～6
造纸废水	20～21.6	6	10	14

(2) 含氮、含磷化合物在水体中的转化

① **含氮化合物在水体中的转化** 含氮化合物在水体中转化分两步进行：第一步是含氮化合物如蛋白质、多肽、氨基酸和尿素等有机氮转化为无机氮中的氨氮；第二步则是氨氮的亚硝化和硝化，使无机氮进一步转化。这两步转化反应都是在微生物作用下进行的。

蛋白质是由多种氨基酸分子组成的复杂有机物，含有羧基和氨基，由肽键（R—CONH—R）连接。蛋白质的降解首先是在细菌分泌的水解酶的催化作用下进行水解，断开肽键，脱除羧基和氨基而形成 NH_3，这个过程称为氨化。

NH_3 在有氧条件下，通过细菌（亚硝化菌）的作用被氧化为亚硝酸：

$$2NH_3 + 3O_2 \xrightarrow{\text{亚硝化菌}} 2HNO_2 + 2H_2O + 619.6 \times 10^3 J$$

亚硝酸在硝化菌的作用下进一步氧化为硝酸：

$$2HNO_2 + O_2 \xrightarrow{\text{硝化菌}} 2HNO_3 + 200.97 \times 10^3 J$$

在无氧条件下，通过反硝化菌的作用发生反硝化反应，硝酸盐转变成亚硝酸盐，亚硝酸盐转变成 $(NOH)_2$、N_2O，最后变成氮气：

$$2HNO_3 \xrightarrow[-2H_2O]{+4H^+} 2HNO_2 \xrightarrow[-2H_2O]{+4H^+} (NOH)_2 \xrightarrow{-H_2O} N_2O \xrightarrow[-H_2O]{+H^+} N_2 \uparrow$$

有机氮在水体中的转化过程一般要持续数日，因此，水体中各种形态的氮随时间的变化情况如图 4-1 所示。

② **含磷化合物在水体中的转化** 水体中的磷，所有的无机磷几乎都是以可溶性磷酸盐形式存在的，包括正磷酸盐 PO_4^{3-}、HPO_4^{2-}、$H_2PO_4^-$ 和聚合磷酸盐 $P_2O_7^{4-}$、$P_3O_{10}^{5-}$；而有机磷则多以葡萄糖-6-磷酸、2-磷酸-甘油酸及磷肌酸等胶体和颗粒状形式存在，可溶性有机磷只占 30% 左右。

水体中的可溶性磷很容易与 Ca^{2+}、Fe^{3+}、Al^{3+} 等离子生成难溶性沉淀物而沉积于水体底泥中，沉积物中的磷通过湍流扩散作用再度释放到上层水体中去，或者当沉积物中的可溶性磷大大超过水中磷的浓度时再次释放到水层中去。

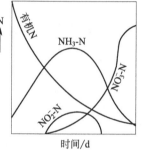

图 4-1 水体中各种形态的氮随时间的变化情况

(3) 氮、磷污染危害及水体的富营养化

富营养化（eutraphication）一词最早来源于拉丁语，基本含义是营养盐过剩，主要是指水流缓慢、更新周期长的地表水体，接纳过多的氮、磷、有机碳等营养性物质引起的藻类等浮游生物急剧增殖的水体污染。富营养化的基本过程可简述如下。

含有机污染物的污水进入湖泊、海湾，成为异养性生物的营养源，合成新细胞，结果向水中放出 CO_2、N 及 P 等，即：

$$C_a H_b O_c N_d P_e + \left(a + \frac{1}{4}b + \frac{1}{2}d + \frac{3}{2}c + 2e\right)O_2 \longrightarrow aCO_2 + \frac{b}{2}H_2O + dNO_3^- + ePO_4^{3-}$$

自养性生物从太阳获取能量，利用 CO_2 及无机磷等无机盐类，通过下列反应合成新的藻类：

$$106CO_2 + 16NO_3^- + PO_4^{3-} + 90H_2O + \text{能量} + \text{微量元素} \longrightarrow C_{106}H_{180}O_{45}N_{16}P + 154.5O_2$$
$$\text{（藻类物质）}$$

老化衰亡的生物沉于水体底部成为底泥，进行厌氧分解，并放出能再次利用的溶解性有机物和无机物，即：

$$C_{106}H_{180}O_{45}N_{16}P \longrightarrow R-COOH \longrightarrow CO_2 + CH_4 + NH_4^+ + H_2S \uparrow + PO_4^{3-} + H_2O + \text{细菌合成}$$

富营养化现象通常表现为藻类以及其他生物的异常繁殖，引起水体透明度和溶解氧降低等不利变化，导致水质变坏，影响湖泊供水、养殖、娱乐等社会服务功能。水生植物的大量繁殖加速湖泊淤积、沼泽化的过程。藻类代谢产生的藻类毒素具有较强的独立作用，危害水环境和整个生态系统的安全。

在自然界物质的正常循环过程中，湖泊将由贫营养湖发展为富营养湖，进一步又发展为沼泽地和干地，这是湖泊水体老化的一种自然现象，在自然条件下这一历程需要很长的时间，几年甚至几十万年。但由于人类活动，向湖泊大量排放工业废水和生活污水，破坏湖泊环境系统的平衡机制，湖泊由贫营养向富营养的演化过程大大加快，往往只需几十年甚至更短的时间就能完成。我国湖泊富营养化的发展趋势十分严峻，据第十三届世界湖泊大会统计，从 20 世纪 70 年代到现在的近 50 年间，全国湖泊富营养化面积增长了约 60 倍，目前已达约 8700km^2，另有 14000km^2 湖泊的富营养化程度在加重。

如果氮、磷等植物营养物质大量而连续地进入湖泊、水库及海湾等缓流水体，将促进各种水生生物的活性，刺激它们异常繁殖（主要是藻类），这样水体富营养化就带来一系列的严重后果：

① 藻类在水体中占据的空间越来越大，使鱼类活动的空间越来越少，衰死藻类将沉积塘底。

② 藻类种类逐渐减少，并由以硅藻和绿藻为主转为以蓝藻为主，而蓝藻有多种胶质膜，不适于作鱼饵料，而且其中有一些种属是有毒的。

③ 藻类过度生长繁殖，将造成水体中溶解氧的急剧变化，藻类的呼吸作用和死亡的藻类的分解作用消耗大量的氧，有可能在一定时间内使水体处于严重缺氧状态，严重影响鱼类生存。

应当着重指出的是硝酸盐对人类健康的危害，硝酸盐本身无毒，在水中检出硝酸盐即说明有机物已经分解。但是，硝酸盐在人胃中可能会还原为亚硝酸盐，亚硝酸盐与仲胺作用可生成亚硝胺，而亚硝胺则是致癌、致变异和致畸胎的所谓三致物质。此外，饮用水中硝酸氮过高还会在婴儿体内产生变性血色蛋白症，因此，国家规定饮用水中硝酸氮含量不得超过 10mg/L。

4.2.2　无机有毒物

无机有毒物质是最为人们所关注的，根据毒性发作的情况，此类污染物可分为两类：一类毒性作用快，易为人们所注意；另一类则是通过食物在人体内逐渐富集，达到一定浓度后才显示出症状，不易为人们及时发现，但危害一经形成就可能铸成大祸，如日本发生的水俣病和骨痛病。

4.2.2.1　非重金属的无机毒性物质

(1) 氰化物 (CN)

① 水体中氰化物的来源　水体中氰化物主要来源于电镀废水、焦炉和高炉煤气的洗涤冷却水、某些化工厂的含氰废水以及金、银选矿废水等。

在一些电镀液配方中，镀锌液含 NaCN 80～120g/L，镀铜液含 NaCN 12～18g/L，镀银液含 NaCN 40～60g/L。当电镀完毕进行漂洗时，黏附在镀件上的含氰液随漂洗水排出，所以电镀废水的氰含量一般为 20～70mg/L，经常为 30～35mg/L。

在焦炉或高炉的生产过程中，煤中的炭与氨或甲烷与氨化合成氰化物，焦化厂粗苯分离水和纯苯分离水含氰一般可达 80mg/L。

有机氰化物称为腈，是化工产品的原料，如丙烯腈（C_2H_3CN）是制造合成纤维聚丙烯腈的基本原料。有少数腈类化合物在水中能够解离为氰离子（CN^-）和氰氢酸（HCN），因此，其毒性与无机氰化物同样强烈。

②**氰化物在水中的自净作用** 氰化物排入水体后有较强的自净作用，一般有以下两个途径。

一是氰化物的挥发逸散。氰化物与水体中的 CO_2 作用生成氰化氢气体逸入大气中：

$$CN^- + CO_2 + H_2O \longrightarrow HCN\uparrow + HCO_3^-$$

研究表明，对一般水质，在缺少微生物净化作用及 pH 值低的条件下，氰化物主要是通过这一途径而得到自净，其数量可达 90% 左右。

二是氰化物的氧化分解。氰化物与水中的溶解氧作用生成铵离子和碳酸根：

$$2CN^- + O_2 \longrightarrow 2CNO^-$$

$$CNO^- + 2H_2O \longrightarrow NH_4^+ + CO_3^{2-}$$

上述过程在蒸馏水中不会发生，但在天然水中能发生，天然水体中存在的微生物催化了这一化学氧化过程。

氰化物的自净速度与起始浓度、曝气状况、沟渠特点、生物因子、日照及 pH 值等多种因素有关。在一般天然水体条件下，由于微生物氧化作用所造成的氰自净量约占水体中氰总量的 10% 左右。在夏季温度较高、光照良好的最有利条件下，氰的自净量可达 30% 左右，冬季由于阳光弱和气温低，这种净化作用显著减慢。

③**氰化物污染的危害** 氰化物是剧毒物质，急性中毒抑制细胞呼吸，造成人体组织严重缺氧，人只要口服 0.3～0.5mg 就会致死。氰对许多生物有害，0.1mg/L 就能杀死虫类，0.3mg/L 能杀死水体赖以自净的微生物。农作物对氰化物的耐受程度比水生生物高，灌溉水中氰含量在 0.5mg/L 以下时不会导致地下水中氰含量超过饮用水标准。

我国饮用水标准规定，氰化物含量不得超过 0.05mg/L，农业灌溉水质标准为不大于 0.5mg/L。

氰化物与金属离子形成络合物可降低氰化物的毒性，但与水质有很大关系。如镍氰化物对鱼的毒性，在 pH 值为 6.5 时，比 pH 值为 8 时要高 1000 倍。

(2) 砷（As）

砷是常见的污染物之一，对人体的毒性作用也比较严重。

工业生产排放含砷废水的有化工、有色冶金、炼焦、火电、造纸、皮革等，其中冶金、化工排放砷量较高。

水体中溶解状态的砷绝大多数以砷酸盐（$HAsO_4^{2-}$）和亚砷酸盐（$H_2AsO_3^-$）两种形式存在，极少数以甲基化的砷化合物甲基砷酸（MAA）、二甲基砷酸（DMA）形式存在。砷的毒性与存在形态有关，无机砷的毒性要比有机砷强，三价砷的毒性是五价砷的 60 倍。砷化合物的毒性大小顺序为：砷化氢（AsH_3）>砷化氢的衍生物（As^{3-}）>氧化亚砷>亚砷酸盐（$H_2AsO_3^-$）>有机砷化物（As^{3+}）$\gg$无机砷酸盐（$HAsO_4^{2-}$）>有机砷化物（As^{5+}）>单质砷（As）。正常人体内砷的含量小于 $100\mu g$，当人体中含量为 0.01～0.052g 时会发生中毒，含量为 0.06～0.2g 时会导致死亡。

砷也是累积性中毒的毒物，当饮用水中砷含量大于 0.05mg/L 时就会导致累积，致癌、致畸，易引发皮肤、肺、膀胱、肝、肾和前列腺等部位的癌变。

我国《生活饮用水卫生标准》（GB 5749—2006）规定饮用水中砷含量低于 0.01mg/L，《地表水环境质量标准》（GB 3838—2002）规定 Ⅰ～Ⅲ 类水体中砷含量低于 0.05mg/L，Ⅳ 类和 Ⅴ 类水体中砷含量低于 0.1mg/L。

4.2.2.2　重金属毒性物质

(1) 水体中重金属的来源

重金属是构成地壳的物质，在自然界中分布非常广泛。重金属在自然环境的各部分均存在着本底含量，在正常的天然水中重金属含量均很低，汞的含量介于 $10^{-3} \sim 10^{-2}$ mg/L 量级之间，铬含量小于 10^{-3} mg/L 量级，在河流和淡水湖中铜的含量平均为 0.02 mg/L，钴为 0.0043 mg/L，镍为 0.001 mg/L。化石燃料的燃烧、采矿和冶炼是向环境释放重金属的最主要污染源，然后通过废水、废气和废渣向环境中排放重金属。

(2) 重金属对水体的污染及其在水体中的迁移转化

重金属与一般耗氧的有机物不同，在水体中不能为微生物所降解，只存在各种形态之间的相互转化以及分散和富集，这个过程称为重金属的迁移。重金属在水环境中的迁移，按照物质运动的形式可分为机械迁移、物理化学迁移和生物迁移三种基本类型。

机械迁移是指重金属离子以溶解态或颗粒态的形式被水流机械搬运，迁移过程服从水力学原理。

物理化学迁移是指重金属以简单离子、络离子或可溶性分子在环境中通过一系列物理化学作用（水解、氧化、还原、沉淀、溶解、络合、螯合、吸附作用等）所实现的迁移与转化过程。这是重金属在水环境中最重要的迁移转化形式，这种迁移转化的结果决定了重金属在水环境中的存在形式、富集状况和潜在生态危害程度。

重金属在水环境中的物理化学迁移包括下述几种作用。

① **沉淀作用**　重金属在水中可经过水解反应生成氢氧化物，也可以与相应的阴离子生成硫化物或碳酸盐，这些化合物的溶度积都很小，容易生成沉淀物。沉淀作用的结果是使重金属污染物在水体中的扩散速度和范围受到限制，从水质自净方面看是有利的。

② **吸附作用**　水体中的悬浮物和底泥中含有丰富的无机胶体和有机胶体，由于胶体有巨大的比表面、表面能和大量的电荷，能够强烈地吸附各种分子和离子，吸附作用使许多重金属从溶液中沉降富集下来。无机胶体主要包括各种黏土矿物和各种水合金属氧化物，有机胶体主要是腐殖质，吸附作用主要分为表面吸附、离子交换吸附和专属吸附。

沉淀作用和吸附作用都会使大量重金属沉积于排污口附近的底泥中，是一个难以治理的次生污染源，当环境条件发生变化时有可能重新释放出来，成为二次污染。

③ **络合作用**　水体中存在着许多天然和人工合成的配位体，它们能与重金属离子形成络合物和螯合物。无机配位体主要有 Cl^-、OH^-、CO_3^{2-}、SO_4^{2-}、HCO_3^-、F^- 和 S^{2-} 等；有机配位体是腐殖质，能起络合作用的是含氧官能团，如—COOH、—OH、—C＝O 和—NH₂ 等。重金属络合物和螯合物的生成使重金属在水中的溶解度增大，导致沉积物中重金属的重新释放。重金属的次生污染与络合作用有很大关系。

④ **氧化还原作用**　在水体中，重金属元素的存在形式大都为氧化态，有机物大都来源于绿色植物，以还原态存在，三价铁、四价锰、六价的硫、铬、钼及五价的氮、钒、砷等为氧化剂，二价铁和锰、三价铬和钒等为还原剂，因此在一定条件下就会发生氧化还原反应。由于氧化还原作用的结果，使得重金属在条件不同的水体中存在的价态不同，而价态不同，其活性与毒性也不同。如 Cr^{3+} 可以氧化为 Cr^{6+}，Cr^{6+} 也可以还原为 Cr^{3+}。

生物迁移是指重金属通过生物体的新陈代谢、生长、死亡等过程所进行的迁移。这种迁移过程比较复杂，它既是物理化学问题，又服从生物学规律。所有重金属都能通过生物体迁移，并由此使重金属在某些有机体中富集起来，经食物链的放大作用危害人体健康。

（3）重金属对人体的危害

重金属主要通过食物进入人体，不易排泄，在人体内积累，使人慢性中毒。

汞是一种有毒重金属。2013 年，联合国环境规划署主办的"汞条约外交会议"通过了《关于汞的水俣公约》，旨在全球范围内控制和减少汞排放、减轻汞对环境和人类健康的损害，2017 年 8 月 16 日公约在中国等缔约方正式生效。汞主要以元素汞、无机汞和有机汞的方式存在，汞的毒性大小与其存在的形态有关。无机汞有一价和二价两种形态；有机汞主要有甲基汞、乙基汞、苯基汞等，其中甲基汞存在最广、毒性最大。人体内汞含量达到 20～30mg 就会出现中毒症状，汞急性中毒造成咳嗽、呼吸困难、腹痛、呕吐、金属味及头痛等。汞进入水体后会在厌氧微生物的作用下烷基化，甲基汞经食物链进入人体，在人脑中积累，破坏人的神经系统，导致很高的死亡率，并可从母体转移给胎儿。我国《生活饮用水卫生标准》规定饮用水中汞含量低于 0.001mg/L，《地表水环境质量标准》规定Ⅰ、Ⅱ类水体汞含量低于 0.00005mg/L，Ⅲ类水体低于 0.0001mg/L。

铅化合物在体液中的溶解度越大，粒径越小，毒性就越大。铅可以经消化道、呼吸道以及皮肤进入人体。铅大量进入人体引起急性中毒，长期微量进入产生慢性中毒。急性中毒的突出症状是腹绞痛、肝炎、高血压、周围神经炎、中毒性脑炎及贫血，慢性中毒的常见症状是神经衰弱。人体内铅达到一定的量级后，对人体的神经系统、骨髓造血系统、消化系统、心血管系统、免疫系统等人体机能造成的危害不可逆转。四乙基铅的毒性远大于金属铅。铅对微生物活动的抑制作用强，水中铅的浓度为 0.1～0.5mg/L 时，微生物分解有机物的作用停止。我国规定饮用水中铅含量低于 0.01mg/L，地表水Ⅰ、Ⅱ类水体中低于 0.01mg/L，Ⅲ类水体中低于 0.05mg/L。

镉在水体中以水合镉离子形态存在，影响鱼类和藻类的生长。氯化镉毒性最大，浓度为 0.001mg/L 时，对鱼类和水生物产生致死作用；镉浓度为 0.1mg/L 时，抑制水体自净；浓度 0.1～1.0mg/L 时，微生物死亡率可达 50% 左右。消化道和呼吸道是人体摄入镉的主要途径，镉在人体内的半衰期为 10～30 年，是最易富集的毒物，主要积累在人体的肝、肾、胰腺、甲状腺及骨骼等器官和组织中，使肾脏等器官发生病变，引起内分泌失调等多种病症，破坏人体的骨骼系统，使骨质变脆易折，造成疼痛死亡。我国地表水Ⅲ类水域镉的限值为 0.005mg/L，生活饮用水中镉不得超过 0.005mg/L。

在水体环境中，铬的存在形态主要有四种，即 Cr^{3+}、CrO_2^-、CrO_4^{2-}、$Cr_2O_7^{2-}$ 四种离子。单质铬和 Cr(Ⅱ) 没有毒害作用，三价铬是哺乳类生物代谢过程中必需的微量元素，能提高人体内酶的活性，降低人体的胆固醇和血脂，但过量摄入，在人体内积累到一定量后也会产生危害。Cr^{6+} 是国际抗癌研究中心和美国毒理学组织公布的致癌物之一，也是一种毒性较大的致畸、致突变剂，毒性是 Cr^{3+} 的 100 多倍。我国规定，生活饮用水中 Cr^{6+} 不得超过 0.05mg/L，地表水中Ⅰ、Ⅱ类水体 Cr^{6+} 含量不得超过 0.1mg/L。

重金属污染物无法通过自净作用消失，但可通过食物链富集，即由极低的浓度经动物食物链或植物食物链的特殊作用，富集到极高的浓度，从而极大地加剧对人体的危害。

4.2.3 有机无毒物

这一类物质多属于糖类、蛋白质、脂肪等自然生成的有机物，它们易于生物降解，向稳定的无机物转化。在有氧条件下，在好氧微生物作用下进行转化，这一转化进程快，产物一般为 CO_2、H_2O 等稳定物质。在无氧条件下，这类物质则在厌氧微生物的作用下进行转化，这一进程较慢，而且分两个阶段进行：首先在产酸菌的作用下形成脂肪酸、醇等中间产物；继之在甲烷菌的作用下形成 H_2O、CH_4、CO_2 等稳定物质，同时放出硫化氢、硫醇、粪臭素等具有恶臭的气体。

在一般情况下，进行的都是好氧微生物起作用的好氧转化，由于好氧微生物的呼吸要消耗水中的溶解氧，因此这类物质在转化过程中都要消耗一定数量的氧，这类污染物的污染特征是消耗氧，故可称为耗氧物质或需氧污染物。

（1）水体中需氧污染物的来源

污染水体中的需氧污染物主要来自生活污水、牲畜污水以及屠宰、肉类加工、罐头等食品工业和制革、造纸、印染、焦化等工业废水。从排水的量来看，生活污水是需氧污染物的最主要来源。未经处理的生活污水，其 BOD_5 值平均为 200mg/L 左右，牲畜饲养场污水的 BOD_5 值可能高于生活污水 5 倍左右。

工业废水的 BOD_5 值差别很大：焦化厂的污水 BOD_5 值达 1400~2000mg/L；一般以动植物为原料加工生产的工业企业，如乳品、制革、肉类加工、制糖等，其废水的 BOD_5 值都可能在 1000mg/L 以上。

（2）水体中有机物的分解与溶解氧平衡

有机物是不稳定的，随时随地都在向稳定的无机物质转化。有机污染物进入水体，水中能量增加，如其他条件适宜，微生物必将得到增殖，有机物得到降解，从而消耗了水中的溶解氧。与此同时，通过水面的复氧作用，水体从大气中得到氧的补充。如果排入水体的有机物在数量上没有超过水体的环境容量（即自净能力），水体中的溶解氧会始终保持在允许的范围内，有机物在水体中进行好氧分解。如果排入水体的有机物过多，大量地消耗掉水中的溶解氧，从大气中补充的氧量不能满足需要，则说明排入的有机污染物在数量上已超过了水体的自净能力，水体将出现由于缺氧而产生的一些现象。若完全缺氧，有机物即将转入厌氧分解。

有机物是水体中的重要污染物质。BOD_5、COD 是重要的水质指标。溶解氧（DO）含量是使水体中生态系统保持自然平衡的主要因素之一，溶解氧完全消失或其含量低于某一限值时，就会影响到这一生态系统的平衡，甚至能使其遭到完全破坏。因此，水体中溶解氧含量是分析水体环境容量的主要指标。

图 4-2 为接纳大量生活污水的河流，水体中 BOD_5 和溶解氧（DO）的变化曲线。将污水排入河流处定为基点 0，向上游去的距离取负值，向下游去的距离取正值。污水源于四万人口的小城市的下水道。再假定河流的流速为 30.5m/s，流入河中的污水立即与河水混合。在排放前河水中的溶解氧含量为 8.0mg/L，BOD_5 处于正常状态（即低于 4.0mg/L），河水温度为 25℃。

有机污染物进入河水中，水体中的溶解氧与 BOD_5 的变化及相互关系如下。

① BOD 变化曲线　污水排放，在 0 点处河水中 BOD_5 值急剧上升，高达 20mg/L，随着河水流动，有机污染物被分解，BOD_5 值逐渐降低，7.5d 后又恢复到原来的状态。

② 溶解氧（DO）变化曲线　污水排入水体后，河水中的溶解氧耗于有机物的降解，开始下降，并从流入的第一天开始，含量低于地表水最低允许含量值 4.0mg/L。在流下 2.5d 处，降至最低点，以后逐渐回升，但在流下 4d 前，溶解氧含量都低于地面水的最低允许含量（涂黑部分），此后逐渐回升，在流下的 7.5d 后才恢复到原有状态。

接纳大量有机性污水的河流，从污水排放后，按 BOD_5 及溶解氧曲线可划分为三个相连接的河段（带），即污染带、污染较轻的恢复带和清洁带。

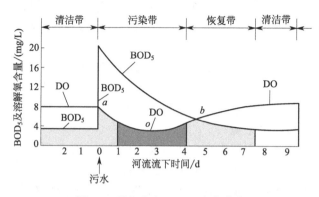

图 4-2　溶解氧与 BOD_5 变化曲线

（3）有机污染物对水体的危害

有机污染物对水体的危害主要在于对渔业水产资源的破坏。水中含有充足的溶解氧是保证鱼类生长、繁殖的必要条件之一，只有极少数的鱼类，如鳝鱼、泥鳅等，在必要时可利用空气中的氧以外，绝大部分鱼类只能用鳃利用水中的溶解氧呼吸、维持生命活动。当溶解氧降至 1.0mg/L 时，大部分鱼类就会窒息而死。当水中溶解氧消失时，水中厌氧菌大量繁殖，在厌氧菌的作用下有机物可能分解放出甲烷和硫化氢等有毒气体，更不适于鱼类生存。

4.2.4　有机有毒物

这一类物质多属于人工合成的有机物质，如农药（DDT、六六六等有机氯农药）、醛、酮、酚以及多氯联苯、芳香族氨基化合物、高分子聚合物（塑料、合成橡胶、人造纤维）、染料等。

（1）有机有毒物的来源及污染特征

这类物质主要来源于石油化学工业的合成生产过程及有关的产品使用过程中排放出的污水，不经处理排入水体后而造成污染引起危害。这一类物质的主要污染特征如下：

① 比较稳定，不易被微生物分解，所以又称为难降解有机污染物。以有机氯农药为例，由于它们具有很强的化学稳定性，在自然环境中的半衰期为十几年到几十年。

② 危害人类健康，如多氯联苯、联苯胺是较强的致病物质，酚醛以及有机氯农药等达到一定浓度后也都有害于人体健康及生物的生长繁殖。

③ 在某些条件下好氧微生物也能够对其进行分解，因此，也能够消耗水体中的溶解氧，但速度较慢。

对于这一类污染物，人们所关切的是前两项污染特征。有机有毒物种类繁多，其危害最大的有两类，即有机氯化合物和多环有机化合物。

（2）有机有害物的危害

① **有机氯化合物**　人们使用的有机氯化合物有几千种，其中污染广泛、引起普遍注意的是多氯联苯（PCB）和有机氯农药。

多氯联苯是一种无色或淡黄色的黏稠液体，流入水体后，由于它只微溶于水（每升水中最多只溶 1.0mg），所以大部分以浑浊状态存在，或吸附于微粒物质上；它具有脂溶性，能大量溶解于水面的油膜中；它的相对密度大于1，故除少量溶解于油膜中外，大部分会逐渐沉积在水底。由于它化学性质稳定，不易氧化、水解并难于生化分解，所以多氯联苯可长期保存在水中。多氯联苯可通过水体中生物的食物链富集作用，在鱼体内浓度累积到几万甚至几十万倍，从而污染食用水产品。多氯联苯是一氯联苯、二氯联苯、三氯联苯等的混合物，它的毒性与它的成分有关，含氯原子愈多的组成，愈易在人体脂肪组织和器官中蓄积，愈不易排泄，毒性就愈大。其毒性主要表现为：影响皮肤、神经、肝脏，破坏钙的代谢，导致骨骼、牙齿的损害，并有亚急性、慢性致癌和致遗传变异等可能性。

有机氯农药是水性亲油物质，能够为胶体颗粒和油粒所吸附并随其在水中扩散。水生生物对有机氯农药同样有很强的富集能力，在水生生物体内的有机氯农药含量可比水中的含量高几千到几百万倍，通过食物链进入人体，累积在脂肪含量高的组织中，达到一定浓度后即可显示出对人体的毒害作用。

② **多环有机化合物**　多环有机化合物（指含有多个苯环的有机化合物）一般具有很强的毒性，例如多环芳烃可能有致遗传变异性，其中 3,4-苯并芘和 1,2-苯并蒽等具有强致病性。多环芳烃存在于石油和煤焦油中，能够通过废油、含油废水、煤气站废水、柏油路面排水以及淋洗了空气中煤烟的雨水而流入水体中，造成污染。

③ **石油类污染物**　近年来，石油及其油类制品对水体的污染比较突出，在石油开采、储运、炼制和使用过程中，排出的废油和含油废水使水体遭受污染。石油化工、机械制造行业排放的废水也含有各种油类。石油类污染物已列入我国危险废物名录，在列入的 48 种危险废物中，排第 8 位。石油主要是由各种烃类化合物组成的复杂混合物，包括饱和烃、芳香烃、沥青质、胶质等。由于石油类有机污染物难溶于水并且难以自然降解，进入环境系统后，能在自然环境中存留几年至数十年之久，污染人类赖以生存的土壤、水体和大气，破坏生态系统，威胁人体健康。

石油中的芳香烃类物质对人体的毒性较大，尤其是以双环和三环为代表的多环芳烃毒性更大。石油类污染物可影响人体多种器官的正常功能，引起皮肤、肺、膀胱及阴囊癌症以及接触性皮炎、皮肤过敏、色素沉着、痤疮等症状。石油类物质对水体的色、味和溶解氧均有较大影响，对水生生物的危害很大，在海水中，当石油类物质的质量浓度为 0.01mg/L 时，24h 就能使鱼体产生油臭味，石油黏着到鱼鳃上或黏附在鱼卵上很快使鱼窒息死亡，或使孵化过程受到影响。石油类物质会在水面形成一层油膜，破坏水体的复氧过程，影响水质及水中动植物的生存。另外，水中的鱼、贝等类生物会富集石油类物质中的"三致"（致癌、致畸、致突变）物质，通过食物链传递给人体。

随着石油业的迅速发展，石油类物质对水体的污染愈来愈严重，在各类水体中以海洋受到的油污染尤为严重。目前，通过不同途径排入海洋的石油数量每年为几百万至上千万吨。石油进入海洋后造成的危害是很明显的，不仅影响海洋生物生长、降低海滨环境的使用价值、破坏海岸设施，而且可能影响局部地区的水文气象条件和降低海洋的自净能力。

因为有机有毒物质也属于耗氧物质，也可以使用 BOD 这样的综合指标，但有些又属于难降解物质，在使用 BOD 指标时可能产生较大的误差。在综合指标方面常以 COD、TOC 和 TOD 等指标为宜。此外，在表示其在水体中含量及污水被污染程度方面，还经常采用各种物质的专用指标，如挥发酚、醛、酮以及 DDT、有机氯农药等。

4.3　污水处理技术概述

污水处理技术就是采用各种方法将污水中所含有的污染物质分离出来，或将其转化为无害和稳定的物质，从而使污水得以净化。现代的污水处理技术，按其作用原理可分为物理法、化学法、物理化学法和生物法四大类。

4.3.1 物理法

物理法即通过物理作用分离、回收污水中不溶解的呈悬浮状的污染物质（包括油膜和油珠），在处理过程中不改变其化学性质。物理法操作简单、经济，常采用的有重力沉淀法、离心分离法、过滤法及蒸发结晶法等。

(1) 重力沉淀法

利用污水中呈悬浮状的污染物和水密度不同的原理，借重力沉降作用使水中悬浮物分离出来。根据污水中可沉淀物质颗粒的大小、凝聚性能的强弱及其浓度的高低，可将沉淀过程分为自由沉淀、絮凝沉淀、成层沉淀和压缩沉淀，它们之间并不是孤立的，而是相互联系，在同一个沉淀池内，在不同的沉淀时间或在沉淀池的不同深度，就有可能存在不同的沉淀类型。

影响颗粒沉淀的因素很多，如悬浮物的大小、形状、性质，以及悬浮物的浓度、污水流量和沉淀池的结构等。悬浮物密度与水的密度差大，悬浮物的粒径大，水的黏度小，沉降速度就大，有利于颗粒物的沉淀；提高水温，可以降低水的黏度，强化颗粒的絮凝沉淀，提高沉淀处理的效率；污水流量一定时，增大沉淀池的表面积，减小沉淀池的深度，可以提高污染物沉淀处理的效率。

在污水处理中，沉淀常常作为采用其他处理方法前的预处理，如用生物处理法处理污水时，一般需事先经过预沉池去除大部分悬浮物质，减少生物处理装置的处理负荷，而经生物处理后的出水仍要经过二次沉淀池的处理，进行泥水分离保证出水水质。对于一般的城市污水，初次沉淀可以除去 30％左右的 BOD_5 和 55％的悬浮物。

(2) 过滤法

水通过滤料床层时，其中的悬浮颗粒和胶体就被截留在滤料的表面和内部空隙中，这种通过粒状介质层分离不溶物的方法称为粒状介质过滤。

过滤介质有钢条、筛网、砂布、塑料、石英砂、无烟煤粒、磁铁矿砂、微孔管等，常用的过滤设备有格栅、栅网、微滤机、真空滤机、压滤机等（后两种滤机多用于污泥脱水）。

过滤法可作为活性炭吸附或离子交换等深度处理前的预处理，也可作为化学混凝和生化处理后的后处理。

(3) 气浮法

将空气通入污水中，并以微小气泡形式从水中析出成为载体，污水中相对密度接近于水的微小颗粒状的污染物质（如乳化油）黏附在气泡上，形成泡沫——气、水、悬浮颗粒（油）三相混合体，颗粒黏附在气泡上后，由于整体密度小于水，从而上升至水面形成浮渣层，使污染物质从污水中分离出来。黏附气泡在水中上浮的速度与水和黏附气泡的密度差、气泡大小以及水温和流态有关。如果黏附气泡大（特征直径大），黏附气泡中气相所占比例也大，与水的密度差也就越大，根据牛顿第二定律，因此黏附气泡在水中上浮的速度加快。

气浮过程包括气泡产生、气泡与颗粒（固体或液滴）附着以及上浮分离等连续步骤。气浮法实现分离的必要条件为：水中必须提供足够数量的直径为 $15\sim30\mu m$ 的微细气泡；必须使目标物呈悬浮状态或具有疏水性质；气泡与悬浮物质产生黏附作用。

根据气泡产生的方式，气浮法可分为电解气浮、布气气浮和溶气气浮等。为了提高气浮效果，有时需向污水中投加混凝剂。

气浮法能容易地去除密度较小的絮体及废水中的纤维，对低浊度低温水的处理效果较好，净水效率高，排泥方便。

（4）离心分离法

含有悬浮污染物质的污水在高速旋转时，由于悬浮颗粒（如乳化油）和污水的质量不同，因此旋转时受到的离心力大小也有差异，质量大的被甩到外围，质量小的则留在内圈，通过不同的出口分别引导出来，从而回收污水中的有用物质（如乳化油），并净化污水。

常用的离心设备按离心力产生的方式可分为两种：由水流本身旋转产生离心力的旋流分离器；设备旋转的同时也带动液体旋转产生离心力的离心分离机。

旋流分离器分为压力式和重力式两种。因它具有体积小、单位容积处理能力高的优点，近几十年来广泛用于轧钢污水处理及高浊度河水的预处理。

离心机的种类很多，按分离因素分为常速离心机和高速离心机。常速离心机用于分离低浆废水，效率可达 $60\%\sim70\%$，还可用于沉淀池的沉渣脱水等。高速离心机适用于乳状液的分离，如用于分离羊毛废水，可回收 $30\%\sim40\%$ 的羊毛脂。

4.3.2　化学法

化学法就是向污水中投加某种化学物质，利用化学反应来分离、回收污水中的某些污染物质，或使其转化为无害物质。常用的方法有化学沉淀法、中和法、氧化还原（包括电解）法等。

（1）化学沉淀法

化学沉淀法是指向污水中投加某种化学物质，使它与污水中溶解态的污染物直接发生化学反应，生成难溶于水的沉淀物，从而除去或降低水中污染物含量的一种处理方法。这种处理法常用于含重金属、氰化物等工业生产污水的处理。

按使用沉淀剂的不同，化学沉淀法可分为氢氧化物法、硫化物法和钡盐法。

氢氧化物法的沉淀剂有石灰、碳酸钠、苛性钠、石灰石、白云石等，其中最常用的是石灰，沉淀效率与溶度积和溶液的 pH 值有关，对于氢氧化物 $M(OH)_n$ 有：

$$M(OH)_n(s) \Longrightarrow M^{n+} + nOH^- \qquad K_{sp} = L_{M(OH)_n} = [M^{n+}][OH^-]^n \qquad (4\text{-}2)$$

同时发生水解反应：

$$H_2O \Longrightarrow H^+ + OH^- \qquad K_W = [H^+][OH^-] = 1 \times 10^{-14}(25℃) \qquad (4\text{-}3)$$

根据式(4-2)和式(4-3)可得：

$$\lg[M^{n+}] = \lg K_{sp} + npK_W - npH \qquad (4\text{-}4)$$

可见，溶液中金属离子的浓度与溶度积和 pH 值有关。如 Cd^{2+}，pH 值为 7.7 时，溶液中浓度为 $0.1mol/L$，pH 值为 9.7 时，浓度降至 $10^{-5}mol/L$。

对于两性金属离子，应注意氢氧化物沉淀的 pH 值范围，pH 值过高或过低，金属离子都会溶解。例如处理含锌污水时，pH 值控制在 $9\sim11$ 范围内，可生成氢氧化锌沉淀。

大多数金属硫化物的溶解度比其氢氧化物的溶解度小很多，采用硫化物可使重金属得到较完全的去除。含汞污水可采用硫化钠沉淀剂进行处理，汞的化合物中以硫化汞的溶解度最小，硫化汞的溶度积为 4×10^{-53}，因此 Hg^{2+} 与 S^{2-} 发生沉淀反应：

$$Hg^{2+} + S^{2-} \longrightarrow HgS(s)$$

操作时，向含汞废水中加入以初始汞含量核定的 Na_2S 溶液，含汞废水的 pH 值控制在 $7\sim9$，反应生成 HgS，再加入絮凝剂和助凝剂，生成 HgS 絮状沉淀，硫加入量按理论计算过量 50%～80%，若硫化物过量太多，会形成可溶性汞硫络合物，降低除汞效率，若 pH 值太高，则有可能生成氢氧化物。化学沉淀法是美国等国家氯碱厂控制汞污染的标准方法。

含铬污水可采用碳酸钡、氯化钡、硝酸钡、氢氧化钡等为沉淀剂，生成难溶的铬酸钡沉淀，从而除掉污水中的铬离子污染。

(2) 中和法

中和法用于处理酸性废水和碱性废水，即利用化学药剂将废水的 pH 值调节到 7 左右。

① **酸性废水的中和处理** 废水中酸度高于 3%～5% 时考虑回收利用，低浓度时中和处理，常用的中和处理方法有投药中和法和过滤中和法。

投药中和法。该法反应速率快，能处理任何浓度、任何性质的酸性废水。常用的中和药剂有石灰、苛性钠、碳酸钠、石灰石、电石渣、锅炉灰等，也可用废碱液、废碱渣。投药中和的优点是对水质、水量的波动适应性强，药剂利用率高，中和过程容易调节，但劳动条件差，药剂配置和投加设备多，基建投资大，泥渣多且脱水难。

过滤中和法。以石灰石（$CaCO_3$）、白云石（$CaCO_3 \cdot MgCO_3$）等作滤料，让酸性废水通过滤层而得以中和的方法称为过滤中和法。过滤法操作方便、运行费用低、产生的废渣少，但一般适用于含酸浓度低的废水。在中和过滤过程中，必须限制进水中悬浮物的含量，铁盐、泥沙和惰性物质的含量不能过高，防止滤层堵塞。滤料粒径不宜过大。常用的过滤设备有重力式中和滤池、升流式膨胀滤池、变速膨胀滤池和滚筒中和滤池。

② **碱性废水的中和处理** 碱性废水常采用废酸性物质和药剂进行中和处理，中和方式有混合式和接触反应式。

废酸中和法。酸性废水可以用来中和碱性废水，优点是以废治废、投资和运行费用低。

投酸中和法。常用的药剂有硫酸、盐酸和压缩二氧化碳等。其中硫酸因价格低而得到广泛运用；盐酸的优点是反应产物溶解度高，废渣量少，但价格高。

烟道气中和法。烟道气中含有高达 20% 左右的 CO_2，还含有 SO_2 等其他酸性成分，因此可用来中和处理碱性废水，实现废气治理和废水治理的结合。

(3) 氧化还原法

废水中呈溶解状态的有机或无机污染物，在投加氧化剂或还原剂后，由于电子迁移，发生氧化或还原作用，使其转化为无毒无害的物质，这种方法称为氧化还原法。根据有毒有害物质在氧化还原中被氧化或还原，废水的氧化还原法又分为氧化法和还原法。

氧化法

在工业废水处理中，常用的氧化剂有 O_2、Cl_2、O_3、漂白粉、H_2O_2、$H_2S_2O_8$、MnO_4^-、$FeCl_3$ 等，氧化方法在污水处理中的应用实例如下。

① **空气氧化法** 空气氧化法处理含硫污水，硫化物被氧化成无毒或微毒的硫代硫酸盐或硫酸盐：

$$2HS^- + 2O_2 \longrightarrow S_2O_3^{2-} + H_2O$$

$$2S^{2-} + 2O_2 + H_2O \longrightarrow S_2O_3^{2-} + 2OH^-$$

$$S_2O_3^{2-} + 2O_2 + 2OH^- \longrightarrow 2SO_4^{2-} + H_2O$$

有机硫化物则被氧化生成沉淀除去：

$$RSNa + R'SNa + 0.5O_2 + H_2O \longrightarrow RS-SR' \downarrow + 2NaOH$$

空气氧化法已成功用于炼油厂含硫废水的处理，含硫量可由 2000mg/L 降至 30mg/L 以下。

② **氯氧化法**　氯氧化法处理含氰污水，常用的药剂有液氯、次氯酸钠、二氧化氯及漂白粉等。

先将含氰废水的 pH 值调至 8.5～11，再加氯氧化剂（如 Cl_2）进行氧化，反应如下：

$$NaCN + 2NaOH + Cl_2 \longrightarrow NaCNO + 2NaCl + H_2O$$

反应生成的氰酸钠的毒性是 HCN 的 1/1000。如 pH 值<8.5，会产生挥发性的 CNCl，其毒性比 HCN 更大，而且使反应速率降低。进一步加入过量的氯，使氰酸钠被氧化为 CO_2 和 N_2，反应式如下：

$$2NaCNO + 4NaOH + 3Cl_2 \longrightarrow 2CO_2 + 6NaCl + N_2 + 2H_2O$$

③ **臭氧氧化法**　臭氧（O_3）在常温、常压下为有特殊气味的蓝色气体，其性质有：a. 不稳定性，常温、常压状态下 O_3 极易自行分解为 O_2，并释放出热量；b. 溶解性，O_3 在水中的溶解度比纯 O_2 高 10 倍，比空气高 25 倍；c. 毒性，当空气中 O_3 的浓度达到 $0.3mg/m^3$ 时，可以闻到臭味，会对人的眼睛、鼻子、喉咙及呼吸道产生一定的刺激性，当浓度达到 $3\sim30mg/m^3$ 时就会令人出现头痛、恶心及局部呼吸器官麻痹的症状，当浓度达到 $15\sim60mg/m^3$ 时，对人体危害相对较大，O_3 的毒性还与接触时间长短有关；d. 氧化性，O_3 氧化能力极强，氧化还原电位仅次于氟，可以氧化亚铁、Mn、硫化物、硫氰化物、氰化物、氯等无机物，也可以将烯烃、炔烃、芳香烃等有机物质氧化成醛类或有机酸。

臭氧主要用于废水的三级处理，其作用有：降低污水的 COD 和去除 BOD；杀菌消毒；增加水中的溶解氧；除臭、脱色；降低浊度。

臭氧氧化处理需调节适宜的 pH 值，如处理含酚废水，pH 值以 12 为宜。pH 值越高，臭氧消耗量越低。

臭氧的氧化能力极强，而且没有二次污染，但腐蚀性较强，储存设备昂贵，因此臭氧氧化法与氯氧化法一样成本比较高。

还原法

废水处理中可用的还原剂有铁屑、锌粉、硫酸亚铁、亚硫酸盐、硼氢化钠、二氧化硫、氯化亚铁等，还原法目前主要用于处理含铬、汞和铜的污水。

含铬废水的处理通常是将 Cr^{6+} 还原成低毒性的 Cr^{3+}，pH 值>4 时，Cr^{3+} 会以氢氧化物的形式沉降，如用亚硫酸氢钠作还原剂处理重铬酸的反应如下：

$$2H_2Cr_2O_7 + 6NaHSO_3 + 3H_2SO_4 \longrightarrow 2Cr_2(SO_4)_3 + 3Na_2SO_4 + 8H_2O$$
$$Cr_2(SO_4)_3 + 3Ca(OH)_2 \longrightarrow 2Cr(OH)_3 + 3CaSO_4$$
$$Cr_2(SO_4)_3 + 6NaOH \longrightarrow 2Cr(OH)_3 + 3Na_2SO_4$$

重铬酸的还原反应在 pH 值<3 时速率很快，但为保证 $Cr(OH)_3$ 沉淀的充分生成，pH 值控制在 7.5～9。

(4) 铁氧体法

铁氧体是一种晶体结构的复合氧化物，具有高导磁率和电阻率，不溶于水、酸、碱、盐溶液，其磁性强弱和其他特性与化学组成和晶体结构有关。铁氧体晶格有 7 种类型，人们最熟悉的尖晶石型铁氧体的化学组成用通式 $BO \cdot A_2O_3$ 或 BA_2O_4（B 为 2 价金属，A 为 3 价金属）表示，磁铁矿（$FeO \cdot Fe_2O_3$ 或 Fe_3O_4）是一种天然尖晶石型铁氧体。由于制备尖晶石型铁氧体原料易得，方法成熟，进入晶格中的重金属离子种类多，形成的共沉淀物化学性质稳定，表面活性大，吸附性能好，粒度均匀，磁性强，故铁氧体法处理含重金属污水多以尖晶石结构的铁氧体为主。1973 年，日本电气公司（NEC）首先提出用化学沉淀铁氧体法处理含重金属离子的废水。

　　化学沉淀铁氧体法是指向废水中加入铁盐，通过控制工艺条件，使废水中的重金属离子在铁氧体的吸附、包裹、夹带作用下进入铁氧体晶格中形成复合铁氧体，然后再采用固液分离手段，一次能脱除一种或多种重金属离子的方法。铁氧体法具有投资小、设备简单、易操作、处理量大、去除率高、净化效果好和能回收磁性材料等优点，因此在工业废水处理中应用广泛。

　　铁氧体法在处理电镀电解含铬废水中应用广泛，其基本原理是在含铬废水中加入硫酸亚铁溶液，使 Cr^{6+} 与 Fe^{2+} 发生氧化还原反应：

$$Cr_2O_7^{2-} + 6Fe^{2+} + 14H^+ \longrightarrow 2Cr^{3+} + 6Fe^{3+} + 7H_2O$$

然后加 NaOH 调节 pH 值，使 Cr^{3+}、Fe^{3+}、Fe^{2+} 转化为沉淀：

$$Cr^{3+} + 3OH^- \longrightarrow Cr(OH)_3 \downarrow$$

$$Fe^{3+} + 3OH^- \longrightarrow Fe(OH)_3 \downarrow$$

$$Fe^{2+} + 2OH^- \longrightarrow Fe(OH)_2 \downarrow$$

　　再加热、通入压缩空气，使过量的 Fe^{2+} 氧化成 Fe^{3+}，当 $Fe^{2+} : Fe^{3+} = 2 : 1$（摩尔比）时，组成类似 $Fe_3O_4 \cdot xH_2O$ 的磁性氧化物，此即为铁氧体，其组成也可写成 $Fe^{2+}Fe^{3+}[Fe^{3+}O_4] \cdot xH_2O$：

$$3Fe(OH)_2 + 0.5O_2 \longrightarrow FeO \cdot Fe_2O_3 + 3H_2O$$

　　Cr^{3+} 和 Fe^{3+} 电荷相同、半径（$r_{Fe^{3+}} = 64pm$，$r_{Cr^{3+}} = 69pm$）相近，在铁氧体的沉淀过程中，Cr^{3+} 取代大部分 Fe^{3+}，Cr^{3+} 成为铁氧体的组分沉淀出来，从而去除废水中的 Cr（Ⅵ）：

$$Fe^{2+} + Fe^{3+} + Cr^{3+} + OH^- \longrightarrow Fe^{2+}Fe^{3+}[Fe_{1-x}^{3+}Cr_x^{3+}O_4] \cdot xH_2O$$

$$（式中，x = 0 \sim 1）$$

　　从磁铁矿（Fe_3O_4）的组成来看，三价金属（Fe^{3+} 和 Cr^{3+}）与 Fe^{2+} 的摩尔比为 2:1，每还原 1mol Cr^{6+} 需 3mol Fe^{2+}，铁氧体法处理 1mol Cr^{6+}，理论上需 5mol Fe^{2+}。在实际应用时，Fe^{2+} 应过量，一般认为 Fe^{2+} 与 Cr^{6+} 的摩尔比为 5.75 时处理效果最佳、最经济。

　　为了提高 Cr（Ⅵ）的还原效果，Cr^{6+} 还原时 pH 值应控制在 3.2 以下，为使反应彻底，用 3.0mol/L H_2SO_4 控制 pH 值为 2.0 左右。Cr（Ⅵ）还原末期，废水中主要存在 Fe^{2+}、Fe^{3+}、Cr^{3+} 三种离子，为避免 Fe^{2+} 过度氧化，应迅速加入 NaOH 调节 pH 值，发生共沉淀反应。pH 值太低，铁不能完全沉淀；pH 值过高，$Cr(OH)_3$ 由于两性特征而溶解成稳定的 $Cr(OH)_4^-$ 配位离子，也不利于铁氧体生成。因此，pH 值应控制在 8～9 之间。

　　铁氧体的生成需要一定的温度。温度低，氢氧化物不易脱水，反应速率慢，铁氧体形成周期长，且结构松散、磁性弱，甚至无磁性；若温度过高，反应速率快，过量的 Fe^{2+} 转化成 Fe^{3+}，使体系内 Fe^{2+} 不足，生成的铁氧体磁性也会减弱。一般认为在 60～80℃ 反应 20min 较适宜。

　　当废水中 Cr（Ⅵ）浓度 ≥25mg/L 时，由于 Cr（Ⅵ）具有强氧化性，联合废水中的溶解氧已足以使体系中 Fe^{2+} 转化成 Fe^{3+}，因而可以不通入空气；当 Cr（Ⅵ）浓度 <25mg/L 时，适量通气，但不宜过多，否则 Fe^{2+} 被过度氧化，同时铁氧体产品松而发黄。

（5）高级氧化技术

　　高级氧化技术是具有应用前景的高浓度难降解有机废水处理方法，其通过光能或电能或外界添加剂产生一系列物理、化学反应，生成的羟基自由基（·OH）将难降解有机物降解成小分子有机物或直接氧化成 CO_2、H_2O 和无机盐等，高级氧化技术包括：湿式氧化法、Fenton 法、光催化氧化法、超声催化法、电催化氧化法等。

① 湿式氧化法又称湿式燃烧法，是有水存在的有机物料在高温（125～320℃）和一定的压力（0.5～20MPa）下快速进行氧化，排放的尾气中主要含二氧化碳、氮、过剩的氧气等，残余液中有残留的金属盐类和未反应完全的有机物。因该过程为放热反应，一旦反应开始，过程就会依靠有机物氧化放出的热量作用自动进行，不需辅助燃料。湿式氧化的优点是可以处理未经脱水处理的污泥或高浓度有机废水，不产生粉尘和烟气；消毒灭菌彻底，有利于生物化学处理；能耗低，反应速率快；残余的氧化液容易脱水。缺点是设备和运行费用较高。

② Fenton 法是目前高浓度难降解有机废水常用的深度处理技术，主要原理是在适宜的 pH 值下向废水中投加一定比例的 H_2O_2 与 Fe^{2+}，利用产生的强氧化性自由基·OH 氧化废水中的难降解有机物，该法具有反应器简单、过程可操作性强、产生羟基自由基（·OH）速率快等优点。但是双氧水消耗大、成本高，而且会产生大量 $Fe(OH)_3$ 污泥，同时由于产生的 Fe^{3+} 和残留的 Fe^{2+} 会使出水的色度非常高。为了降低治理成本、提高反应效率，可与其他技术组合使用，如和光化学组合的光-Fenton 法、与电化学组合的电-Fenton 法等。

③ 光催化氧化法是利用半导体（TiO_2、WO_3）作催化剂，在紫外光照射下，发生电子跃迁形成光生电子和空穴，光生电子的还原性极强，而空穴的氧化性极强，在半导体表面分别与不同基团发生反应，达到降解污染物的目的。光催化氧化法会产生芳香族有机中间体，降解不彻底，这是光催化氧化需要解决的问题。

④ 超声催化法是指超声波加速化学反应或启动新的反应通道，来提高化学反应产率。空化作用是指当超声波能量足够高时，液体中的微小气泡（空化核）在超声场的作用下振动，并不断聚集声场能量，当声场能量达到某个阈值时，空化气泡急剧崩溃闭合的过程。超声催化法利用空化作用，使液体内部达到 5000K、100MPa 的高温高压状态，发射出强冲击微射流，其速率可达到 110m/s，污染物受到自由基氧化、热解、机械剪切和絮凝等作用发生降解。

⑤ 电催化氧化法指的是在废水中加入电极，对废水进行通电处理从而产生羟基自由基（OH·）等基团对废水进行氧化的方法。电催化氧化法处理有机污水的过程集氧化还原、杀菌、絮凝为一体，不需要另外添加各种化学试剂，是一种高效、清洁、安全的污水处理方法。但是电催化氧化法也存在一些缺点，如电化学反应的速率及效率相对较低，电极材料的稳定性差及寿命较短，工艺能耗较高等。

4.3.3　物理化学法

在工业污水的回收利用中，经常遇到物质由一相转移到另一相的过程，例如用汽提法回收含酚污水时，酚由液相（水）转移到气相中，其他如混凝、萃取、吸附、离子交换、吹脱等传质过程都涉及有关的物理化学原理，因此利用这些操作过程处理或回收利用工业废水的方法可称为物理化学法。工业废水在应用物理化学法进行处理或回收利用之前，一般均需先经过预处理，尽量去除废水中的悬浮物、油类、有害气体等杂质，或调节废水的 pH 值，以便提高回收效率及减少损耗。常采用的物理化学法有以下几种。

(1) 混凝法

各种废水都是以液体为分散介质的分散系。按分散相粒度的大小，可将废水分为三类：分散相粒度大于 100nm 的悬浮液；分散相粒度为 1.0～100nm 的胶体溶液；分散相粒度为 0.1～1.0nm 的真溶液。悬浮液可采用重力沉淀法或过滤法处理，真溶液可采用吸附法处理，胶体溶液和部分悬浮液可用混凝法处理。

混凝处理法是向废水中投加无机或有机化学药剂使微小颗粒及胶体凝聚成絮状大颗粒，

然后采用沉淀、气浮或过滤等方法进行分离。混凝通常包括凝聚和絮凝两个过程。凝聚过程是指水中胶体颗粒在失去稳定性后，形成细小的絮凝体的过程；絮凝过程是指凝聚过程生成的小颗粒絮凝体在絮凝剂分子桥连下生成大颗粒絮凝体的过程。

混凝的作用机理主要包括双电层压缩、吸附电中和、吸附架桥和沉淀物网捕。

① **双电层压缩** 胶粒表面存在由紧密层和扩散层构成的带有不同符号电荷的双电层。向废水中加入盐类电解质，可增大水中的反离子强度。新增的反离子与扩散层内原有反离子之间的静电斥力，把原有反离子不同程度地挤压到紧密层中，使扩散层变薄。颗粒碰撞距离缩短，颗粒间排斥力与吸引力的合力由斥力为主变为以引力为主，容易相互凝聚沉淀。

② **吸附电中和** 混凝剂水解所产生的离子被吸附在胶体颗粒表面，中和胶粒表面电荷。胶粒表面电荷不仅会降低，甚至可能会带上反电荷。这样就可以减小、消除静电斥力，胶粒容易与其他带异号电荷的胶粒接近，互相吸附凝聚。

③ **吸附架桥** 有机或无机高分子絮凝剂通过架桥连接使溶液中胶体颗粒、悬浮颗粒形成絮凝体并沉淀下来。高分子聚合物上有许多活性基团，可以占据胶体表面的吸附位。一个聚合物分子可以结合多个颗粒物，从而将水中分散的胶粒连接成粗大的絮状物。

④ **沉淀物网捕** 有些高价金属盐类混凝剂，在投加量较大时会迅速水解，产生的金属氢氧化物、金属碳酸盐类沉淀能将水中的胶体颗粒和悬浮颗粒作为吸附质而网捕沉淀下来。

对有机混凝剂，吸附架桥起决定作用；对无机混凝剂，吸附架桥、压缩双电层、吸附电中和以及卷扫网捕均起重要作用。

影响混凝的因素有水温、pH 值、共存杂质的种类和浓度、胶体杂质的浓度、水力条件等。

① **水温** 混凝法的最佳水温为 20～30℃。无机混凝剂水解多是吸热反应。水温低时，混凝剂水解速率低，混凝反应速率慢，处理时间长，且布朗运动减弱，黏度增加，碰撞机会减少，同时剪切力增大，难以形成较大的絮凝体。水温高时，反应速率提高，处理时间缩短，但形成的絮凝体小，因水合作用加快，产生的污泥含水率高、体积大、处理难度大。

② **pH 值** 水的 pH 值对混凝的影响程度与混凝剂的种类有关。铝盐的适宜 pH 值为 6～8.5，硫酸（亚）铁的适宜 pH 值为 8～11，三氯化铁、聚合硫酸铁、聚合三氯化铁的适宜 pH 值为 4～11。铁盐和铝盐在水解过程中不断产生 H^+，应注意控制 pH 值在最佳范围，确保混凝效果。高分子混凝剂尤其是有机高分子混凝剂，pH 值对混凝效果的影响较小。

③ **共存杂质的种类和浓度** 除硫、磷化合物以外的其他各种无机金属盐均能促进胶体凝聚，离子浓度越高，促进能力越强。磷酸离子、亚硫酸离子、高级有机酸离子等阻碍高分子絮凝作用，氯、螯合物、水溶性高分子物质和表面活性物质都不利于混凝。

④ **胶体杂质的浓度** 其浓度过高或过低都不利于混凝。用无机金属盐作混凝剂时，胶体浓度不同，所需的 Al^{3+} 和 Fe^{3+} 的用量亦不同。

⑤ **水力条件** 废水处理工艺的水力条件不同，产生的颗粒碰撞概率就有差异，混凝沉淀的效果也有可能不一样。

⑥ **混凝剂种类及投加量** 混凝剂选择对混凝效果至关重要，不同混凝剂对同一废水的处理效率有可能差距甚大。混凝剂的投加量也会影响混凝效果。同一废水，所用混凝剂不同，投加量也有差别。铁盐因形成的絮体比铝盐大，所以用量一般比铝盐少；高分子有机混凝剂的用量一般小于无机混凝剂。混凝剂的投加量还跟废水中重金属的种类、浓度以及混凝剂的加入方式等有关。混凝剂用量不够，达不到预期的要求；如果用量过多，则有时会使形成的絮凝体重新转变为胶体，降低絮凝效果。通常需通过试验选择最佳混凝剂、确定最佳用量。

混凝法可去除污水中细分散固体颗粒、乳状油及胶体物质等，所以该法可用于降低污水的浊度和色度，去除多种高分子物质、有机物、某种重金属毒物（汞、镉、铅）和放射性物质等，也可以去除能够导致富营养化的物质，如磷等可溶性无机物，此外还能够改善污泥的脱水性能。因此，混凝法在工业污水处理中使用得非常广泛，既可作为独立处理工艺，又可与其他处理法配合使用，作为预处理、中间处理或最终处理方法。在三级处理中，近年常采用混凝法。

目前常采用的无机混凝剂有硫酸铝、碱式氯化铝、铁盐（主要指硫酸亚铁、三氯化铁及硫酸铁）以及聚合氯化铝、聚合硫酸铁等，有机高分子混凝剂有聚丙烯酰胺（PAM）。

当单独使用混凝剂不能达到应有净水效果时，为加强混凝过程、节约混凝剂用量，常可同时投加助凝剂。助凝剂种类繁多，如聚丙烯酰胺（PAM）、聚丙烯酸等人工合成物质，以及壳聚糖、硅藻土等天然物质。

（2）萃取（液-液）法

萃取法是将与水不互溶且密度小于水的有机溶剂（萃取剂）和被处理污水接触，在物理（溶解）或化学（包括络合、螯合式离子缔合）的作用下，使污水中的溶质溶于溶剂中，然后利用溶剂与水的密度差，将溶剂分离出来。被萃取组分在有机相中的溶解度大于水相是萃取法的必要条件。

当需要回收被萃取组分时，必须再选择一种特定的水溶液（酸或碱溶液，称为反萃取剂）与有机相接触，将被萃取组分从饱和的萃取剂中再转入水相，这一过程称为反萃取。

萃取剂常用的有含氧萃取剂（如甲基异丁基甲酮、二异丁基甲酮、辛醇、癸醇、乙酸乙酯、乙酸丁酯）、含磷萃取剂（如磷酸三丁酯）、含氮萃取剂（如三烷基胺）等，不同种类的萃取剂与被萃取物之间的作用机理不一样，有范德华力作用、形成配合物、进行离子交换、形成离子缔合的萃合物、形成螯合物（与金属离子）。

萃取剂的选择依据：

① 对污水中的溶质要有较高的溶解度；

② 萃取剂要容易回收；

③ 与水有一定的密度差，有较大的分配系数，挥发性低；

④ 化学性质稳定，非易燃易爆，腐蚀性小；

⑤ 萃取剂价格低廉，来源方便，易于获得。

萃取设备包括间歇型和连续型两类，有筛板塔、脉冲筛板塔、喷淋塔、填料塔、离心萃取机、转盘式萃取器、对流多级萃取器等。

萃取法除应用于含重金属离子废水处理外，液-液萃取技术在高浓度含酚废水处理中应用较为广泛，技术相对成熟，酚的脱除率可达 90％以上。

（3）吸附法

吸附法主要是利用多孔性的固体物质，使污水中的一种或多种物质被吸附在固体表面而去除的方法，并能除色、脱臭。吸附法可用于吸附污水中的酚、汞、铬、氰等有毒物质。

水处理中常用的吸附剂有活性炭、磺化煤、焦炭、木炭、活化煤、沸石、活性白土、硅藻土、腐殖酸、木屑等，其中活性炭应用最为广泛。

吸附剂的性能要求：吸附容量大，因吸附过程发生在吸附剂表面，吸附容量取决于吸附剂表面积的大小；选择性高，对要分离的目的组分有高的选择性；稳定性好，吸附剂应具有较好的热稳定性，在较高温度下解吸再生其结构不会发生太大的变化，同时还应具有耐酸碱的良好化学稳定性。

废水在进行吸附操作前应经预处理除去悬浮物及油类等杂质，以免堵塞吸附剂空隙。

吸附操作可分为静态和动态两种。静态吸附操作通常在搅拌吸附装置中间歇进行，将吸附剂投入污水中，不断搅拌，使吸附达到平衡，然后用沉淀或过滤的方法使水和吸附剂分离。静态吸附操作有时需要采取多次才能达到水质要求，在生产中很少采用，只在水处理量较小时才考虑。动态吸附则是在污水流动条件下进行的连续操作。污水处理中多采用动态吸附操作，常用的吸附设备有固定床、移动床和流动床三种方式。

吸附法目前多用于污水的深度处理。含汞废水采用沉淀法和絮凝法处理后，常采用活性炭吸附（汞浓度不超过 5mg/L）进一步处理，使处理后出水汞浓度降至 0.05mg/L 以下。

(4) 离子交换法

离子交换法是水质软化和除盐的主要方法，在废水处理中主要用于去除和回收废水中的金属离子。

离子交换的实质是不溶性离子化合物（离子交换剂）上的可交换离子与溶液中其他同性离子的交换反应，是一种特殊的吸附过程，通常是可逆性化学吸附。水中的阳离子 M^+ 与交换剂上的 H^+ 离子进行交换反应，其反应如下：

$$RH + M^+ \rightleftharpoons RM + H^+$$

式中，R 为离子交换剂上的骨架；H 为交换剂上可交换基团；M^+ 为被交换离子。

离子交换剂有无机离子交换剂和有机离子交换剂两大类，在污水处理中使用的主要是离子交换树脂。离子交换树脂是带有功能基的高分子多元酸（碱）聚合物。树脂的结构由高分子骨架、活性基团和活动离子三部分组成，如图 4-3 所示。①高分子骨架，由交联的高分子多元酸（碱）聚合物组成；②活性基团，与高分子骨架相连接，携带极性官能团［如 $-N(CH_3)_2$、$-N(CH_3)H$ 等］；③活动离子，能够在发生反应时进行定向移动。

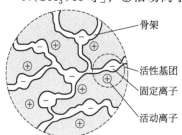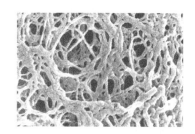

图 4-3　离子交换树脂的结构（左为结构示意图，右为扫描电镜图）

离子交换树脂按交联聚合物品种分为苯乙烯系、丙烯酸系、酚醛系、环氧系、乙烯吡啶系、脲醛系、氯乙烯系等，按树脂形态分为凝胶型和大孔型，按所含官能团的性质分为强酸、弱酸、强碱、弱碱、螯合、酸碱两性和氧化还原型，按用途分为水处理用树脂、药用树脂、催化用树脂、脱色用树脂、分析用树脂以及核子级树脂。

采用离子交换法处理污水时必须考虑树脂的选择性。交换能力的大小主要取决于各种离子对该种树脂亲和力（又称选择性）的大小，这种选择性的一般规律如下。

① **阳离子交换树脂的选择性顺序**

$$Fe^{3+} > Ce^{3+} > Al^{3+} > Ca^{2+} > Mg^{2+} > K^+ = NH_4^+ > Na^+ > Li^+$$

阳离子交换树脂对离子的亲和力随离子价数的增大而提高，价数相同时，亲和力随水合离子半径的减小而增大。

② **阴离子交换树脂的选择性顺序**

$$Cr_2O_7^{2-} > SO_4^{2-} > CrO_4^{2-} > NO_3^- > Cl^- > OH^- > F^- > HCO_3^- > HSiO_3^-$$

阴离子树脂对阴离子的亲和力随离子水合半径的减小而增大。多原子的阴离子其水合能除了与价数有关外，还与中心原子的碱性有关，亲和力随中心原子碱性的减小而增大，如：

$$MnO_4^- > TcO_4^- > ReO_4^- ; CrO_4^{2-} > WO_4^{2-}$$

③ **螯合树脂的选择性顺序**

与树脂的种类有关，亚氨基乙酸型螯合树脂的选择性顺序为：

$$Hg > Cu > Ni > Mn > Ca > Mg \gg Na$$

通常位于顺序前列的离子取代位于顺序后列的离子，但处于顺序后列的离子浓度高时，可以取代位于顺序前列的离子。

离子交换法的运行方式分为固定床和连续床两大类。固定床离子交换装置是最常用、最基本的一种形式。离子交换系统一般包括预处理设备（除悬浮物）、离子交换器和再生附属设备。离子交换的运行操作包括四个步骤，即交换、反洗、再生、清洗。

离子交换法广泛用于去除污水中的杂质，例如去除（回收）污水中的氰、铜、镍、镉、锌、汞、金、银、铂、磷酸、硝酸、氨、有机物和放射性物质等。

（5）膜分离法

膜分离法是利用选择性透过膜为分离介质，当膜两侧存在某种推动力（如压力差、浓度差、温度差和电位差等）时，使溶剂与溶质分离的方法。各种主要水处理膜过程的分离机理见表 4-2，包括扩散渗析、电渗析、反渗透、超滤等。

表 4-2　各种主要水处理膜过程的分离机理

膜过程	推动力	分离机理	渗透物	截留物	膜结构
微滤	压力差(0.01～0.2MPa)	筛分	水、溶剂溶解物	悬浮物、颗粒、纤维和细菌（0.01～10μm）	对称和不对称多孔膜
超滤	压力差(0.1～0.5MPa)	筛分	水、溶剂、离子和小分子（分子量<1000）	生化制品/胶体大分子（分子量1000～300000）	具有皮层的多孔膜
纳滤	压力差(0.5～2.5MPa)	筛分+溶解/扩散	水和溶剂（分子量<200）	溶质、二价盐、糖和染料（分子量200～1000）	致密不对称膜和复合膜
反渗透	压力差(1.0～10.0MPa)	溶解/扩散	水和溶剂	全部悬浮物、溶质和盐	致密不对称膜和复合膜
电渗析	电位差	离子交换	电解离子	非解离和大分子物质	离子交换膜
渗析	浓度差	扩散	离子、低分子量有机质、酸和碱	分子量大于1000的溶解物和悬浮物	不对称膜和离子交换膜
渗透蒸发	分压差	溶解/扩散	溶质或溶剂（易渗透组分的蒸气）	溶质或溶剂（难渗透组分的液体）	复合膜与均质膜
膜蒸馏	温度差	气-液平衡	溶质或溶剂（易汽化与渗透的组分）	溶质或溶剂（难汽化与渗透的组分）	多孔膜
液膜	化学反应与浓度差	反应促进和扩散传递	电解质离子	非电解质离子	载体膜
膜接触器	浓度差	分配系数	易扩散与渗透的物质	难扩散与渗透的物质	多孔膜和无孔膜

膜分离法的优点是可在常温下操作，没有相变化，设备可工厂化生产，操作容易等；缺点是处理能力小，需要消耗相当的能量（扩散渗析除外）。

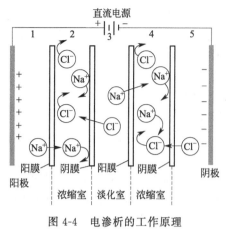

图 4-4 电渗析的工作原理

① **电渗析** 电渗析是在直流电场作用下，以电位差为推动力，利用离子交换膜的选择透过性（即阳膜只允许阳离子通过，阴膜只允许阴离子通过），而使溶液中的溶质与水分离的一种物理化学过程。

电渗析的工作原理（图 4-4）是将阳离子膜和阴离子膜交替排列于正负两个电极之间，并用特制的隔板隔成许多小水室，组成脱盐（淡化）和浓缩两个系统。在外加直流电场作用下，阴、阳离子分别向阳极和阴极移动，利用离子交换膜的选择透过性，使淡室中的离子浓度降低、浓室中的离子浓度提高，从而达到净化的目的。

电渗析目前在苦咸水及海水淡化、海水浓缩制盐、纯水制备、工业废水处理和离子隔膜电解等方面得到应用。

② **反渗透** 淡水和浓水用一种半渗透膜隔开时，淡水中的水会通过膜自动地渗透到浓水一侧，渗透的推动力是渗透压，到某一高度后渗透停止，达到平衡状态，称为渗透平衡，此时膜两侧的液位差称为渗透压（$\Delta\pi$）。溶液的渗透压由温度、浓度和溶质的种类决定。当在浓水侧施加一个外部压力 p（$p > \Delta\pi$），使浓水中的水渗透到淡水中去时，这种现象称为反渗透。反渗透过程必须具备两个条件，即一种高选择性和高渗透性的半透膜、操作压力必须高于溶液的渗透压（通常为 $\Delta\pi$ 的几倍甚至十倍）。

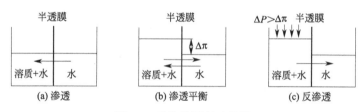

图 4-5 反渗透原理示意图

目前，反渗透处理方法已用于海水淡化、含重金属的废水处理及污水的深度处理等方面。应用反渗透法淡化海水一般需要 100kgf/cm^2 的压力，若用于处理一般污水，反渗透的操作压力为 $30\sim50\text{kgf/cm}^2$，可截留组分为 $(1\sim10)\times10^{-10}\text{m}$ 的小分子溶质，能有效截留所有溶解盐分及分子量大于 100 的有机物，同时允许水分子通过，是最精细的膜分离技术。制作半透膜的材料有乙酸纤维素、磺化聚苯醚等有机高分子物质。

反渗透处理工艺流程由预处理、膜分离及后处理三部分组成。预处理的目的是将能够对膜分离功能产生有害影响的各种因素加以消除或将其减少到最低的程度。当用于海水淡化时，通常采用的后处理方法有脱除二氧化碳、pH 值调整、消毒及活性炭过滤等。

③ **超滤** 超滤和反渗透相类似，也是依靠压力和膜进行工作。超滤膜的材料也是乙酸纤维素或聚砜酰胺等，但删去热处理工序，使制成的超滤膜的孔比较大。超滤膜孔径在 $0.001\sim0.02\mu\text{m}$ 之间，操作压力为 $0.1\sim0.5\text{MPa}$，通常截留分子量范围为 $1000\sim300000$ 道尔顿（Da）。在一定压力下，流经膜面的原料液中小于膜孔径的粒子（如水分子、无机盐离子等）透过膜形成渗透液，大于膜孔径的粒子则截留在膜表面并逐渐积累，在原料液中形成浓缩液，实现不同粒径分子的分离。实际过程中，大分子物质易附着在膜表面造成浓差极化，可采用错流过滤或增大膜面水流速的方法，及时冲走附着在膜面的物质。当前该技术在

膜生物反应器（MBR）、海水淡化预处理以及废水回用三个领域得到应用。

4.3.4　生物法

生物法就是利用微生物分解氧化有机物这一功能，并采取一定的人工措施，创造有利于微生物生长繁殖的环境，使微生物大量增殖，以提高其分解氧化有机物效率的一种废水处理方法。生物法主要用来处理污水中呈溶解和胶体状态的有机污染物。

废水可生化性是指废水中的污染物的分子结构能否在微生物作用下分解到环境允许的结构形式，以及是否有足够快的分解速度。可生化性的评价方法有 BOD_5/COD 值法、BOD_5/TOD 值法、耗氧速率法、脱氢酶活性法等，其中 BOD_5/COD 值法是广泛采用的一种最简易的方法。用 BOD_5/COD 值法评价污水的可生化性见表 4-3。

表 4-3　废水可生化性评价参考数据

BOD_5/COD	>0.45	0.3~0.45	0.2~0.3	<0.2
可生化性	好	较好	较难	不宜

生物处理工艺又可以根据参与作用的微生物种类和供氧情况分为两大类，即好氧生物处理及厌氧生物处理。一般废水中有机物浓度若低于 1000mg/L 时，比较适于用好氧生物处理；而高浓度的有机废水则采用厌氧生物处理。

4.3.4.1　好氧生物处理法

好氧生物处理法是在有氧条件下，借助于好氧菌和兼氧菌的作用来进行。在处理过程中，废水中的微生物把吸收的部分有机物氧化分解为简单的无机物，并释放出大量的能量，同时将另一部分有机物合成为新的细胞物质（原生质），于是微生物逐渐长大、分裂，产生更多的微生物，这一过程可用下述的生物化学方程式表示。

有机物的氧化：

$$C_xH_yO_z+O_2 \xrightarrow{酶} CO_2+H_2O+能量$$

原生质的合成：

$$C_xH_yO_z+NH_3+O_2+能量 \xrightarrow{酶} C_5H_7NO_2+CO_2+H_2O$$

当废水中营养物（主要为有机物）缺乏时，细菌则靠氧化体内的原生质来提供生命活动所需的能量（称内源呼吸），使微生物的数量减少，这一过程可表示如下。

原生质的氧化：

$$C_5H_7NO_2+O_2 \xrightarrow{酶} CO_2+H_2O+NH_3+能量$$

有机物的好氧分解过程如图 4-6 所示。

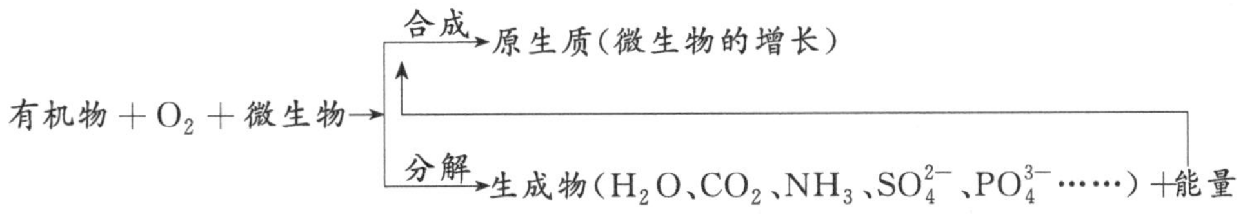

图 4-6　有机物的好氧分解过程

除少数难降解的物质外，几乎所有的有机物都能被相应的微生物氧化分解。依据好氧微生物在处理系统中所呈的状态不同，好氧生物处理法又可分为活性污泥法和生物膜法两大类。

（1）活性污泥法

如果将空气连续鼓入有机污水中，保持水中有足够的溶解氧，经过一段时间，水中就会产生一种以好氧菌为主的黄褐色絮凝体，其中含有大量的活性微生物，这种絮凝体就是活性污泥。活性污泥是以细菌、原生动物和后生动物所组成的活性微生物为主体，此外还有一些无机物、未被微生物分解的有机物和微生物自身代谢的残留物。活性污泥含水率高，达99.9％以上，相对密度接近1；活性污泥结构疏松，表面积巨大，一般为 $20\sim100cm^2/mL$，对有机污染物有着强烈的吸附凝聚和氧化分解能力；在条件合适时，活性污泥还具有良好的自身凝聚和氧化分解性能，大部分絮凝体在 $0.02\sim0.2mm$ 范围内。对于废水处理，这些特点都是十分有利的。

活性污泥法是以废水中的有机污染物为培养基，在有溶解氧的条件下，连续地培养活性污泥，再利用其吸附凝聚和氧化分解作用净化废水中的有机污染物。

普通活性污泥法处理系统（图 4-7）由以下几部分组成。

初沉池：用以除去废水中粗大的原生悬浮物。悬浮物少时可不设。

曝气池：在池中使废水中有机污染物与活性污泥充分接触，吸附和氧化分解有机污染物。

曝气系统：曝气系统供给曝气池生物反应所必需的氧气，并起混合搅拌作用。

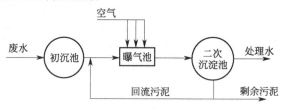

图 4-7　活性污泥法

二次沉淀池：二次沉淀池用以分离曝气池出水中的活性污泥。

污泥回收系统：把二次沉淀池中的一部分沉淀污泥再回流到曝气池，以供应曝气池赖以进行生化反应的微生物。

剩余污泥排放系统：曝气池内污泥不断增殖，增殖的污泥作为剩余污泥从剩余污泥排放系统排出。

影响活性污泥法处理效率的因素如下。

① **溶解氧**。一般情况下，曝气池出口处混合液中的溶解氧保持在 $2mg/L$ 左右就能使活性污泥具有良好的净化功能。如溶解氧浓度过低，影响活性污泥微生物正常的代谢活动，净化能力下降，并易滋生丝状菌，产生污泥膨胀现象；如溶解氧浓度过高，氧的传质效率降低，所需动力费用增加。

② **温度**。好氧生物处理的最适宜温度为 $15\sim30℃$。温度过高，气味明显；温度低于 $10℃$，降低 BOD 的去除速率。

③ **营养物质**。各种微生物体内含有的元素和需要的营养元素大体一致。细菌的化学组成为 $C_5H_7O_2N$，霉菌为 $C_{10}H_{17}O_6N$，原生动物为 $C_7H_{14}O_3N$，应按菌体的主要成分比例供给菌体培养的营养。

④ **pH 值**。活性污泥的最适宜 pH 值为 $6.5\sim8.5$。如 pH 值降至 4.5 以下，原生动物全部消失，真菌将占优势，易产生污泥膨胀现象；当 pH 值超过 9.0 时，微生物的代谢速率将受到影响。

⑤ **有毒物质**。主要毒物有重金属离子（如锌、铜、镍、铅、铬等）和一些非金属物（如氰化物、硫化物、卤化物、酚、醛、醇、染料、农药和抗生素等）。重金属离子易和细胞蛋白质结合，使之变性，或与酶的—SH 结合使其失活。酚、醛、醇等有机化合物能使活性污泥中生物蛋白质变性或使蛋白质脱水，损害细胞质而使微生物致死。实践证明，活性污泥

经过长期驯化能承受较高浓度的有毒物质，并能将其分解，甚至作为营养物质。

活性污泥法有多种池型及运行方式，常用的有普通活性污泥法、完全混合式表面曝气法、吸附再生法等。废水在曝气池内的停留时间一般为 $4 \sim 6h$，能去除废水中的有机物（BOD_5）90％左右。活性污泥法是当前使用最广泛的一种生物处理法。

（2）生物膜法

生物膜是生长在固定介质表面上的，由好氧微生物及其吸附、截留的有机物和无机物所组成的黏膜。生物膜法就是使废水流过生物膜，借助于生物膜中微生物的作用，在有氧条件下氧化废水中的有机物质。生物膜法又称为生物过滤法。

生物膜是生物处理的基础，必须有足够的数量。生物膜厚度介于 $2 \sim 3mm$ 时较为理想。生物膜太厚，会影响通风，甚至堵塞，生成厌氧层，使处理水质下降，而且厌氧代谢产物会恶化环境卫生。

生物膜呈蓬松的絮状结构，微孔多，表面积大，具有很强的吸附能力，其结构剖面如图 4-8 所示。由于生物作用，生物膜表面附着水层内的有机物大多已被氧化，废水中的有机物在浓度差的作用下转移到附着水层内，进而被生物膜吸附。同时，空气中的氧在溶入废水后，进入生物膜。在此条件下，微生物对有机物进行氧化分解和同化合成，产生的 CO_2 和其他代谢产物一部分深入附着水层，一部分析出到空气中去，如此循环往复，使废水中的有机物不断减少，从而得到净化。

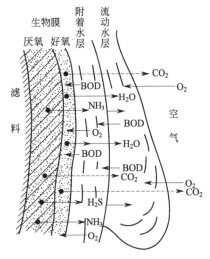

图 4-8　生物膜结构剖面

在向生物膜细菌供氧的过程中，由于存在气液膜阻力，速率很慢。随着生物膜厚度的增大，废水中的氧将迅速被表层的生物膜所耗尽，致使其深层因氧量不足而发生厌氧分解，生成 H_2S、NH_3、有机物等代谢产物。当供氧充分时，厌氧层的厚度是有限的，此时产生的有机酸能被异养菌及时地氧化成 CO_2 和 H_2O，而 NH_3、H_2S 被自养菌氧化成 NO_2^-、NO_3^- 和 SO_4^{2-} 等，仍然维持生物膜的活性。若供氧不足，从总体上讲，厌氧菌将起主导作用，不仅丧失好氧生物分解的功能，而且使生物膜发生非正常的脱落。

生物膜法的主要特点：对废水水质、水量的变化有较强的适应性；管理比较方便；由于微生物固着于固体表面，即使增殖速率慢的微生物也能生存，构成比较稳定的生态系统；高营养级的微生物越多，污泥量自然就越少。

生物膜法采用的处理构筑物有生物滤池、生物转盘、生物接触氧化池及生物流化床等。

4.3.4.2　厌氧生物处理法

在无氧条件下，依赖兼性厌氧菌和专性厌氧菌等多种微生物共同作用，对有机物进行生化降解生成 CH_4 和 CO_2 的过程称为厌氧生物处理法，又称厌氧消化。

厌氧生物处理是一个复杂的生物化学过程，有机物的分解转化主要依靠水解产酸细菌、产氢产乙酸细菌和产甲烷细菌的协同作用完成，整个过程分为三个连续的阶段（图 4-9）。

第一阶段，水解和发酵。复杂有机物在微生物（发酵细菌）作用下进行水解和发酵，多糖先水解为单糖，再通过酵解途径进一步发酵成乙醇和脂肪酸等。蛋白质则先水解为氨基酸，再脱氨基产生脂肪酸和氨。

第二阶段，产氢、产乙酸（即酸化阶段）。在产氢产乙酸菌的作用下，将乙醇和脂肪酸

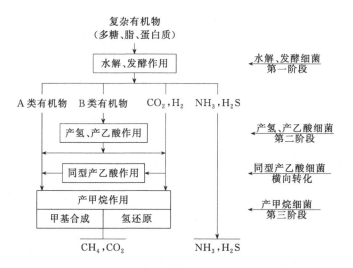

图 4-9 有机厌氧消化的 3 个阶段

[A 类有机物主要为乙酸，其次为甲酸、甲醇、甲胺；

B 类有机物 A 以外的其他简单有机物（主要为丙酸、丁酸等）]

等水溶性小分子转化为乙酸、H_2 和 CO_2。

第三阶段，产甲烷阶段。甲烷细菌把甲酸、乙酸、甲胺、甲醇和（$H_2 + CO_2$）等基质转化为甲烷。此过程由两组不同的产甲烷菌完成，一组把氢和二氧化碳转化成甲烷，另一组由乙酸或乙酸盐脱羧产生甲烷，前者约占总量的 1/3，后者约占总量的 2/3，反应式为：

$$4H_2 + CO_2 \xrightarrow{\text{产甲烷菌}} CH_4 + 2H_2O$$

$$CH_3COOH \xrightarrow{\text{产甲烷菌}} CH_4 + CO_2$$

$$CH_3COONH_4 + H_2O \xrightarrow{\text{产甲烷菌}} CH_4 + NH_4HCO_3$$

上述三个阶段在厌氧反应器中同时进行并呈某种程度的动态平衡，这种动态平衡一旦被 pH 值、温度、有机负荷等外加因素破坏，则首先使产甲烷阶段受到抑制，其结果会导致低级脂肪酸的积存和厌氧进程的异常变化，甚至导致整个厌氧消化过程的停滞。

影响厌氧生物处理的主要因素有温度、pH 值、负荷、碳氮比、有毒物质等。

① **温度** 厌氧消化可分为低温消化（5～15℃）、中温消化（30～35℃）和高温消化（50～55℃）。高温消化比中温消化时间短，产气率高，对寄生虫卵的杀灭率可达 90%，但耗热量大，管理复杂。

② **pH 值** 甲烷细菌生长最适宜的 pH 值范围为 6.8～7.2，若 pH 值低于 6 或高于 8，正常的消化就会难以进行。

③ **负荷** 在通常情况下，常规厌氧消化中温高浓度废水的有机负荷为 2～3kg COD/（$m^3 \cdot d$），在高温下为 4～6kg COD/（$m^3 \cdot d$）。

④ **碳氮比（C/N）** 碳氮比过高，组成细菌的氮量不足，消化液的缓冲能力较低，pH 值易下降；而碳氮比太低，则氮量过高，pH 值可能升至 8.0 以上，脂肪酸铵盐的积累对甲烷菌产生毒害作用。研究表明，碳氮比为（10～20）∶1 时消化效果较好。

⑤ **有毒物质** 重金属离子、硫化物、氨氮、氰化物以及某些人工合成有机物等有毒物质会影响消化的正常进行。有毒物质的最高允许浓度与处理系统的运行方式、污泥驯化程度、废水特性、操作条件等因素有关。

　　厌氧生物处理法已有百年悠久历史，与好氧法相比，存在处理时间长、对低浓度有机污水处理效率低等缺点，发展缓慢，过去厌氧法常用于处理污泥及高浓度有机废水。世界性能源紧张促使污水处理向节能和实现能源化方向发展，而厌氧生物处理法的最终产物是以甲烷为主的可燃性气体，操作费用远低于好氧生物处理法，污泥产生量少且易于浓缩脱水作为肥料使用，因此厌氧生物处理法又重新得到了重视。一大批高效新型厌氧生物反应器相继出现，包括厌氧生物滤池、升流式厌氧污泥床、厌氧流化床等，它们的共同特点是反应器中生物固体浓度很高，污泥龄很长，处理能力大大提高，从而使厌氧生物处理法所具有的能耗小并可回收能源，剩余污泥量少，生成的污泥稳定、易处理，对高浓度有机污水处理效率高等优点得到充分体现。厌氧生物处理法经过多年发展，现已成为污水处理的主要方法之一。目前，厌氧生物处理法不但可以处理高浓度和中等浓度的有机污水，而且可以处理低浓度有机污水。

4.3.4.3　好氧与厌氧组合工艺

　　在活性污泥法中，氮、磷的去除率低，一些化工废水（如焦化废水）还含有难降解的多环和杂环类化合物，单纯的厌氧和好氧生物处理不能使出水的 COD 达标，采用好氧与厌氧相组合的工艺能实现碳、氮和磷的同时高效治理。

　　生物除氮的原理是通过细菌的生化作用，将污水中的氨氮经硝化及反硝化脱氮过程，使氨氮转化为氮气从水体中去除。硝化反应是在有氧环境中，由好氧自养型细菌完成：

　　第一步，亚硝化细菌将氨氮氧化为亚硝酸盐：

$$55NH_4^+ + 76O_2 + 109HCO_3^- \xrightarrow{\text{亚硝酸菌}} C_5H_7O_2N + 54NO_2^- + 57H_2O + 104H_2CO_3$$

　　第二步，硝化细菌将亚硝酸盐氧化为硝酸盐：

$$400NO_2^- + NH_4^+ + 4H_2CO_3 + HCO_3^- + 195O_2 \xrightarrow{\text{硝酸菌}} C_5H_7O_2N + 3H_2O + 400NO_3^-$$

　　反硝化反应是在缺氧条件下，由异氧型细菌利用硝酸盐和亚硝酸盐中的氧作为电子受体、有机物作为电子供体，将硝酸盐和亚硝酸盐还原成氮气而从水体逸出，同时将污水中的部分有机物氧化为 CO_2 和 H_2O。其主要反应：

$$5C(\text{有机}) + 4NO_3^- + 2H_2O \xrightarrow{\text{反硝化菌}} 2N_2 + 5CO_2 + 4OH^-$$

$$3C(\text{有机}) + 4NO_2^- + 2H_2O \xrightarrow{\text{反硝化菌}} 2N_2 + 3CO_2 + 4OH^-$$

　　生物除磷的原理是在厌氧/好氧交替运行的条件下，利用聚磷菌（PAO）完成除磷。聚磷菌分为好氧聚磷菌（APB）和反硝化聚磷菌（DPB），APB 以 O_2 为电子受体在好氧条件下完成吸磷，DPB 以 NO_3^- 为电子受体在缺氧条件下完成吸磷，并通过厌氧/缺氧交替运行环境富集。除磷过程包括厌氧释磷和好氧吸磷。厌氧释磷：HAc 等低分子脂肪酸被聚磷菌快速吸收，同时细胞内的多聚磷酸盐被水解并以无机磷酸盐的形式释放出来；利用上述过程产生的能量和糖原酵解还原产物 $NADH_2$，聚磷菌合成大量的聚 β-羟基丁酸（PHB），储存在胞体内。好氧吸磷：APB 在好氧条件下以 O_2 作电子受体，利用碳源和胞内储存的 PHB 为能源进行呼吸，吸收在数量上远远超过其生理需要的溶解态的正磷酸盐，在胞内合成并积累高能聚磷酸盐，形成高磷污泥；DPB 在缺氧条件下可利用硝酸盐中的氧进行呼吸，将硝酸盐还原为 N_2 或 N_2O，具有脱氮功能，同时进行吸磷，既可提高碳源利用效率，又可减小曝气量消耗，还使产生的剩余污泥量小。

　　目前好氧与厌氧组合工艺有缺氧/好氧（A/O）、厌氧-缺氧/好氧（A^2/O）、缺氧/好氧-好氧（A/O^2）、初曝-二段生化脱氮（O/A/O）、厌氧-生物反硝化--级好氧-生物硝化（A/

A/O/O）等。本章简单介绍比较成熟的缺氧/好氧（A/O）和厌氧-缺氧/好氧（A²/O）工艺。

（1）缺氧/好氧（A/O）工艺

A/O 的工艺流程如图 4-10 所示。原水首先进入缺氧池，缺氧池有机物丰富、碳源充足，有机物为微生物提供能量，反硝化菌利用碳源将好氧池回流至此的硝态氮还原为 N₂ 从废水中去除。在好氧池中，有机物逐渐降解，亚硝酸菌（nitrosomonas）和硝酸菌（nitrobacters）的强化互助作用促成硝化反应，将无机氨氧化为亚硝酸盐和硝酸盐。

硝化反应需要好氧条件和污泥龄较长的亚硝酸菌和硝酸菌；反硝化需要缺氧条件和污泥龄较短的反硝化菌，反硝化菌需要有机碳源作为电子供体完成脱氮过程，O₂ 的存在对反硝化过程有抑制作用。缺氧池布置在前面，先发生反硝化反应，避免废水中存在大量的溶解氧，消除氧对反硝化的负面影响，同时水中的碳源充足，有利于反硝化反应的进行；如果好氧池在前，则首先发生硝化反应，同时有机物好氧降解，则反硝化时需要外加碳源才能进行，而且水体中存在的溶解氧也不利于反硝化进行。因此，合理的布置是缺氧池在好氧池前面。

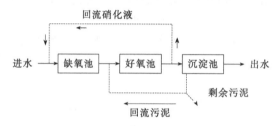

图 4-10　A/O 的工艺流程

A/O 法的主要特点是好氧反应器回流混合液到缺氧反应器，反硝化时不需要外加碳源，易于控制污泥膨胀，流程简单，工艺成熟，BOD₅ 的去除率高，氮的去除率也较高，但除磷效率低，水力停留时间长，耐冲击负荷力差。

（2）厌氧-缺氧/好氧（A²/O）工艺

在 A/O 工艺的基础上发展出了 A²/O 工艺，A²/O 的工艺流程见图 4-11，依次为厌氧池、缺氧池和好氧池。厌氧池的主要作用是使回流至此的污泥在厌氧条件下进行释磷，同时，一部分 NH₄⁺-N 因微生物的同化作用得以去除；缺氧池的主要功能是脱氮，反硝化菌利用有机物碳源，将回流硝化液带入的大量 NO₃⁻-N 及 NO₂⁻-N 还原为 N₂，氮从水中脱离，另外，在反硝化聚磷菌的作用下，磷浓度有所下降；好氧池的作用是使污水中有机物在异养菌的作用下进一步分解，同时有机氮被氨化菌转化为氨态氮，进而被硝化细菌转化为 NO₃⁻-N，NH₄⁺-N 浓度显著降低，NO₃⁻-N 浓度迅速增加，磷浓度因聚磷菌在好氧条件下的超量摄取，迅速下降。

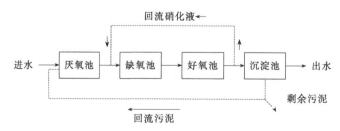

图 4-11　A²/O 的工艺流程

A^2/O 工艺的特点：①工艺流程简单，总的水力停留时间较短；②具有厌氧、缺氧、好氧三种不同的环境条件，并且存在不同功能的微生物菌群，可使有机物和脱氮、除磷在系统运行过程中同步去除；③A^2/O 工艺在厌氧-缺氧-好氧交替的条件下运行，好氧丝状菌无法大量繁殖，系统不易发生污泥膨胀，污泥沉降性好；④剩余污泥含磷浓度一般较高，通常在2.5％以上，可作磷肥回收利用。

4.3.4.4　厌氧氨氧化工艺

厌氧氨氧化（anammox）是指在厌氧条件下，厌氧氨氧化细菌催化硝酸盐或亚硝酸盐氧化氨氮成氮气的过程。其反应式为：

$$NH_4^+ + NO_2^- \longrightarrow N_2 + 2H_2O$$
$$5NH_4^+ + 3NO_3^- \longrightarrow 4N_2 + 9H_2O + 2H^+$$

反应中，氨为电子供体，以硝酸盐或亚硝酸盐为电子受体，这比全程硝化（氨氧化为硝酸盐）可以节省 60％以上的供氧量。厌氧氨氧化涉及的是自氧菌，不像传统生物脱氮工艺那样需要外加碳源。同时由于厌氧氨氧化菌细胞产率远低于反硝化菌，厌氧氨氧化过程的污泥产量只有传统生物脱氮工艺中污泥产量的 15％左右。

厌氧氨氧化工艺分为分体式和一体式两种。分体式一般采用两级系统，如短程硝化-厌氧氨氧化工艺，在两个反应器中分别实现部分硝化和厌氧氨氧化，分别为两类细菌提供合理的生存环境。一体式工艺采用一级系统，成本低，占地面积小，运行简单且能避免亚硝酸盐的抑制作用。

厌氧氨氧化工艺运行条件较为苛刻，目前主要应用于高氨氮废水的处理，低氨氮废水难以形成亚硝酸盐积累、厌氧氨氧化细菌难以富集、冬季低温等问题制约了其在低氨氮废水处理方面的应用。

4.3.4.5　膜生物反应器

膜生物反应器（membrane bioreactor，MBR）为膜分离技术与传统生物处理技术有机结合的一种新型污水处理技术。MBR 工艺主要利用膜分离设备截留水中的活性污泥与大分子有机物，以膜组件取代传统生物处理技术中的二沉池，在生物反应器中保持高活性污泥浓度，提高生物处理过程的有机负荷，从而减少污水处理设施的占地面积，并通过保持低污泥负荷的原理减少剩余污泥产生量。膜生物反应器主要有三种类型，分别为分离式膜生物反应器、无泡曝气膜生物反应器及萃取式膜生物反应器。

与传统生物水处理法相比，MBR 有以下几个比较明显的优点：

① 可以有效截留污水中的微生物，实现污泥龄和水力停留时间的分离。通过调整污泥龄的大小，使生长周期较长的微生物如硝化细菌及反硝化细菌也可以成为优势菌种，提高脱氮效率。

② 固液分离效率高，出水效果好，受进水水质影响小。由于膜的高效截留作用，反应器中较大的颗粒、大分子的有机物、细菌等均被截留在膜的进水侧，不需考虑污泥膨胀。

③ 污泥浓度高，剩余污泥产量小，大幅降低后续处理费用。

④ 反应器结构紧凑，设备集中，占地面积小，易实现一体化自动控制，操作管理方便。

膜生物反应器在日本、英国、法国、美国等发达国家应用较多，通常用于生活污水处理系统的中水回用工序、给水处理过程中的脱氮工序、含油废水和有毒工业废水的处理等。

MBR 存在投资大、能耗高、膜污染严重、氧利用率低、化学清洗废液会造成二次污染等缺点。可通过改良膜材料和组件、优化运行方式、改善曝气方式等手段来改进 MBR 工艺，提高市场竞争力。

4.3.5 污水处理流程

污水中的污染物是多种多样的，不能预期只用一种方法就能够把污水中所有污染物质去除殆尽，一种污水往往需要通过几种方法组成的处理系统，才能达到处理要求的程度。按污水的处理程度划分，污水处理可分为一级、二级和三级（深度）处理。

一级处理主要是去除污水中呈悬浮状的固体污染物质，物理处理法中的大部分用作一级处理。经一级处理后的污水，悬浮物质去除率可达 70%～80%，但 BOD 只能去除 25%～40% 左右，仍不宜排放，还必须进行二级处理，因此对二级处理来说，一级处理又属于预处理。

二级处理的主要任务是大幅度地去除污水中呈胶体和溶解状态的有机污染物质（即BOD 物质），去除率（BOD）可达 80%～90%，处理后水中的 BOD_5 含量可降至 20～30mg/L，悬浮物质去除率可达 90%～95%。生物法和某些物理化学方法只要运行正常都能达到这种要求。一般地说，经二级处理后污水能达到排放标准。

三级处理又称深度处理，其目的是进一步去除废水中经二级处理后仍未能去除的污染物，主要是微生物不能降解的有机污染物和氮、磷等无机盐类，BOD_5 含量可降至 5.0mg/L。深度处理往往是以污水回收、再次复用为目的。完善的三级处理由除磷、除氮、除有机物（主要是难以生物降解的有机物）、除病毒和病原菌、除悬浮物和除矿物质等单元过程组成。污水复用的范围很广，从工业上的复用到充作饮用水，对复用水质的要求也不尽相同，一般根据水的复用用途而组合三级处理工艺。如果为防止受纳水体富营养化，则采用除磷和除氮的三级处理；如果为保护下游饮用水源或浴场不受污染，则应采用除磷、除氮、除毒物、除病菌和除病原菌等三级处理；如果直接作为城市饮用水以外的生活用水，其出水水质要求接近于饮用水标准，常用的有生物脱氮法、混凝沉淀法、活性炭过滤、离子交换、反渗透和电渗析等。三级处理投资大，管理费用高，还没有达到普及运用，但随着废水排放标准的提高，三级处理在废水处理中的比重在逐渐增加。

污水处理流程的组合一般应遵循先易后难、先简后繁的规律，即首先去除大块垃圾及漂浮物质，然后再依次去除悬浮固体、胶体物质、溶解性物质。亦即，首先使用物理法，然后再使用化学法和生物法。

对于某种污水，采取由哪几种处理方法组成的处理系统，要根据污水的水质、水量，回收其中有用物质的可能性和经济性，排放水体的具体规定，并通过调查、研究和经济比较后决定，必要时还应当进行一定的科学试验。调查研究和科学试验是确定处理流程的重要途径。

以下通过几个实例简要介绍污水处理的工艺流程。

（1）焦化污水处理

焦化废水是煤在高温干馏、煤气净化以及副产品回收和精制过程中产生的一类典型工业废水，除含有大量氮化物、氰化物、硫氰化物、氟化物等无机污染物外，还有高浓度的酚类、吡啶、喹啉、多环芳烃等有机污染物，是一种典型的高浓度、高污染、有毒、难降解的工业废水。

焦化废水的处理流程包括预处理、生物处理和深度处理。预处理通常采用气浮法或隔油处理，以去除焦油等污染物，避免对生化系统中微生物的抑制和毒害，当焦化废水中的氨氮含量较高时，一般增设蒸氨塔来实现氨氮的削减和回收利用；生物处理一般作为二级处理单元，以普通活性污泥法为主，以碳和氮循环为核心的生物处理技术对焦化废水中的所有污染物都具有较高的去除效率，国内焦化企业一般采用 A/O 工艺，也有的采用 A²/O 工艺；深度处理是对生物处理出水的进一步处理，包括混凝、吸附、氧化等，以解决生物出水中残留的 COD 和氨氮等污染物的问题。图 4-12 为国内某焦化企业焦化废水处理的流程，包括重力分离、气浮、生物处理、混凝沉淀和过滤等操作单元。

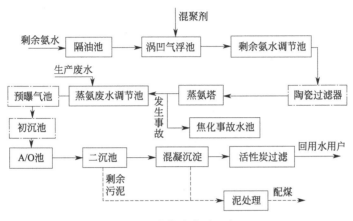

图 4-12　焦化废水处理流程

(2) 精对苯二甲酸废水

精对苯二甲酸（PTA）是一种重要的化工中间体，用于聚酯纤维、增塑剂、农药和染料等的生产。PTA 废水主要由对苯二甲酸、对二甲苯、乙酸、4-羧基苯甲醛、催化剂及其他杂质等组成，COD 含量高、pH 值低、杂质多、水质环境恶劣，COD 一般在 5000～8000mg/L 之间。图 4-13 为某石化企业 PTA 废水治理的流程，包括酸沉、厌氧生物处理、好氧生物处理、沉淀、气浮等废水处理单元。

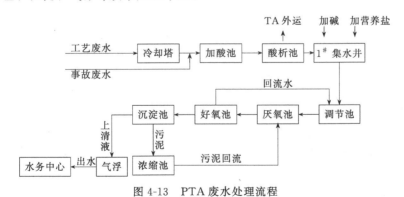

图 4-13　PTA 废水处理流程

当 pH 值大于 5 时，对苯二甲酸完全溶于废水中，用酸调节废水的 pH 值至 2～4，对苯二甲酸从废水中大量沉淀析出（对苯二甲酸去除率可达 70%～99%），降低后续处理负荷；再加碱、加营养盐后进入调节池调节酸碱度等水质指标；因废水中有机物浓度高，采用厌氧-好氧（A/O）生物处理工艺，分解、氧化有机溶解物或部分悬浮物，大幅降低 COD 值，由于包括厌氧及好氧两级处理，身兼二者之长，净化效率高且稳定，几乎不产生剩余污泥，抗冲击能力较强；最后经气浮处理，进一步去除沉淀处理单元未能去除的细微颗粒和胶体颗粒，降低浊度，提高出水水质。

(3) 含砷废水处理

含砷废水主要来自有色金属的采、选、冶及砷化工加工行业。共沉淀法是应用广泛的除砷方法，因砷能够与许多离子（如钙、铁、镁、铝、硫化物等）形成难溶化合物，采用絮凝剂铝盐（如硫酸铝、聚合硫酸铝等）和铁盐（如三氯化铁、硫酸铁、硫酸亚铁、聚合硫酸铁等）与难溶砷化合物混凝共沉淀，就能高效率地脱除砷污染，铁盐的除砷效果优于铝盐。

砷酸盐比亚砷酸盐的溶解度低很多，As^{3+} 的毒性远高于 As^{5+}，所以需将砷由三价氧化为五价。

石灰+铁盐法工艺简单，投加药剂种类少，操作方便，除砷效率可达 99% 以上，在工业生产中应用最广泛，其脱砷机理简述如下。

先用石灰调节废水的 pH 值至 8～9，发生中和反应：

$$Ca(OH)_2 + H_2SO_4 \longrightarrow CaSO_4 + 2H_2O$$
$$Ca(OH)_2 + H_2SO_3 \longrightarrow CaSO_3 + 2H_2O$$

再通过充分曝气氧化，将大部分 Fe^{2+} 氧化为 Fe^{3+}，大部分的 As^{3+} 转变成 As^{5+}：

$$2Fe^{2+} + 0.5O_2 + 2H^+ \longrightarrow 2Fe^{3+} + H_2O$$
$$AsO_3^{3-} + 0.5O_2 \longrightarrow AsO_4^{3-}$$

主要脱砷反应：

$$3Ca(OH)_2 + 2AsO_4^{3-} \longrightarrow Ca_3(AsO_4)_2 \downarrow + 6OH^-$$
$$3Ca(OH)_2 + 2Fe^{3+} \longrightarrow 2Fe(OH)_3 \downarrow + 3Ca^{2+}$$
$$AsO_3^{3-} + Fe(OH)_3 \longrightarrow FeAsO_3 \downarrow + 3OH^-$$
$$AsO_4^{3-} + Fe(OH)_3 \longrightarrow FeAsO_4 \downarrow + 3OH^-$$

$Fe(OH)_3$ 与砷酸钙反应，转化为稳定性强、溶解度小、浸出率低和增容比小的 $FeAsO_4$：

$$Ca_3(AsO_4)_2 + 2Fe(OH)_3 \longrightarrow 2FeAsO_4 + 3Ca(OH)_2$$

$Fe(OH)_3$ 胶体对难沉降的细小 $FeAsO_3$、$Ca_3(AsO_4)_2$ 等颗粒有吸附、凝聚、网捕作用，形成绒状凝胶下沉，从而达到除砷的目的。最终出水砷含量可达到国家排放标准（<0.5mg/L），该法除砷是沉淀、沉淀转化、氧化还原、吸附共沉淀和酸碱中和五种反应共同作用的结果。

(4) 石油炼制废水的处理

石油炼制企业在原油蒸馏、重质油裂化蒸馏以及一些馏分精制的生产过程中会产生大量废水，炼油废水组分复杂，以烃及其衍生物为主的有机物多，还有氨氮、油脂、硫化物、酚类等，COD 含量很高，难降解物质多，还包含多种重金属，环境危害大，因此必须对炼油废水进行高效处理，实现石油炼制企业的可持续发展。

某原油炼制企业污水处理系统工艺流程见图 4-14。沉降除油罐、斜板隔油池、两级气浮处理单元主要是用来去除污水中的油类物质（包括非溶解油、乳化油、溶解油等）。生化单元包括一级（厌氧）水解酸化罐、CASS 反应池、二级水解酸化池、曝气生物滤池。一级水解酸化罐控制厌氧条件，通过水解酸化作用将难降解 COD 转化成为小分子易降解 COD，同时将有机氮转化为氨氮；CASS 反应池（CASS 是周期循环活性污泥法的简称，集成了曝气、沉淀、排水等过程，泥水分离效果好，不易膨胀，剩余污泥产量低，该工艺对有机物和氨氮脱除能力强，也具有一定的反硝化脱氮能力）用来去除污水中的 COD 和氨氮污染物，同时实现泥水分离；

二级水解酸化池用于改善 CASS 出水残留 COD 的生化性能；BAF 池（曝气生物滤池）通过填料和生物膜的截留和吸附作用，进一步去除污水中的有机污染物和氨氮以及一部分悬浮物。

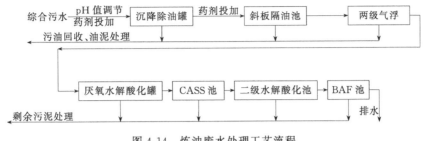

图 4-14　炼油废水处理工艺流程

4.3.6　污泥处理、利用与处置

污泥处理是废水处理过程中所产生的另一个问题，废水处理程度越高，污泥产生量就越大。污泥有的是从污水中直接分离出来的，如沉砂池中的沉渣、初沉池中的沉淀物、隔油池和浮选池中的沉渣等；有的是在处理过程中产生的，如化学沉淀污泥与生物化学法产生的活性污泥或生物膜。一座二级污水处理厂产生的污泥量约占处理水量的 0.3%～5%（含水率以 97% 计），如进行深度处理，污泥量还可增加 0.5～1.0 倍。

在污泥中，以无机物为主的沉渣颗粒密度均较大，流动性较差，含水率低，易于脱水分离，化学稳定性高，不会腐烂发臭；以有机污泥为主的污泥集中了废水中的大部分污染物，成分非常复杂，不仅含有很多有毒物质，如病原微生物、寄生虫卵及重金属离子等，而且可能含有可利用的物质如植物营养素、氮、磷、钾、有机物等，这些污泥若不加以妥善处理，就会造成二次污染。

所以污染物在排入环境前必须进行处理，使有毒物质得到及时处理，有用物质得到充分利用。一般污泥处理的费用约占全污水处理厂运行费用的 20%～50%。所以对污泥的处理必须予以充分的重视。

污泥处理的一般流程如图 4-15 所示。

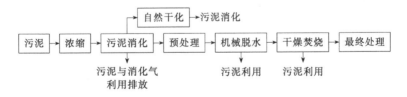

图 4-15　污泥处理的一般流程

(1) 污泥浓缩

从二次沉淀池排出的剩余污泥含水率高达 99%～99.5%，污泥体积大，堆放及输送都不方便，所以污泥首先需进行浓缩处理，经浓缩处理后可使含水率降至 96%，体积缩小为原污泥体积的 1/4。

污泥浓缩的方法主要有重力浓缩法和气浮浓缩法两种。

重力浓缩法是利用污泥颗粒的重力沉降作用而将其分离的方法。重力浓缩法适用于密度较大的污泥，如初次沉淀池污泥、腐殖污泥与厌氧消化污泥。该法操作简便，运行管理费用低，但占地面积较大，基建费用较高。

气浮浓缩法是通过微小气泡将污泥颗粒上浮至水面，采用刮渣设备去除污泥。气浮浓缩法常用加压溶气气浮法来处理相对密度接近 1 的污泥，如好氧消化污泥、接触稳定污泥、未进行初次沉淀的延时污泥等。

（2）污泥消化

在人工控制下通过微生物的代谢作用使污泥中的有机物趋于稳定，称为污泥消化。污泥消化又分为厌氧消化和好氧消化。

① **污泥的厌氧消化**　将污泥置于密闭的消化池中，利用厌氧微生物的作用使有机物分解稳定。经过厌氧消化，40%～50%的有机物被分解，大部分病原微生物和寄生虫卵被杀灭。当沼气池温度为 30～35℃ 时，正常情况下每立方米污泥可产生沼气 10～15m³，其中甲烷含量大约为 50%。沼气可用作燃料和化工原料。

② **污泥的好氧消化**　利用好氧和兼氧菌，在污泥处理系统中曝气供氧，微生物分解生物可降解的有机物（污泥）及细胞原生质，并从中获得能量。

近年来人们通过实践发现污泥厌氧消化工艺的运行管理要求高，比较复杂，而且处理构筑物要求密闭、容积大、数量多而且复杂，所以认为污泥厌氧消化法适用于大型污水处理厂污泥量大、回收沼气量多的情况。污泥好氧消化法设备简单、运行管理比较方便，但运行能耗及费用较大，适用于小型污水处理厂污泥量不大、回收沼气量少的场合。当污泥受到工业废水影响，进行厌氧消化有困难时，也可采用好氧消化法。

（3）污泥干化和脱水

经浓缩消化处理后的污泥含水量仍然很大，需要进一步处理，降低其含水率。污泥脱水有自然蒸发和机械脱水两种，自然蒸发称为污泥干化，机械脱水称为污泥脱水。

污泥干化（或称晒泥）是借助于渗透、蒸发与人工撇除等过程而脱水的。通过污泥干化一般含水率可降至 65%～85% 左右，使污泥体积缩小许多倍。

污泥机械脱水是以过滤介质（一种多孔性物质）两面的压力差作为推动力，污泥中的水分被强制通过过滤介质（称滤液），固体颗粒被截留在介质上（称滤饼），从而达到脱水的目的。常采用的脱水机械有真空过滤脱水机（真空转鼓、真空吸滤）、压滤脱水机（板框压滤机、滚压带式过滤机）、离心脱水机等。一般采用机械脱水，污泥的含水率可降至 70%～80%。

（4）污泥的最终处置

目前国际上发达国家污泥的最终处置是 8.6%投海、11.7%焚烧、36.3%填埋、43.3%农用。

剩余污泥中含有丰富的有机物和氮（2.858%）、磷（1.61%）、钾（1.22%）及植物生长所必需的各种微量元素，可用作农田肥料，改良土壤。

当污泥中含有有毒物质不宜用作肥料时，应采用焚烧法将污泥烧成灰烬，做彻底的无害化处理。污泥焚烧灰与石灰或石灰石混合可烧制灰渣水泥，污泥灰或污泥与适量的黏土或硅砂混合可制砖，污泥灰还可用作筑路材料。

本 章 小 结

本章在熟悉水体的污染与自净、水污染指标、水体中污染物质的来源和危害以及在水中的转化规律等基础知识的前提下，使学生掌握污水处理的物理、化学、物理化学、生物方法的基本原理，并通过多个实例讲述污水治理流程组合的原则，培养学生根据污水性质和治理目标综合运用各种处理方法设计污水治理工艺的能力。

第5章
固体废物的处理和利用

本章学习要点

☑ **重点**：固体废物概念及分类；固体废物治理处置；固体废物资源化利用。
☑ **要求**：了解固体废物来源及其危害，掌握固体废物处理处置以及资源化回收利用技术。

5.1 概述

5.1.1 固体废物的定义

《中华人民共和国固体废物污染环境防治法》规定：固体废物是指生产建设、日常生活和其他活动中产生的污染环境的固态、半固态废弃物质。其中包括从废气中分离出来的固体颗粒、垃圾、炉渣、废品、破损器皿、残次品、动物尸体、变质食品、污泥、人兽粪便等。

"废物"具有相对性，具有鲜明的时空特征。某一个过程的废弃物，可能成为另一个过程的原料；在一段时间被认为无用的废物，在另一段时间里又可能成为有用的资源。所以废物也有"放在错误地点的原料"之称。

5.1.2 固体废物的现状

随着经济的持续发展和人民生活水平的不断提高，固体废物排出量也与日俱增。

工业生产过程中产生大量尾矿、燃料废渣、冶炼废渣、建筑垃圾、水处理污泥及工业粉尘等固体废渣，且排放量正以每年约12亿吨的速度递增。随着经济发展与工业化水平的提高，我国工业固体废物的产量也呈现出迅速增加的态势，2005～2015年，我国工业固体废渣产生量年平均增长率为9.8%，"十二五"以来年产生量超过30亿吨，2015年产生量达到32.71亿吨（含工业危险废物产生量3976.11万吨）。我国单位工业增加值的工业固体废物产生强度为1.4t/万元，人均产生量和总量分别是日本的3倍和30倍，且产生强度与地区经济发达程度成反比。例如，东部地区工业固体废物产生强度约是全国平均水平的1/2，而西部地区的产生强度约是全国平均水平的1.5倍，是东部地区的3倍。

表5-1为我国工业固体废物排出量的增长趋势。

表 5-1 我国工业固体废物排出量的增长趋势

年份	1985	1990	1995	2000	2005	2015
工业固体废物排出量/亿吨	4.6	5.8	6.18	8.2	13.6	32.71

我国工业固体废物的产生具有明显的集中特征。一是产生类别集中，尾矿、煤矸石、粉煤灰、冶炼渣、炉渣、脱硫石膏六大类占一般工业固体废物总量的83.7%；二是产生源行业集中，钢铁、煤炭、有色金属对工业固体废物的总贡献率超过70%；三是产生量集中于资源禀赋较高的区域，2014年一般工业固体废物产生量排名前10位的城市中有9个属于资源型城市。

但是，每年新产生的固体废物中有40%～50%不能被综合利用。工业固体废物综合利用不足在一定程度上影响我国经济社会的健康发展。原国土资源部调查数据显示，2015年，全国尾矿、废石等工业固体废物累计堆存总量约为6×10^{10}t；而据行业协会和相关专家估算，累计堆存量可能高达7×10^{10}～8×10^{10}t，总占地面积为2.5×10^6～3×10^6hm²。近年来，工业固体废物堆存处置成本不断攀升，已占到企业运行总成本的8%～40%。

随着城镇化的发展和人民生活水平的提高，城市生活垃圾的产生量迅速增加。如2014年，美国城市生活垃圾产生量为2.34亿吨，人均日产生量为2.01kg。我国城市垃圾的产出量近几年也增长较快，1990年为7000多万吨，2002年增至1.6亿吨，2010年达到2.51亿吨，据原环保部发布的《2016年全国大、中城市固体废物污染环境防治年报》，2015年，全国246个大、中型城市全年产生的生活垃圾量就达1.8564亿吨，我国生活垃圾处理和污染防治任务十分艰巨。近几年来，由于各级政府的高度重视，无害化处理工作也取得了长足发展，处理率逐年提高。2005年，我国的生活垃圾无害化处理率只有约35%，2008年无害化处理率达到66.03%，2017年无害化处理率由2015年的94.1%提高到97.14%，处理能力达到63.8万吨/日。

5.1.3 固体废物的来源与分类

固体废物主要来源于人类的生产和消费活动。人类在资源开发和产品制造过程中必然有废物产生，任何产品经过使用和消费后都会变成废物。表5-2列出了从各类发生源产生的主要固体废物。

固体废物有多种分类方法，可以根据其性质、状态和来源进行分类。如按其化学性质可分为有机废物和无机废物；按其对人类和环境危害的程度可分为有害废物和一般废物。但较多的是按来源分类，欧美许多国家按来源将其分为工业固体废物、矿业固体废物、城市固体废物、农业固体废物和放射性固体废物等五类。表5-2为固体废物的分类、来源和主要组成物。我国将固体废物分为工业固体废物、危险废物和城市垃圾等三类。至于放射性固体废物则自成体系，进行专门管理。

(1) 工业固体废物

表 5-2　固体废物的分类、来源和主要组成物

分类	来源	主要组成物
矿业固体废物	矿山、选冶	废矿石、尾矿、金属、废木、砖瓦灰石等
工业固体废物	冶金、交通、机械、金属结构等工业	金属、矿渣、砂石、模型、芯(芯线、芯铁、模芯等)、陶瓷、边角料、涂料、管道、绝热和绝缘材料、粘接剂、废木、塑料、橡胶、烟尘等
	煤炭	矿石、木料、金属
	食品加工	肉类、谷物、果类、菜蔬、烟草
	橡胶、皮革、塑料等工业	橡胶、皮革、塑料、布、纤维、染料、金属等
	造纸、木材、印刷等工业	刨花、锯末、碎木、化学药剂、金属填料、塑料、木质素
	石油化工	化学药剂、金属、塑料、橡胶、陶瓷、沥青、油毡、石棉、涂料
	电器、仪器仪表等工业	金属、玻璃、木材、橡胶、塑料、化学药剂、研磨料、陶瓷、绝缘材料
	纺织服装业	布头、纤维、橡胶、塑料、金属
	建筑材料	金属、水泥、黏土、陶瓷、石膏、石棉、砂石、纸、纤维
	电力工业	炉渣、粉煤灰、烟尘
城市固体废物	居民生活	食物垃圾、纸屑、布料、木料、庭院植物修剪物、金属、玻璃、塑料、陶瓷、燃料灰渣、碎砖瓦、废器具、粪便、杂品
	商业、机关	管道、碎砌体、沥青及其他建筑材料，废污车，废电器，废器具，含有易爆、易燃、腐蚀性、放射性的废物，以及类似居民生活栏内的各种废物
	市政维护、管理部门	碎砖瓦、树叶、死畜禽、金属锅炉灰渣、污泥、脏土等
农业固体废物	农林	稻草、秸秆、蔬菜、水果、果树枝物、糠秕、落叶、废塑料、人畜粪便、禽粪、农药
	水产	腥臭死禽畜、腐烂鱼、虾、贝壳，水产加工污水、污泥等
放射性固体废物	核工业、核电站、放射性医疗单位、科研单位	金属、含放射性废渣、粉尘、污泥、器具、劳保用品、建筑材料

　　工业固体废物是指在工业、交通等生产过程中产生的固体废物，是来自各工业生产部门的生产、加工过程以及流通过程中产生的废渣、粉尘、碎屑、污泥，以及在采矿过程中产生的废石、尾矿等。工业固体废物的特点是：①数量大、种类多、占地面积广，产生源和排放源几乎涵盖工业生产活动的所有环节；②对环境的危害不如水体和其他污染症状明显，过程缓慢，有时要经过数十年或更久的时间危害才能显现，例如著名的拉夫运河（Love Canal）化学垃圾污染事件就是经历了 50 多年时间，危害才显现出来；③具有危害性和可利用性的双重特点，既污染环境、危害人体，也能作为再生资源加以利用。

(2) 危险废物

　　《中华人民共和国固体废物污染环境防治法》规定："危险废物是指列入国家危险废物名录或者根据国家规定的危险废物鉴别标准和鉴别方法认定的具有危险特性的废物。"这类废物泛指除放射性废物以外，具有毒性、易燃性、反应性、腐蚀性、爆炸性、传染性、浸出毒性和感染性，因而可能对人类的生活环境产生危害的固体废物。这类固体废物的数量约占一般固体废物量的 1.5%～2.0%，其中大约 50% 为化学工业固体废物。

(3) 城市垃圾

城市垃圾是在城市日常生活中或者为城市日常生活提供服务的活动中产生的固体废物以及法律、行政法规规定视为城市生活垃圾的固体废弃物。城市垃圾包括生活垃圾、城建渣土、商业固体废物、粪便等，影响城市垃圾成分的主要因素有居民生活水平、生活习惯、季节、气候等。

5.1.4 固体废物对环境的危害

固体废物对环境的危害很大，其污染往往是多方面、多环境要素的。其主要污染途径有下列几个方面。

(1) 侵占土地

固体废物的任意露天堆放需占用土地，而且堆积存放量越多，占地面积也就越大。据估算，每堆积1万吨废物，约需占地1亩。

(2) 污染土壤

废物堆放或没有适当的防渗措施的垃圾填埋，其中的有害组分很容易经过风化、雨雪淋溶、地表径流的侵蚀产生有毒液体，经土壤孔隙向四周和纵深的土壤迁移。在迁移过程中，受土壤的吸附和其他作用影响，有害成分在土壤中呈现不同程度的积累，从而改变土壤成分和结构，妨碍植物根系生长或在植物体内累积，严重者甚至无法耕种。有资料显示，一节镀镍铬电池烂在地里，其内部铅、汞、镉等重金属和酸碱泄漏，能使$1m^2$的土地失去使用价值，而在酸性土壤中这种污染会加剧，因为它会变成铬、镍离子进入水体，经食物链富集后进入人体，危害人体健康。

(3) 污染水体

固体废物随天然降水或地表径流进入河流、湖泊，或随风飘迁落入水体，使地面水污染；同时，固体废物与雨水、地表水接触后，废物中的有毒有害成分必然被浸滤出来，从而使水体发生酸化、碱化、富营养化、矿化，水体中悬浮物增加，甚至发生毒化等变化，危害生物和人体健康；固体废物的有害成分因天然降水或地表径流的渗滤作用，进入渗滤液中并随渗滤液渗透到土壤中，渗入地下水，使地下水污染。

(4) 污染大气

固体废物一般通过如下途径污染大气：①以细粒状存在的废渣和垃圾，在风力作用下会随风飘逸，扩散到很远的地方；②如果在运输等过程中缺少相应的防护和净化设施，会释放出有害气体和粉尘，如石油化工厂油渣露天堆置，会有一定数量的多环芳烃生成且挥发进入大气中；③一些有机固体废物在适宜的温度和湿度下被微生物分解，能释放出有害气体，如填埋在地下的有机废物会分解产生CO_2、甲烷，如果任其聚集会引发火灾，甚至发生爆炸；④固体废物本身或在处理（如焚烧）时散发毒气和臭味等，典型的例子是煤矸石的自燃，曾在各地煤矿多次发生，散发出大量的SO_2、CO_2、NH_3等气体，造成严重的大气污染。

(5) 影响环境卫生

城市的生活垃圾、粪便等由于清运不及时，会产生堆存现象，并会导致蚊蝇滋生、细菌繁殖、疾病传播，严重影响人们居住环境的卫生状况，对人体健康构成潜在的威胁。

(6) 其他危害

除上述各种危害外，某些特殊的有害固体废物可能会造成燃烧、爆炸、接触中毒、严重腐蚀等特殊损害。

5.1.5　固体废物污染控制原则

我国固体废物污染控制的技术政策是实现固体废物的无害化、减量化和资源化，并确定今后较长时间内应以"无害化"为主，以"无害化"向"资源化"过渡，"无害化"和"减量化"应以"资源化"为条件。

(1) 减量化

"减量化"是通过适当的途径减少固体废物的数量和体积。减量化的途径有首端预防和末端控制。

首端预防是指在工业生产过程中，通过产品变换、生产工艺变革、产业结构调整以及循环利用等途径，使废弃物的排放量最小，以达到节约资源、减少污染和便于处理、处置的目的。

末端控制是在废弃物产生后，通过物理、化学或生物方法进行无害化处理、处置，使其体积、质量减小。

(2) 无害化

无害化处理是通过物理、化学或生物方法，进行无害或低危害的安全处理、处置，达到对废弃物的消毒、解毒或稳定化、固化，防止并减少固体废弃物的污染危害。固体废弃物无害化处理处置技术是固体废物最终处置技术，是解决固体废物污染问题较彻底的技术方法。

(3) 资源化

固体废弃物的"资源化"是从固体废物中回收有用的物质和能源，同时还是固体废弃物减量化和无害化的重要途径，是固体废弃物最有前途的处理与处置方式。

固体废弃物的"资源化"包括以下三方面内容。

① **物质回收**　即回收其中能二次利用的物质，如玻璃、塑料、金属等。

② **物质转化**　即利用废弃物制取新物质，如利用炉渣、钢渣、粉煤灰生产水泥和建材，利用城市垃圾生产有机肥等。

③ **能量转换**　即从废物中回收能量，如用有机废物的焚烧热能发电、供暖，利用城市污泥厌氧消化产生沼气能源等。

5.2　固体废物的处理技术

5.2.1　固体废物的预处理技术

固体废物预处理是指采用物理、化学或生物方法，将固体废物转变成便于运输、储存、回收利用和处置的形态。预处理常涉及固体废物中某些组分的分离与浓集，因此往往又是一种回收材料的过程。预处理技术主要有压实、破碎、脱水、分选和固化等。

(1) 破碎

固体废物的破碎是利用外力克服固体废物质点间的内聚力而使大块固体废物分裂成小块的过程；使小块固体废物颗粒分裂成细粉的过程称为磨碎。破碎后组成复杂且不均匀的废物变得混合均一，比表面积增加，可提高焚烧、热解、熔融、压缩、堆肥等作业的稳定性和效率；密度增加 25%～60%，有利于存储和运输；可防止粗大、锋利的固体废物破坏运行中的处理机械；为后续分选提供符合要求的入选粒度，有利于回收固体废物中的可利用组分；有利于填埋处理，可减少填埋用土覆盖频率，并加快实现垃圾干燥和覆土还原。

（2）压实

通过外力加压于松散的固体废物，缩小其体积，使其变得密实的操作称为压实，又称为压缩。固体废物经压实处理，增加密度、减少体积后，可以提高收集容器和运输工具的装载效率，提高填埋处置的场地利用率。城市生活垃圾经高压压实处理，由于挤压和升温，垃圾中的 COD 和 BOD 含量可大大降低。

（3）分选

分选是将固体废物中的可回收利用物质或不利于后续处理、处置工艺要求的物料分离出来。分选方法与后续的处理处置工艺密切相关，不同的处理、处置方法对固体废物的分选目标和要求是不同的，但分选的主要目的是回收有用物质。

固体废物分选的基本方法除人工分选外，根据物料在物理或化学性质方面（包括密度、粒度、重力、磁性、电性、弹性等）的差异，分别采用筛分、重力分选、磁选、电选、浮选、光电分选、摩擦与弹性分选等方法进行分选。

（4）固化

固化是将水泥、塑料、水玻璃、沥青等凝结剂同危险固体废物加以混合进行固化，使污泥中所含的有害物质封闭在固化体内不浸出，从而达到稳定化、无害化、减量化的目的。

根据固化凝结剂的不同，固化法可分为以下几种：

① 水泥固化法 水泥固化法是以水泥为固化剂将危险废物进行固化的一种处理方法。对有害污泥进行固化时，水泥与污泥中的水分发生水化反应生成凝胶，将有害污泥微粒包容，并逐步硬化形成水泥固化体，这种固化体的结构主要是水泥的水化反应物，使得污泥中的有害物质被封闭在固化体内，达到稳定化、无害化的目的。

水泥固化法由于水泥比较便宜，并且操作设备简单，固化体强度高、长期稳定性好，对受热和风化有一定的抵抗力，因而其利用价值较高，是最经济的固化法。

水泥固化法的缺点：浸出率较高，通常为 $10^{-5}\sim10^{-4}\mathrm{g/(cm^2\cdot d)}$，需做涂覆处理；由于污泥中含有一些妨碍水泥水化反应的物质，如油类、有机酸类、金属氧化物等，须加大水泥的配比量来保证固化质量，结果固化体的增容比较高；有的废物需进行预处理和投加添加剂，使处理费用增高。

② 塑性材料固化法 塑性材料固化法属于有机性固化/稳定化处理技术，根据使用材料的性能不同可以分为热塑性材料固化和热固性材料固化两类。

热固性材料是指在加热时会由液体变成固体并硬化的材料，有脲醛树脂、聚酯、聚丁二烯和不饱和聚酯等，酚醛树脂和环氧树脂也有使用。该法的缺点：操作过程复杂，热固性材料自身价格高昂；由于操作中有机物的挥发，容易引起燃烧起火。该法主要用于处理放射性废物，也有处理含有机氯、有机酸、油漆、氰化物和含砷废物的报道。

热塑性材料是指在加热和冷却时能反复软化和硬化的有机材料，在常温下呈固态，高温时可变为熔融胶黏液体，将有害废物掺和包容其中，冷却后形成塑料固化体，常用的有沥青、石蜡、聚乙烯、聚氯乙烯树脂等。该技术可用于处理电镀污泥及其他重金属废物、油漆、炼油厂污泥、焚烧飞灰、纤维滤渣和放射性废物等。该法的优点是污染物的浸出率低和增容率低。该法的缺点：高温下操作，能量耗费大；操作时会产生大量的挥发性物质，其中有些是有害的；有时在有害废物中含有影响稳定性的热塑性物质或者溶剂，影响最终的稳定效果。

③ 熔融固化法 熔融固化技术主要是将有害废物和细小的玻璃质混合，经混合造粒成

型后，在高温下熔融一段时间，待有害废物的物理和化学状态改变后，降温使其固化，形成玻璃固化体，借助玻璃体的致密结晶结构，确保重金属的稳定。

熔融固化的最大优点是可以得到高质量的建筑材料。其缺点在于熔融固化需要将大量物料加温到熔点以上，无论是采用电力还是其他燃料，需要的能源和费用都是相当高的。熔融固化技术能耗大，成本高，只有处理高剂量放射性废物或剧毒废物时才考虑使用。

④ **石灰固化法**　石灰固化法是指以石灰、垃圾焚烧飞灰、水泥窑灰以及熔矿炉炉渣等物质为固化基材而进行的危险废物固化/稳定化操作。石灰固化处理所能提供的结构强度不如水泥固化，因而较少单独使用。

石灰固化的优点是固化工艺设备简单，操作方便。其缺点是由于添加石灰和其他添加剂，会使废物固化后的体积增加，固化物容易受到酸性溶液的侵蚀。若添加剂本身就是待处理的废物，如煤粉灰、水泥窑灰等，则此法有以废治废的优点。

⑤ **自胶结固化法**　自胶结固化是利用废物自身的胶结特性来达到固化目的的方法，将含有大量硫酸钙和亚硫酸钙的废物在控制的温度下煅烧，然后与特制的添加剂和填料混合成为稀浆，经过凝结硬化过程即可形成自胶结固化体。

自胶结固化法的主要优点是工艺简单，不需要加入大量添加剂，固化体具有抗渗透性高、抗微生物降解和污染物浸出率低的特点。该法的缺点是只限于含有大量硫酸钙的废物，应用面较为狭窄，此外还要求熟练的操作和比较复杂的设备，煅烧泥渣也需要消耗一定的热量。

5.2.2　固体废物的热处理技术

(1) 焚烧热回收技术

焚烧是将固体废物作为燃料送入炉膛内燃烧，在 $800\sim1000℃$ 的高温条件下，固体废物中的可燃组分与空气中的氧进行剧烈的化学反应，释放出热量并转化为高温的燃烧气和少量性质稳定的固定残渣。固体废物燃烧产生的高温燃烧气可作为热能回收利用，性质稳定的残渣可直接填埋处置。经过焚烧处理，固体废物中的细菌、病毒能被彻底消灭，带恶臭的氨气和有机废气被高温分解，重量减少 $80\%\sim85\%$，体积减小 90%。因此，焚烧处理可以同时实现固体废物无害化、减量化和资源化。

固体废物的焚烧过程要比普通燃料的燃烧过程复杂。由于固体废物的物理性质和化学性质复杂多样，对于同一批固体废物，其组成、热值、形状和燃烧状态都会随着时间与燃烧区域的不同而有较大的变化，同时燃烧后所产生的废气组成和废渣性质也会随之改变。因此，固体废物的焚烧设备必须适应性强、操作弹性大，并有在一定程度上自动调节操作参数的能力，才能满足需要。目前，焚烧技术经过上百年的发展形成了机械炉排炉、流化床炉以及回转窑炉三个主流的焚烧炉炉型。

垃圾焚烧是减量化效果最好、能够利用垃圾燃料价值的最适用技术，目前全世界运行中的城市垃圾焚烧厂约为 2000 座。大型焚烧工厂的处理能力达到 2500t/d。焚烧后，垃圾的体积几乎减少 85%，便于填埋。

垃圾焚烧后产生的热能可用来生产蒸汽或电能，也可用于供暖或满足生产的需要。根据计算，每 5t 的垃圾，可节省 1t 标准燃料。在目前能源日渐紧缺的情况下，利用焚烧垃圾产生的热能作为热源有着现实意义。

一般地说，差不多所有的有机性固体废物都可用焚烧法处理。对于无机和有机混合性固体废物，若有机物是有毒、有害物质，一般也最好用焚烧法处理，这样处理后还可以回收其中的无机物。而某些特殊的有机性固体废物只适合于焚烧法处理，例如医院的带菌性固体废物、石化工业生产中某些含毒性中间副产物等。目前，焚烧工艺的处理对象主要是城市垃圾和可燃性固体废物，后者主要是指受污染的废油、含重金属的润滑油、废可燃溶剂、多氯联苯、氟利昂、醇类、甲苯和医用垃圾等。

焚烧法的缺点：一是固体废物的焚烧会产生大量的酸性气体和未完全燃烧的有机组分及炉渣，如将其直接排入环境，必然会导致二次污染；二是此法的投资及运行管理费高，为了减少二次污染，要求焚烧过程必须设有控制污染的设施和复杂的测试仪表，这又进一步提高了处理费用。

利用垃圾焚烧发电的技术已有上百年历史，1895 年德国汉堡建成世界上第一个固体废物焚烧发电设备，1954 年第一座现代水墙式垃圾焚烧炉在瑞士建成。近年来，垃圾焚烧发电处理垃圾技术迅速推广。2012 年，德国通过垃圾焚烧发电方式处理的垃圾比例达到 38%，日本为 78%。焚烧发电处理的方法目前已经成为各国政府主要推广建设的垃圾处理方式。

我国于 1985 年引进日本三菱重工生产的两台日处理能力 150t 的垃圾焚烧炉，在深圳市建设了第一座垃圾焚烧发电厂，从此垃圾焚烧发电技术在我国推广开来。2017 年底中国内地建成并投入运行的生活垃圾焚烧发电厂约 303 座，总处理能力为 30.4 万吨/日，总装机发电量约为 6280MW。2017 年垃圾年发电量为 375.14 亿千瓦时，年上网电量为 300.72 亿千瓦时，年处理垃圾量 10080 万吨，约占全国垃圾清运量的 37.9%。

（2）热解技术

固体废物热解是利用大分子有机物的热不稳定性，在无氧或缺氧条件下受热（500～1000℃）分解为小分子的过程，热解（熔融）又叫干馏、热解或碳化。

影响热解的因素主要有温度和压力。常压高温工艺主要以气相产物为主，常温高压工艺的产物以液态居多。固体废物热解处理的对象主要是废塑料、废橡胶、污泥、城市垃圾和农业固体废物。

热解与焚烧是两个不同的过程：

① 焚烧是放热反应，而热解反应是一个吸热过程；

② 焚烧的产物主要是二氧化碳和水，而热解包含一系列复杂、连续的化学反应，热解产物种类繁多；

③ 焚烧法产生的热量经过余热回收后可用于发电或供热，适合于就近利用，而热解产物便于储存与远距离输送。

固体废物热解与焚烧相比有以下优点：

① 可以将废物中的有机物转化为可燃性低分子化合物：气态的氢、甲烷、一氧化碳，液态的甲醇、丙酮、乙酸、乙醛等有机物及焦油、溶剂油等，固态的焦炭或炭黑。

② 由于在无氧或缺氧条件下受热分解，废气产生量少，有利于减轻对大气的二次污染；废物中的硫、重金属等有害成分大部分被固留在炭黑中。

③ 因为是还原条件，Cr^{3+} 不会变成 Cr^{6+}。

④ NO_x 产生量少。

（3）气化熔融技术

生活垃圾气化熔融技术是指将垃圾置于贫氧条件下，在 500～600℃ 下使垃圾热解气化形成可燃气体，热解后的含碳灰渣置于 1500℃ 以上熔融燃烧设备中进行熔融处理。该技术将垃圾中有机成分的低温气化和无机成分的高温熔融相结合，在完全燃烧垃圾中可燃成分的同时熔融焚烧后的无机灰渣。

气化熔融技术分为两步法和直接法两种。两步法气化熔融技术是先将垃圾置于气化炉中在还原性气氛下气化生成可燃气体和含碳的未燃尽灰渣，然后再进入另一熔融炉内进行可燃气体的焚烧和灰渣的高温熔融处理，垃圾的低温气化和灰渣的高温熔融在两个相对独立的设备中进行。直接法气化熔融技术就是垃圾的气化和灰渣的熔融在同一个设备中进行。

气化熔融技术的优点主要有：①在 $500\sim600℃$ 下，垃圾部分燃烧气化，气体中的 SO_2、HCl 和 HF 与 Ca 等发生反应生成钙盐并被固化，排放量降低；②垃圾中的有价金属没有被氧化，利于回收利用，同时 Cu、Fe 等金属不易生成促进二噁英等类似物质形成的催化剂，抑制了二噁英的生成；③高温熔融能完全破坏焚烧过程中生成的二噁英及二噁英的前趋物，并能将原垃圾中所含二噁英的 99.8% 分解掉，还可以将重金属熔融于炉渣中回收利用，无害化处理效果显著，同时最大限度地实现减容、减量化；④气体燃烧空气系数较低（空气过量系数仅为 $1.2\sim1.4$），大大降低排烟量，提高能量利用率，降低 NO_x 产生量，减少烟气处理费用。

5.2.3　固体废物的生物处理技术

固体废物的生物处理技术就是利用微生物的作用，通过生物转化，将固体废物中易于生物降解的有机组分转化为腐殖肥料、沼气或其他生物化学转化品，从而达到固体废物无害化的处理方法。固体废物的生物处理技术包括好氧堆肥法和厌氧发酵法。

(1) 好氧堆肥法

好氧堆肥是指在有氧条件下，利用好氧微生物人为地促进废物中可生物降解的有机物向稳定的腐殖质转化的微生物学过程，其产品称为堆肥，同时析出二氧化碳、水和热量。

在堆肥过程中，有机废物中的可溶性有机物质透过微生物的细胞壁和细胞膜被微生物吸收；固体的和胶体的有机物质先附着在微生物体外，然后在微生物所分泌的胞外酶的作用下分解为可溶性物质，再渗入细胞内部。微生物通过自身的生命活动——氧化还原和生物合成过程，把一部分被吸收的有机物氧化成简单的无机物，并释放出微生物生长、活动所需要的能量，把另一部分有机物转化合成新的细胞物质，使生物生长繁殖，产生更多的生命体。图5-1为有机物的好氧堆肥过程。

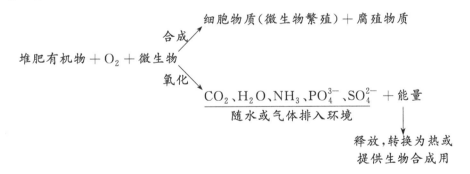

图 5-1　有机物的好氧堆肥过程

影响堆肥的主要因素如下。

① **有机物含量**　适宜的有机物含量为 20%～80%。有机物含量低，产生的热量不足以维持堆肥所需的温度；有机物含量高又不利于通风供氧，产生臭气和厌氧气氛。

② **水分**　最佳含水率为 50%～60%。水分超过 70%，温度难以上升，分解速度降低，

易造成厌氧状态；水分低于 40%，不能满足微生物生长，有机物难以分解。

③ **供氧量** 供氧量不足，不利于好氧分解；通气过量，会导致温度下降，水分蒸发，也不利于微生物的生长。

④ **温度** 堆肥发酵的最佳温度为 55～60℃。温度过低，影响生物活性，将延长堆肥达到腐熟的时间；温度过高（>70℃），将使微生物进入死亡或休眠状态。

⑤ **碳氮比**(C/N) 堆肥原料理想的 C/N 为（30～35）:1。C/N 高，微生物生长因缺氮受到限制，影响降解速度；C/N 低，N 相对过剩，会放出 NH_3，损失氮，污染空气。

⑥ **pH 值** pH 值在 7.5～8.5 之间可获得最佳的堆肥效率。pH 值过高或过低都会影响堆肥效率。

堆肥的方法有露天式和机械化式两种。露天堆肥经济，但易受气候条件影响，臭味难以控制，历时长，用地多，适合中小城市。机械化堆肥利用容器使堆肥在罐内进行氧化，并且有分离装置将塑料、玻璃、金属等惰性粗粒成分分离出去，有通风搅拌装置加快有机物的分解速度。好氧堆肥法因具有发酵周期短、无害化程度高、卫生条件好、易于机械化操作等特点而被广泛采用。

(2) 厌氧发酵法

厌氧发酵（消化）法是在无氧条件下，利用多种厌氧菌的生物转化作用使废物中可降解的有机物分解为稳定的无毒物质，同时获得以甲烷为主的沼气，得到的沼气液、沼气渣可作有机肥料。厌氧发酵法在城市下水污泥、农业固体废物、粪便处理中得到广泛应用。

厌氧发酵主要由液化阶段、酸性发酵阶段和碱性发酵阶段构成，三个阶段相互衔接，保持动态平衡。液化阶段是在发酵菌的作用下将固体物质变成可溶于水的物质；酸性发酵阶段在产酸菌的作用下，形成的主要产物是有机酸、醇、CO_2、NH_3、H_2S、PH_3 等，pH 值逐渐下降；碱性发酵阶段，在产甲烷菌的作用下，有机酸和醇等分解成甲烷和 CO_2，其中乙酸是最主要的甲烷发酵的中间产物，此时 pH 值迅速上升。以纤维素为例，厌氧消化的主要反应为：

$$(C_6H_{12}O_6)_n \xrightarrow{微生物} nC_6H_{12}O_6（葡萄糖）$$
$$nC_6H_{12}O_6 \xrightarrow{微生物} 2nC_2H_5OH + 2nCO_2 + 能量$$
$$2nC_2H_5OH + nCO_2 \xrightarrow{微生物} 2nCH_3COOH + nCH_4$$
$$2nCH_3COOH \xrightarrow{微生物} 2nCH_4 + 2nCO_2$$

影响厌氧发酵的因素如下。

① **原料配比** 配料时应控制适宜的碳氮比。研究表明，厌氧发酵的碳氮比以（20～30）:1 为宜，当碳氮比大于 35:1 时产气量明显下降。

② **温度** 温度是影响产气量的重要因素，在一定温度范围内温度越高产气量越大，高温可加速细菌的代谢使分解速度加快。

③ **pH 值** 最佳 pH 值范围是 6.8～7.5。pH 值低，使二氧化碳增加，产生大量水溶性有机物和硫化物，硫化物含量增加会抑制甲烷菌的生长。加石灰石可以调节 pH 值，但最好的方法是调节原料的碳氮比，含氮量高，氨氮量就高，碱度也就越大。

5.2.4 固体废物的处置方法

一些固体废物经过处理和利用会有残渣存在，这些残渣往往富集了大量有毒有害成分，而且很难加以利用，另有一些固体废物，目前尚无法利用，将长期保留在环境中。为了控制其对环境的污染，需对固体废物进行处置，以确保这些废物中的有毒、有害物质现在和将来都不会对人类和环境造成危害。固体废物的处置方法分为陆地处置和海洋处置两大类，前者包括土地填埋、土地耕作、深井灌注等，后者包括深海投弃和海上焚烧。随着人类对生态环境保护重要性认识的加深和环境意识的提高，海洋处置已受到越来越多的限制。

(1) 土地耕作

土地耕作是指利用表层土壤的离子交换、吸附、微生物降解、渗滤水浸出、降解产物的挥发等综合作用来处置固体废物的一种方法，该法主要适用于处置盐含量低、不含毒物、易生物降解的有机固体废物，具有工艺简单、费用低廉、能改善土壤和增长肥效等优点。

(2) 深井灌注

深井灌注是指把固体废物液化，将形成的真溶液或乳浊液、悬浮液注入地下与饮用水和矿脉层隔开的可渗性岩层内。目前该法只能用来处置那些难破坏、难转化、不能采用其他方法处理处置的废物或采用其他方法费用高的废物。

(3) 土地填埋法

土地填埋具有工艺简单、成本较低、适宜于处置多种类型固体废物的优点，是最终处置固体废物的一种主要方法，此方法包括场地选择、填埋场设计、施工填埋操作、环境保护及监测、场地利用等几个方面。其实质是将固体废物铺成有一定厚度的薄层，加以压实，并覆盖土壤。固体废物填埋技术不断地改进，特别是近年来该项技术有了很大的发展，从简单的倾倒、堆放，发展到卫生土地填埋和安全土地填埋等，使填埋质量有了显著的提高。截至2015 年，我国共建设填埋场 640 座。

① **卫生土地填埋**　卫生土地填埋是处置一般固体废物和城市垃圾的方法，可分为厌氧、好氧和准好氧三种类型。好氧和准好氧填埋有机物分解速度快、杀菌效果好、渗出液产生少，但结构复杂、运行费用高，尚未进入实用阶段；厌氧填埋因填埋场构造简单、建设成本低而得到广泛采用。卫生土地填埋场的剖面示意图如图 5-2 所示。

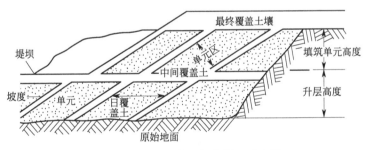

图 5-2　卫生土地填埋场的剖面示意图

② **安全土地填埋**　安全土地填埋是一种改进的卫生填埋方法，也称为安全化学土地填埋，主要用来处置危险固体废物，包括矿物油类。因此，安全土地填埋对场地的建造技术要求更为严格，填埋场内必须设置人造或天然衬里，下层土壤或土壤同衬里的结合渗透系数要小于 10^{-8} cm/s，最下层的填埋物要位于地下水位之上，浸出液要加以收集和处理，地表径流要加以控制，还要考虑对产生的气体的控制和处理等。对于有浸出毒性和反应性的危险废物，填埋前还要进行固化处理。安全土地填埋场示意图见图 5-3。

土地填埋法与其他固体废物处置法相比，主要优点有：是一种完全的、最终的处置方法，若有合适的土地可供利用，此法最为经济；它不受固体废物种类的限制，并且适合于处

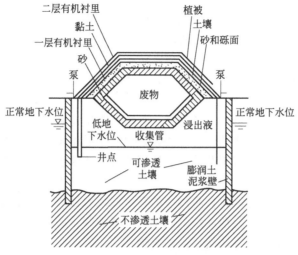

图 5-3　安全土地填埋场示意图

理大量的固体废物；填埋后的土地可重新用作停车处、游乐场、高尔夫球场等。此法的缺点主要有：填埋场必须远离居民区；回复的填埋场将因沉降而需不断地维修；填埋在地下的固体废物，通过分解可能会产生易燃、易爆或毒性气体，需加以控制和处理等。

5.3　固体废物的资源化与回收利用

5.3.1　固体废物的资源化原则和基本途径

固体废物具有两重性，它虽占用大量土地，污染环境，但本身又含有多种有用物质，是一种资源。固体废物的资源化是采取工艺技术从固体废物中回收有用的物质与能源。固体废物资源化具有环境效益高、生产成本低等优点。

固体废物资源化的原则：

① 必须在技术上是可行的；

② 应能获得较高的经济效益；

③ 应尽可能在固体废物排放源附近实施，以节省存放、运输等方面的投资；

④ 资源化产品应当符合国家相应产品的质量标准。

固体废物资源化的基本途径：

(1) 提取各种金属

如从有色金属渣中可提取金、银、钴、锑、硒、铈、铊、钯、铂等，其中某些稀有金属的价格甚至超过主金属的价格；从粉煤灰和煤矸石中提取铁、钼、钪、锗、钒、铀、铝等金属，美、日等国能工业化提取钼、锗、钒。

(2) 生产建筑材料

利用工业固体废料生产建筑材料，如用粉煤灰制砖、高炉渣制水泥、煤矸石制轻质骨料等。

(3) 生产农业肥料

城市垃圾、农业固体废物等可经过堆肥处理制成有机肥料；粉煤灰、高炉渣、钢渣和铁合金渣等可作为硅钙肥直接施用于农田；钢渣中含磷较高时可生产钙镁磷肥。

（4）回收能源

许多固体废物热值高，可以充分利用。如焚烧固体废物可生产蒸汽，有机垃圾、植物秸秆、人兽粪便经过发酵可生成可燃性的沼气。粉煤灰中含煤达 10% 以上，可以通过分选，把煤选出后利用；煤矸石的发热量为 0.8~8MJ/kg，可利用煤矸石发展坑口电站。目前我国煤矸石发电利用率已达 40%。

（5）取代某种工业原料

工业固体废物经过加工处理后有可能代替某种工业原料，如煤矸石代替焦炭生产磷肥，高炉渣代替砂石作滤料，粉煤灰作塑料填充剂。

5.3.2　固体废物的资源化利用实例

（1）硫铁矿烧渣的利用

硫铁矿烧渣是生产硫酸时焙烧硫铁矿产生的废渣，每生产 1t 硫酸产生的烧渣量一般为 0.8~1.1t。硫铁矿经焙烧分解后，铁、硅、铝、钙、镁和有色金属转入烧渣中，其中铁、硅含量较多，波动范围较大（表 5-3）。根据铁含量的高低可分为高铁硫酸渣和低铁硫酸渣。高铁渣中氧化硅含量大于 35%，低铁渣中氧化硅含量高达 50% 以上，类似于黏土。

表 5-3　硫铁矿烧渣的化学成分 单位：%

Fe_2O_3	SiO_2	Al_2O_3	CaO	MgO	S
20~50	15~65	10 左右	5 左右	5 以下	1~2

我国硫铁矿渣一部分来自硫铁矿生产的硫酸工厂或车间，多为粉粒状，一般含铁 40%~50%，含 $SiO_2$16%~20%；另一部分来自硫精矿生产的硫酸工厂。

20 世纪 50 年代我国开始利用硫矿渣炼铁，60 年代曾系统地组织过硫铁矿渣利用的科学实验，经过几十年的努力，硫铁矿渣的综合利用取得了很大进展。目前硫铁矿渣综合利用方法有：烧渣炼铁；作水泥助剂；中高温氯化熔烧提炼有色金属及炼铁；硫铁矿焙烧提炼有色金属及炼铁；制铁合金；制还原铁粉和磁性氧化铁粉；烧结高炉炼铁；掺烧炼铁；生产热压料球和球团矿供高炉炼铁；用作重介质选煤加重剂；生产铁红颜料；制三氯化铁和制高强度砖等。

（2）粉煤灰的利用

燃煤电厂将煤磨细成 100μm 以下的细粉，用预热空气喷入炉膛悬浮燃烧，产生高温烟气，经捕尘装置捕集就得到粉煤灰。粉煤灰的化学组分包括 SiO_2、Al_2O_3、MgO、Fe_2O_3、CaO、K_2O、Na_2O、Fe_2S_3，以及 Cr、Cd、Ge、Hg、V、P、Pb、B、Mn 和 U 等，还有未燃尽炭。

火电厂每消耗 1t 煤，平均排放 0.3t 的粉煤灰。我国 2015 年粉煤灰产生量达 5.7 亿吨，预计未来 20 年粉煤灰年产生量维持在 5 亿~7 亿吨，是排放量大的工业废渣之一，粉煤灰的综合利用对于减轻污染、变废为宝尤为重要。粉煤灰的应用主要包括六个方面：①建材原料，包括制水泥、烧结陶粒、制砖和钙硅板等；②建筑材料，主要用于配制各种混凝土；③道路工程，用于稳定路基、护坡、护堤等；④农业应用，用于改良土壤、拌农药、制作微生物复合肥、加工磁化肥等；⑤填筑材料，矿井回填、堤坝回填、码头填筑等；⑥提取有价元素。

国外多用粉煤灰制砖：英国用粉煤（用量达到 80%）与少量黏土烧砖；美国则用粉煤灰掺炉底灰和水玻璃烧砖。其次用粉煤灰筑路：法国采用 71% 的粉煤灰、5% 水泥和 24% 的水淬矿渣的混合物筑路；美国采用粉煤灰和集料铺筑火山炭质柔性路面。

(3) 有毒废渣回收处理与利用

化学工业生产中排出的许多种废渣具有毒性，可以经过资源化处理加以回收和利用。

① **砷渣** 砷矿一般与铜、铅、锌、锑、钴、钨、金等有色金属矿共生，随着矿产资源的开采和冶炼转变为含砷废物，如黄渣、铅渣、钢浮渣、砷尘、含砷废催化剂等。应用含砷废渣可以提取白砷和回收有色金属。

② **汞渣** 化学工业中的水银法制碱、电解法生产烧碱、定期更换下的含汞催化剂等都有大量的含汞废渣排出。目前，国内外多采用焙烧法处理并回收废物中的汞。对于含汞污泥和固态含汞废物，一般均需加入碱性药剂处理后才能送去焙烧。对于含汞金属类废物，需先把它们加工破碎，并用药剂洗涤处理，再去焙烧。通过焙烧法处理可获得纯度高的汞。

含汞废物焙烧系统需有尾气和废水处理装置，以确保环境不会受到污染，残渣需做安全填埋处理。

③ **氰渣** 氰盐生产中排出的废渣含有剧毒的氰化物，可以采用高温水解-气化法处理。在高温下，废渣中的氰化物氧化解毒，得到二氧化碳和二氧化氮气体。处理后的残渣中，氰含量可以降至 0.05mg/L 以下。

④ **铬渣的回收利用** 铬渣是化工、冶金企业生产重铬酸钠、金属铬过程中排放的残渣，其组成因原料和配方的不同而异，一般含三氧化铬 2.5%～4%。六价铬毒性较大，因此铬渣的利用和处理必须消除或降低六价铬的危害。其解毒途径有两个：a. 将毒性大的 Cr^{6+} 还原成毒性小的 Cr^{3+}，并使其生成不溶性的化合物；b. 将 Cr^{6+} 还原成 Cr^{3+} 的同时，进行资源综合利用。铬渣可制玻璃着色剂，生产铬渣铸石，代替白云石、石灰石炼铁，代替蛇纹石制钙镁磷肥等。

(4) 电子废弃物中贵金属的回收

电子废弃物中含有多种贵重金属，贵金属回收技术有湿法和火法两种，与火法技术相比，湿法中的硝酸-王水工艺具有废气排放少、提取贵金属后的残留物易于处理、经济效益显著的优点，因此得到更为广泛的应用。硝酸-王水工艺的基本原理是将电子废弃物浸泡在 9mol/L 的硝酸溶液中，电子废弃物中的银、钯和一些金属氧化物（如 ZnO、CdO、NiO 等）溶解在硝酸溶液中：

$$Ag + 2HNO_3 \longrightarrow AgNO_3 + NO_2 + H_2O$$
$$3Pd + 8HNO_3 \longrightarrow 3Pd(NO_3)_2 + 4H_2O + 2NO$$
$$ZnO + 2H^+ \longrightarrow Zn^{2+} + H_2O$$
$$CdO + 2H^+ \longrightarrow Cd^{2+} + H_2O$$
$$NiO + 2H^+ \longrightarrow Ni^{2+} + H_2O$$

过滤溶液，滤液为含银、钯和其他金属离子的硝酸盐溶液，滤渣含不溶性的金和铂。向滤液中加入盐酸，生成氯化银沉淀：

$$AgNO_3 + HCl \longrightarrow AgCl\downarrow + HNO_3$$

进行过滤，滤渣中的银（AgCl）可得到回收利用。

分离氯化银后所得滤液加热煮沸，添加少量盐酸使氮氧化物逸出，溶液的颜色变为透明的红棕色时，溶液中的钯以 H_2PdCl_4 存在，在 80～90℃、不断搅拌下往溶液中加入氨水，并控制 pH 值低于 7.5，发生反应：

$$2H_2PdCl_4 + 4NH_4OH \longrightarrow Pd(NH_3)_4 \cdot PdCl_4\downarrow + 4HCl + 4H_2O$$

可得到肉红色的氯亚钯酸四氨络合亚钯 [Pb (NH₃)₄ · PdCl₄] 沉淀，过滤得到的氯亚钯酸四氨络合亚钯溶解在 pH 值为 8～9 的氨水中，并在 80～90℃下保温 1h，可得二氯化四氨合钯：

$$Pd(NH_3)_4 \cdot PdCl_4 + 4NH_4OH \longrightarrow 2Pd(NH_3)_4Cl_2 + 4H_2O$$

浓缩、降温，结晶出二氯化四氨合钯 [Pd（NH$_3$）$_4$Cl$_2$] 作为钯的回收产品，也可以用盐酸将含二氯化四氨合钯溶液的 pH 值调至 1～1.5，得到溶解度小的二氯化二氨合钯 [Pd（NH$_3$）$_2$Cl$_2$] 黄色絮状沉淀作为产品。二氯化二氨合钯用少量水润湿后，在 60℃ 下边搅拌边滴加水合肼溶液，发生钯的还原反应：

$$2Pd(NH_3)_2Cl_2 + N_2H_4 \cdot H_2O \longrightarrow 2Pd\downarrow + N_2 + H_2O + 4NH_4Cl$$

至混合物中不再显示明显的黄色时，可过滤得到黑色粉末状的海绵钯，纯度一般不低于 99.9%。

将不溶于硝酸的金和铂浸入王水（浓盐酸和浓硝酸按体积比为 3:1 组成的混合物）中，加热至微沸，发生下述反应：

$$Au + 4HCl + HNO_3 \longrightarrow HAuCl_4 + 2H_2O + NO$$
$$3Pt + 18HCl + 4HNO_3 \longrightarrow 3H_2PtCl_6 + 8H_2O + 4NO$$

金和铂溶解进入溶液中，过滤，滤液加热浓缩至一定体积后，加入适量盐酸赶硝，再依据贵金属浓度加入适量水稀释至一定浓度，再用亚硫酸钠等还原剂将溶液中的金还原成金颗粒：

$$2HAuCl_4 + 3Na_2SO_3 + 3H_2O \longrightarrow 2Au\downarrow + 3Na_2SO_4 + 8HCl$$

过滤，滤渣为回收的金颗粒。滤液中含有铂的络合物，加热煮沸，滴加氯化铵，生成氯铂酸铵沉淀：

$$H_2PtCl_6 + 2NH_4Cl \longrightarrow (NH_4)_2PtCl_6\downarrow + 2HCl$$

氯化铵的加入量除保证铂络合物与铵反应外，还应确保溶液中含有不低于 5% 的氯化铵。过滤得到的氯铂酸铵用盐酸酸化（pH=1）的 5% 氯化铵洗涤，可得高纯度的氯铂酸盐。氯铂酸铵在炉内加热至 100～200℃，蒸发水分后，继续加热升温至 360～400℃，氯铂酸铵分解：

$$3(NH_4)_2PtCl_6 \longrightarrow 3Pt + 16HCl + 2NH_4Cl + 2N_2\uparrow$$

分解完毕后再将炉温升至 750℃，恒温 2～3h，就可回收海绵铂作为产品。

(5) 废催化剂回收利用

催化剂在使用一段时间后会失活、老化或中毒，报废成为废催化剂。废催化剂的特点是：含有稀贵金属，含量低，但回收利用价值高；含有机物，这些有机物会污染环境、影响催化剂中贵重金属的回收；含有的重金属会造成环境污染。废催化剂中的贵重金属可以作为宝贵的二次资源加以利用，因催化剂种类繁多，其回收技术要根据不同催化剂的特点加以设计，如金、银、钯、铂等废催化剂，就可以参照前述介绍的湿法进行回收利用。

随着选择性催化还原法（SCR）脱硝技术的推广普及，每年会产生大量的废 SCR 催化剂。废 SCR 催化剂的回收利用就是回收利用钛、钒、钨或钼。废 SCR 催化剂回收的一种方法就是将废脱硝催化剂破碎后在 650℃ 下预焙烧，然后粉碎至小于 200μm，与 Na$_2$CO$_3$ 混合均匀，在 650～700℃ 下焙烧，发生下列反应：

$$V_2O_5 + Na_2CO_3 \longrightarrow 2NaVO_3 + CO_2\uparrow$$
$$WO_3 + Na_2CO_3 \longrightarrow Na_2WO_4 + CO_2\uparrow$$
$$MoO_3 + Na_2CO_3 \longrightarrow Na_2MoO_4 + CO_2\uparrow$$
$$5TiO_2 + Na_2CO_3 \longrightarrow Na_2O \cdot 5TiO_2\downarrow + CO_2\uparrow$$

生成的钛酸盐在水中的溶解度很小，沉淀、过滤、干燥，即可得钛酸盐。偏钒酸钠、钨酸钠（或钼酸钠）易溶于水，在滤液中，加酸调节 pH 值至 8.0～9.0，再加入过量 NH$_4$Cl，生成 NH$_4$VO$_3$ 结晶：

$$NaVO_3 + NH_4^+ \longrightarrow NH_4VO_3 \downarrow + Na^+$$

过滤可得 NH_4VO_3，经高温分解，制得 V_2O_5 成品。再向沉钒后的滤液中加盐酸调节 pH 值至 4.5～5.0，反应生成钨酸（钼酸）：

$$Na_2WO_4 + 2H^+ \longrightarrow H_2WO_4 \downarrow + 2Na^+$$

$$Na_2MoO_4 + 2H^+ \longrightarrow H_2MoO_4 \downarrow + 2Na^+$$

所得的钨酸（钼酸）在水中的溶解度低，沉淀结晶出来，脱水后就能回收得到三氧化钨（三氧化钼）。

5.4 城市垃圾的处理

5.4.1 城市垃圾的分类、特点和性质

城市垃圾的分类方法较多，具体有源地分类法、可燃性分类法、元素分类法、重量分类法等。在这些分类方法中，源地分类法较为常用，它主要根据各类城市废物产生的场所进行分类，将其分成家庭垃圾、零散垃圾、医院垃圾、市场垃圾、建筑垃圾、街道扫集物和城市粪便等。城市垃圾具有如下特点：

① 随着城市规模的扩大和数量的增加以及生活水平的提高，城市垃圾的产生量在迅速增大；

② 成分复杂、性质多变，与垃圾产生地的地理位置、气候条件、能源结构、社会经济水平、居民消费水平等有关；

③ 含有多种化学组分，如 N、P、K、C 等多种营养元素和 Hg、Cd、Pb、Cu、Zn 等有害元素，并有大量细菌、病原菌等，形成有机物、重金属和病原微生物三位一体的污染源。

5.4.2 城市垃圾的处理和回收利用

城市垃圾的处理方法主要有卫生填埋、堆肥、焚烧，此外还有热解法、海洋倾倒、堆山造景等。这些处理方法可以单独使用，也可以组合使用。不同的城市和地区，因具体情况各异，在实施过程中使用的方法和采用的组合也有差别。但无论如何都必须以无害化、减量化、资源化为目的。

我国城市垃圾的处理虽然起步较晚，但进展迅速。截至 2017 年，全国城市建设生活垃圾无害化处理厂（场）1013 座，其中填埋场 654 座，焚烧厂 286 座，堆肥及其他类型处理厂（场）73 座，无害化处理率 97.14%，焚烧比例 43.8%，与发达国家相比，焚烧处理率较低。

城市垃圾中可回收利用组分的比例与经济发展水平有关，如美国的生活垃圾中纸类 33%、玻璃 8%、铁系金属 7.6%，具有较高的回收利用价值。全球生活垃圾回收利用（包括再生资源回收和堆肥）的平均水平约为 26%，其中高收入国家的平均水平在 33%，美国近年来生活垃圾的回收利用率（包括再生资源回收和堆肥）为 34%～35%。据有关研究报道我国 2015 年生活垃圾的回收利用率为 15.6%，与国际水平差距较大。2017 年，国务院办公厅转发国家发展改革委、住房城乡建设部《生活垃圾分类制度实施方案》，要求加快建立生活垃圾分类投放、分类收集、分类运输、分类处理的垃圾处理系统，形成以法治为基础、政府推动、全民参与、城乡统筹、因地制宜的垃圾分类制度，到 2020 年底，在实施生活垃

圾强制分类的城市，生活垃圾回收利用率达到 35％以上。

随着经济发展和人民生活水平的提高，我国城市垃圾中的有机物增加、可燃物增多、可回收利用物增多、利用价值增大。城市垃圾的回收利用主要有以下途径：

（1）城市垃圾的分类收集

垃圾的分类收集是按照处理、处置和利用的途径分类投弃，是实现城市垃圾减量化、资源化、无害化目标的最有效途径。分类收集的垃圾可分为：可直接利用废物（再生型废物），如金属制品、玻璃、塑料容器、新闻纸等；可燃性废物，如纸塑包装材料、部分木材制品、纤维产品等；堆肥型垃圾，如厨余垃圾、庭院垃圾等；特殊处理废物，如废电器、废电池、报废汽车等；填埋垃圾，即不可再生废物，如建筑垃圾、焚烧垃圾等。

研究表明，实行垃圾的分类收集和有效回收，垃圾量可减少 40％～50％。分类收集后，同一类垃圾成分比较单一、性质相近，处理起来技术专一、效率高，降低了废品回收成本，提高了废品回收率和回收质量。

（2）城市垃圾的资源化利用

城市垃圾对生态和环境的危害是明显而巨大的，但从物质的观点来看，城市垃圾又是一种资源，而且是一种不断增长的资源。城市垃圾资源化利用的途径主要包括能量转换、物质转换和废旧物质回收三种形式。

① **城市垃圾的能量转换**　据 2018 年有关研究报道，我国城市垃圾的热值因地区不同而有所差异，如北京城区垃圾湿基低位热值为 5060.85kJ/kg，太原城区垃圾湿基低位热值为 3584kJ/kg，宁波市区垃圾湿基低位热值为 8049.57kJ/kg，与褐煤、油页岩相似，可认为是一种"固体含能材料"，因此城市垃圾是一种能连续不断地、无限期开发利用的资源。垃圾焚烧发电是发达国家处理城市垃圾、回收资源的一种主要方式，在我国，垃圾焚烧发电也已得到广泛应用，采用热解、气化和沼气化也可以实现城市垃圾的能量转换。

② **城市垃圾的物质转换**　随着技术的进步和人类需求的演变，城市垃圾可以变成一种有用的物质。城市垃圾中的有机物可用来堆肥，据测算，如果将我国每年产生的近 14 亿吨城市垃圾用来堆肥，加入粪便、秸秆和菌种，可生产 1.5 亿吨有机肥；废旧橡胶可生产再生胶、胶粉，热解可得炭黑、燃料油、煤气等油品和化学品；废塑料可生产塑料油膏、涂料、胶黏剂等，以及通过裂解产生乙烯、乙苯、甲烷和苯等单体。

③ **废旧物质回收**　城市垃圾中的纸类、塑料、金属、玻璃等可直接回收利用。如废轮胎可直接用于鱼礁、救生圈、鞋底、树木保护用材等；玻璃容器，如啤酒瓶和汽水瓶等可循环使用，废玻璃可用于对原料质量和化学成分要求低的玻璃制品的生产，如玻璃绝缘子、空心玻璃砖和彩色玻璃球等；城市垃圾中的许多废金属几乎没有污染，可直接利用，获得可观的经济效益，如美国的 AMAX 公司一年回收 5 万磅白金、100 万盎司黄金、20 万～25 万磅白银（1 磅＝0.454 千克＝16 盎司）。

本 章 小 结

本章概述了固体废物的来源、分类、危害以及城市垃圾的特点和性质，重点讲述了固体废物处理技术和处置方法、固体废物资源化原则和基本途径，使学生通过本章的学习认识到固体废物资源化利用和回收的必要性，具备设计选择固体废物处置处理和利用技术的基础。

第6章

环境管理

本章学习要点

☑ **重点**：环境保护法律体系、环境管理基本制度、环境标准的使用、环境监测的作用和原则。

☑ **要求**：理解环境管理的基本概念和环境保护法的作用意义，熟悉环境管理的基本制度，了解环境标准制定使用的原则以及环境监测的特点。

6.1 概述

6.1.1 环境管理的含义

环境管理既是环境科学的一个重要分支学科，又是一个工作领域，它是环境保护工作的重要组成部分。何为环境管理目前尚无一致的看法，一般可概括为：运用经济、法律、技术、行政、教育等手段，限制人类损害环境质量的行为，通过全面规划使人类与环境相协调、经济发展与环境相协调，达到既要发展经济满足人类的基本需求，又不超出环境的允许极限。

环境管理着力于对损害环境质量的人的活动施加影响，协调发展与环境的关系和以环境制约生产。但核心问题是遵循生态规律与经济规律，正确处理发展与环境的关系，正确实现人与自然的和谐。环境是发展的物质基础，又是发展的制约条件。发展可能为环境带来污染和破坏，但环境质量改善和保护也只有在经济技术发展的基础上才能得以实现。所以，关键在于通过全面规划和合理开发利用自然资源，使经济、技术、社会相结合，发展与环境相协调。

6.1.2 环境管理的内容

环境管理的内容根据管理的范围可划分为资源管理、区域环境管理和部门环境管理，根据管理的性质可划分为环境规划管理、环境质量管理和环境技术管理。

（1）根据环境管理的范围来划分

① **资源管理**　资源管理包括可更新资源的恢复和扩大再生产，及不可更新资源的合理利用，资源管理当前遇到的危机主要是资源使用不合理和浪费。当资源以已知最佳方式来使用，以求达到社会所要求的目标时，考虑到已知的或预计的社会、经济和环境效果进行优化选择，那么资源的使用就是合理的；资源的不合理使用是由于没有谨慎选择资源使用的方法和目的；浪费是不合理使用资源的一种特殊形式，资源的不合理使用会导致不可更新资源的提早枯竭，及可更新资源的锐减。因此，必须采取一切可能采用的管理措施，保护资源，做到资源的合理开发和利用，这些管理措施主要是确定资源的承载力，资源开发时空条件的优化，建立资源管理的指标体系、规划目标、标准、体制、政策法规和机构等。

② **区域环境管理**　区域包括行政区域，如省、市、自治区以及整个国土，也包括水域、工业开发区、经济协作区等。区域环境管理主要是协调区域的经济发展目标与环境目标，进行环境影响预测，制定区域环境规划，进行环境质量管理与技术管理，按阶段实现环境目标。

③ **部门环境管理**　包括能源环境管理、工业环境管理、农业环境管理、交通运输环境管理、商业和医疗等部门的环境管理以及企业环境管理。

（2）根据环境管理的性质来划分

① **环境规划管理**　环境规划管理是通过规划协调发展与环境的关系，对环境保护加强规划指导是环境管理的重要组成部分。环境规划管理首先是制定好环境规划，使环境规划成为整个经济发展规划的必要组成部分。用规划内容指导环境保护工作，并在实践中根据情况不断调整和完善规划。20 世纪 80 年代以来，我国不少城市及经济技术开发区都制定了环境规划，事实证明，环境规划在环境管理工作中起着重要作用。

② **环境质量管理**　环境质量的好坏直接影响到人类的生存和健康，对环境质量进行直接的管理有其特殊的意义。这种管理既包括对环境质量现状进行管理，也包括对未来环境质量进行管理。对环境质量的现状进行监测和评价，对环境质量的未来进行预测和评价，是环境质量管理的重要手段。

③ **环境技术管理**　环境技术管理指以可持续发展为指导思想，通过制定技术发展方向、技术路线、技术政策，通过制定清洁生产工艺和污染防治技术，以及通过制定技术标准、技术规程等以协调技术经济发展与环境保护的关系，使科学技术的发展既能促进经济不断发展，又能保证环境质量不断得到改善。

上述对环境管理内容的划分只是为了便于研究，事实上各种不同内容的环境管理不是孤立的，它们彼此之间相互关联、交叉渗透。

6.2　环境保护法

6.2.1　环境保护法的定义

环境保护法是国家为了协调人类与环境的关系，保护和改善环境，以保护人民健康和保障经济社会的持续、稳定发展而制定的，它是调整人们在开发利用、保护改善环境的活动中所产生的各种社会关系的法律规范的总和。这个定义的主要含义如下：

① 环境保护法是一部分法律规范的总称，是以国家意志出现的、经国家强制力保证其实施的、规定环境法律关系主体的权利和义务为任务的；

② 环境保护法所要调整的是人们在开发利用、保护改善环境有关的那部分社会关系，凡不属此类的社会关系均不是环境保护法调整的对象；

③ 环境保护法的产生是由于人类与环境之间的关系不协调，从而影响乃至威胁着人类的生存与发展。

环境保护法的目的在于通过协调人类与环境的关系，保护和改善环境，保护人民健康和保障经济社会的持续、稳定发展。

环境保护法所要保护和改善的是作为一个整体的环境，而不仅是一个或数个环境要素，更不是某种特定的自然资源。

6.2.2　环境保护法的目的和任务

每一种法律的制定和实施都是为了达到一定的目的。立法的目的性决定法律调整的对象，以及采用何种政策、措施和制度。研究法律的目的性有助于正确理解和执行法律。

《中华人民共和国环境保护法》第一条规定："为保护和改善环境，防治污染和其他公害，保障公众健康，推进生态文明建设，促进经济社会可持续发展，制定本法。"这一条就明确规定了环保法的目的和任务，它包括两个内容：一是直接目的，或称直接目标，是协调人类与环境之间的关系，保护和改善环境，防止污染和其他公害；二是最终目的，即保护人民健康和保障经济社会持续发展，该点是立法的出发点和归宿。

6.2.3　环境保护法的作用

(1) 环境保护法是保证环境保护工作顺利开展的法律武器

要建设美丽中国，建设人与自然和谐共生的现代化，为人民创造良好生产生活环境，为全球生态安全做出贡献，就必须加强环境保护，这是一条不以人们意志为转移的客观规律。但是，并非所有的人都认识和承认这个道理，知道这一道理的人也并非都能自觉遵守这一规律，因此在采取科技、行政、经济等措施的同时，需要采取强有力的法律手段，把环境保护纳入法治的轨道。1979 年国家颁布了《中华人民共和国环境保护法（试行）》，1989 年《中华人民共和国环境保护法》成为正式法律，2014 年全国人大常委会通过了修订后的《中华人民共和国环境保护法》，明确了"保护优先、预防为主、综合治理、公众参与、污染者担责"的原则，它的颁布、修订和施行，使环境保护工作制度化、法律化，使国家机关、企业、事业单位、各级环境保护机构和公民个人都明确了各自在环境保护方面的职责、权利和义务，达到保护和改善环境、防治污染和其他公害、保障人体健康、推进生态文明建设、促进经济社会可持续发展这一根本目的。

(2) 环境保护法是推动环境保护领域中法制建设的动力

环境保护法是我国环境的基本法，具有保护性、科学技术性、全球性、地域特殊性以及广泛的社会性。它明确规定了我国环境保护的任务、方针、政策、基本原则、制度、工作范围和机构设置、法律责任等问题，这些都是我国环境保护工作中带根本性的问题，为制定各种环境保护单行法规及地方环境保护条例等提供了直接的法律依据，促进了我国环境保护的法制建设。许多环境保护单行法律、条例、政令、标准等都是依据环境保护法的有关条文制定的。如根据环境保护法先后制定并颁布了《中华人民共和国海洋环境保护法》《中华人民共和国水污染防治法》《中华人民共和国大气污染防治法》等法律，以及《中华人民共和国水污染防治法实施细则》《中华人民共和国大气污染防治法实施细则》《中华人民共和国环境噪声污染防治条例》等行政法规、法规性文件。此外，各省、自治区、直辖市也根据环境保护法制定了许多地方性的环境保护条例、规定、办法等。可见，环境保护法的颁布施行起着推动我国环境保护领域中法制建设的重大作用。经过几十年的努力，我国已基本形成比较完整的环境保护法律体系。

（3）环境保护法增强了广大干部和群众的法制观念

环境保护法的颁布施行从法律高度向全国人民提出了保护环境的要求，所有企事业单位、人民团体和每个公民都要加强法制观念，大力宣传环境保护法，严格执行环境保护法。

保护环境不只是环保部门的事，而是全体社会成员共同的大事。只要大家积极行动起来，增强法制观念，严格依法办事，我国的环境保护工作就一定会取得更大成绩，我们的环境保护与经济建设就会得到协调发展。

（4）环境保护法是维护我国环境权益的重要工具

环境是一个内容非常丰富的概念，从宏观上看，环境是没有国界之分的。某一个人的行为既可造成本国的环境污染和破坏，也可造成他国的环境污染和破坏。特别是对一些领域面积小的国家，这个问题就显得特别突出。例如，造成环境污染的污染源种类繁多、分布很广，污染物种类不一，有些污染源的污染物在环境中可以扩散到超越国界的范围。又如有些严重影响作物生长的病虫、严重影响人体健康的疾病，可以通过人员往来、物资交流等方式，由一国传播到另一国。这样对环境污染和破坏的现象就由发生国影响到他国。这就涉及国家之间环境权益的维护和环境保护的协作问题。

依据我国所颁布的一系列环境保护法律、法规，就可以保护我国的环境权益，依法保障我国领域内的环境不受来自他国污染物的污染和破坏，这不仅维护了我国的环境权益，而且维护了全球环境。《中华人民共和国海洋环境保护法》第二条第三款规定："在中华人民共和国管辖海域以外，造成中华人民共和国管辖海域污染的，也适用本法。"《农药登记规定》第七条规定："外国厂商向我国销售农药必须进行登记，未经批准登记的商品不准进口。"通过制定相关的法律和法规，我们就可依法对源于境外的对我国境内环境造成污染和破坏的行为进行处置。既维护了我国的环境权益不受侵犯，又维护了全球环境不受污染和破坏。

6.2.4 我国环境保护法律体系

为保护和改善环境，保护人民健康，推进生态文明建设，保障社会持续发展，国家制定了一系列环境保护的法律法规，构成了我国环境保护法的基本体系。

（1）宪法

宪法是国家根本大法，是环境保护法的立法依据和基石。宪法中有一系列关于环境保护的规定，如第九条第二款规定"国家保障自然资源的合理利用，保护珍贵的动物和植物，禁止任何组织或个人用任何手段侵占或破坏自然资源"，第十条第五款规定"一切使用土地的组织或个人必须合理利用土地"，第十一条规定"保护环境和自然资源，防治污染和公害"，

第二十六条规定"国家保护和改善生活环境和生态环境，防治污染和其他公害"等，为环境保护法提供了立法依据、指导思想和基本原则。

(2) 综合性的环境保护基本法

环境保护基本法是环境领域的基础性、综合性法律，主要规定环境保护的基本原则和基本制度，解决共性问题，确定环境保护在国家生活中的地位，规定国家在环境保护方面总的方针、政策、原则、制度，规定环境保护的对象，确定环境管理的机构、组织、权力、职责，以及违法者应承担的法律责任。

(3) 单行的环境保护法规

环境保护单项法规是我国环境保护法的分支，是为保护某一个或几个环境要素或为了调整某方面社会关系而制定的，是宪法及环境保护基本法的具体化。其包括这几个方面：①生态保护法，如《农业法》《水法》《土地管理法》《水土保持法》《森林法》《草原法》《防沙治沙法》等；②自然资源保护法，如《矿产资源法》《煤炭法》《水法》等；③环境污染及其他公害防治法，如《大气污染防治法》《水污染防治法》《固体废物污染防治法》《噪声污染防治法》《海洋环境保护法》《放射性污染防治法》《土壤污染防治法》等；④其他环境管理有关的法律，如《环境影响评价法》《清洁生产促进法》等。

(4) 其他相关法律

在我国民法、刑法、经济法、劳动法、行政法等相关法律中含有保护环境的法律规定，也是环境保护法体系的重要组成部分。如《民法通则》第 124 条规定"违反国家保护环境防止污染的规定，污染环境造成他人损害的，应当依法承担民事责任"；1997 年 10 月 1 日起实行的修订后的《刑法》专门增设了"破坏环境资源保护罪"，包括污染环境罪，非法处置进口固体废物罪，擅自进口固体废物罪，非法捕捞水产品罪，非法猎捕、杀害珍贵、濒危野生动物罪，非法收购、运输、出售珍贵或濒危野生动物、珍贵或濒危野生动物制品罪，非法狩猎罪，非法占用耕地罪，破坏性采矿罪，非法采伐、毁坏珍贵树木罪，非法收购盗伐、滥伐的林木罪，并对这些污染环境、破坏资源的行为规定了刑事处罚条款。

(5) 地方性环境保护法律

有立法权的地方人民代表大会及其常委会制定的环境保护规范性文件，是对国家环境保护法律的补充和完善，具有较强的针对性和可操作性。目前，全国大多数省、市、自治区颁布了一系列的环境保护法规。

(6) 我国参加的国际环境保护条约

我国参加的国际环境保护公约以及与外国缔结的关于环境保护的双边、多边条约，也是我国环境保护法律体系的有机组成部分。

① **全球性的自然保护公约** 至今我国已经参加了 30 多个环境保护方面的国际条约，主要有：a. 保护臭氧层的维也纳公约；b. 保护湿地的拉姆萨尔公约；c. 保护世界文化和自然遗产公约；d. 濒危野生动植物物种国际贸易公约；e. 关于保护野生生物资源的合作议定书；f. 关于消耗臭氧层物质的蒙特利尔议定书；g. 控制危险废物越境转移及其处置的巴塞尔公约；h. 气候变化框架公约；i. 生物多样性公约；j. 大陆架公约等。

② **区域性、双边性条约** 与我国有关的双边性的公约主要有：a. 中日保护候鸟及其栖息地环境协定；b. 中澳保护候鸟及其栖息地环境协定；c. 中美环境保护科学技术合作议定书等。

6.3 环境管理的基本制度

我国在环境管理实践中，根据国情，先后总结出多项环境管理制度。通过推行这些管理制度，来控制环境污染、防止生态破坏、有目标地改善环境质量，实现环境保护的总原则和总目标。同时，这些管理制度也是环境保护部门依法行使环境管理职能的主要方法和手段。

6.3.1 "三同时"制度

"三同时"制度是指新建、改建、扩建项目和技术改造项目以及区域性开发建设项目的污染治理设施必须与主体工程同时设计、同时施工、同时投产的制度。它是我国环境保护法"预防为主"基本原则的具体化、制度化、规范化，是加强开发建设项目环境管理的重要措施。

"三同时"制度在 1973 年第一次全国环境保护会议通过的《关于保护和改善环境的若干规定》中首次提出，要求"一切新建、扩建和改建的企业，防治污染项目必须和主体工程同时设计、同时施工、同时投产使用"，"正在建设的企业没有采取防治措施的，必须补上。各级主管部门要会同环境保护和卫生等部门，认真审查设计，做好竣工验收，严格把关"。从此，"三同时"制度成为我国最早的环境管理制度，是符合中国国情、中国独创，具有中国特色的行之有效的环境管理制度。1979 年《中华人民共和国环境保护法（试行）》把"三同时"作为强制性制度确定下来，2014 年 4 月 24 日修订后的《中华人民共和国环境保护法》第四十一条规定："建设项目中防治污染的设施，应当与主体工程同时设计、同时施工、同时投产使用。防治污染的设施应当符合经批准的环境影响评价文件的要求，不得擅自拆除或者闲置。"

"三同时"制度自确立以来，在环境保护工作中发挥了巨大作用。40 年来，建设项目"三同时"工作不断变革与发展，管理体系和管理制度越来越健全。1998 年国务院发布实施、2017 年修改的《建设项目环境保护管理条例》对"三同时"制度进行了更加具体和明确的规定：建设单位在设计阶段要落实环保措施与环保投资，在施工阶段要保证环保设施建设进度与资金，应当按照环保部门规定的标准和程序验收环保设施，并向社会公开，不得弄虚作假，验收合格后方可投产使用；要求环保部门对建设项目环保措施落实情况进行监督检查，将建设项目有关环境违法信息记入社会诚信档案；对未落实环保对策措施、环保投资概算或未依法开展环境影响后评价的单位进行处罚；严厉打击、处罚环保设施未建成、未经验收或验收不合格投入生产使用、在验收中弄虚作假等违法行为；还规定了责令限期改正、责令停产或关闭等法律责任。

6.3.2 环境影响评价制度

环境影响评价是指对规划和建设项目实施后可能产生的环境影响进行分析、预测和评估，提出预防或者减轻不良影响的对策和措施，进行跟踪监测的方法和制度。

1979 年颁布的《中华人民共和国环境保护法（试行）》在法律上确立了环境影响评价制度，2014 年修订的《中华人民共和国环境保护法》第十九条规定"编制有关开发利用规划，建设对环境有影响的项目，应当依法进行环境影响评价。未依法进行环境影响评价的开发利用规划，不得组织实施；未依法进行环境影响评价的建设项目，不得开工建设"。2003 年制定、2016 年和 2018 年两次修订的《中华人民共和国环境影响评价法》，对环境影响评价的实施从法律上进行规范。经过几十年的发展，我国建立了完整的环境影响评价的法律和政策体系。同时，环境影响评价的内涵也不断得到提高：已从对自然环境的影响评价发展到对社会环境的影响评价；自然环境的影响不仅考虑环境污染，还注重生态影响、评价环境风险；关注累积影响并进行环境影响后评价。环境影响评价的应用对象也从当初单纯的建设项目评价发展到区域规划环境评价和战略环境评价，环境影响评价的技术方法和程序也在发展中不断完善。

环境影响评价按评价对象可分规划环境影响评价和建设项目环境影响评价；按环境要素可分为大气环境影响评价、地表水环境影响评价、声环境影响评价、生态环境影响评价和固体废物环境影响评价等；按时间顺序可分为环境影响预测评价、环境质量现状评价以及环境影响后评价。

根据建设项目对环境的影响程度实行分类管理，建设单位应当按规定组织编制环境影响报告文件。如建设项目可能造成重大环境影响，必须对产生的环境影响进行全面评价，编制环境影响评价报告书；如建设项目可能造成轻度的环境影响，应对产生的环境影响进行分析或者专项评价，填写环境影响报告表；对环境影响很小、不需要进行环境影响评价的项目，则填写环境影响登记表。

建设单位可以委托技术单位对其建设项目开展环境影响评价，编制建设项目环境影响评价文件；建设单位具备环境影响评价技术能力的，可以自行对其建设项目开展环境影响评价，编制环境影响评价文件。建设单位应当对建设项目环境影响评价文件的内容和结论负责，如资料明显不实，内容有重大缺陷、遗漏或者虚假，评价结论不正确或者不合理，生态环境主管部门对建设单位及其法定代表人、主要负责人、直接负责的主管人员和其他直接责任人员给予经济处罚，如有违法行为，依法惩处。

国家对从事环境影响评价工作的单位、评价工作内容以及评价报告书的审批制定了严格的管理程序。

接受委托开展建设项目环境影响评价的技术单位对其编制的环境影响评价文件承担相应的责任，如违反国家有关标准和技术规范等规定，致使其编制的环境影响评价文件资料明显不实，内容存在重大缺陷、遗漏或者虚假，评价结论不正确或者不合理，生态环境主管部门对技术单位处以罚款；情节严重的，技术单位以及编制主持人和主要编制人员禁止从事环境影响评价工作，并依法惩处有关的违法行为。相关违法信息记入社会诚信档案，并纳入全国信用信息共享平台和国家企业信用信息公示系统向社会公布。

2016 年国家修订的《环境影响评价技术导则 总纲》对环境影响报告书的内容作了详细的规定，如建设项目周围环境现状，对环境可能造成影响的分析、预测和评估，环境保护措施及其技术经济论证，环境影响的经济损益分析，实施环境监测的建议，环境影响评价的结论等。

生态环境部主要负责审批涉及跨省（自治区、直辖市）、可能产生重大环境影响或存在重大环境风险的建设项目环评文件；省级环保部门应结合垂直管理改革要求和地方承接能力，依法划分行政区域内环评分级审批权限。生态环境部动态调整建设项目环境影响评价分类管理名录，对未列入分类管理名录且环境影响或环境风险较大的新兴产业，由省级环保部门确定其环评分类，报生态环境部备案；对未列入分类管理名录的其他项目，无须履行环评手续。环境影响登记表实行备案制，不要求审批。

依法应当编制环境影响报告书、报告表的建设项目，建设单位应当在编制时向可能受影响的公众说明情况，充分征求意见。负责审批建设项目环境影响评价文件的部门在收到建设项目环境影响报告书、报告表后，除涉及国家秘密和商业秘密的事项外，应当全文公开；发现建设项目未充分征求公众意见的，应当责成建设单位征求公众意见。

建设项目的环境影响评价文件未依法经审批部门审查或者审查后未予批准的，建设单位不得开工建设。建设单位未依法报批建设项目环境影响报告书、报告表，或者未依照环评法的规定重新报批或者报请重新审核环境影响报告书、报告表，擅自开工建设的，由县级以上环境保护行政主管部门责令停止建设，根据违法情节和危害后果，处建设项目总投资额 1% 以上、5% 以下的罚款，并可以责令恢复原状；对建设单位直接负责的主管人员和其他直接责任人员，依法给予行政处分。

在项目建设、运行过程中产生不符合经审批的环境影响评价文件的情形的，建设单位应当组织环境影响的后评价。原环保部于 2015 年颁布了《建设项目环境影响后评价管理办法（试行）》，规定环境影响后评价是指编制环境影响报告书的建设项目在通过环境保护设施竣工验收且稳定运行一定时期后，对其实际产生的环境影响以及污染防治、生态保护和风险防范措施的有效性进行跟踪监测和验证评价，并提出补救方案或者改进措施，提高环境影响评价有效性的方法与制度。下列建设项目运行过程中产生不符合经审批的环境影响报告书情形的，应当开展环境影响后评价：①水利、水电、采掘、港口、铁路行业中实际环境影响程度和范围较大，且主要环境影响在项目建成运行一定时期后逐步显现的建设项目，以及其他行业中穿越重要生态环境敏感区的建设项目；②冶金、石化和化工行业中有重大环境风险，建设地点敏感，且持续排放重金属或者持久性有机污染物的建设项目；③审批环境影响报告书的环境保护主管部门认为应当开展环境影响后评价的其他建设项目。建设单位或者生产经营单位负责组织开展环境影响后评价工作，编制环境影响后评价文件，对环境影响后评价结论负责，并将环境影响后评价文件报原审批环境影响报告书的环境保护主管部门备案，接受环境保护主管部门的监督检查。

6.3.3 环境保护税制度

我国在 20 世纪 70 年代末期，根据"谁污染谁治理"的原则，借鉴国外经验，结合我国国情开始实行排污收费制度，即一切向环境排放污染物的单位和个体生产经营者，应当依照国家的规定和标准缴纳一定费用的制度。我国的排污收费制度规定，在全国范围内，对污水、废气、固体废物、噪声、放射性等各类污染物的各种污染因子，按照一定标准收取一定数额的费用。

我国的排污收费制度是以法律为依据的。《中华人民共和国环境保护法》第四十三条规定："排放污染物的企业事业单位和其他生产经营者，应当按照国家有关规定缴纳排污费。排污费应当全部专项用于环境污染防治，任何单位和个人不得截留、挤占或者挪作他用。依照法律规定征收环境保护税的，不再征收排污费。"

通过收费这一经济手段促使企业加强环境治理、减少污染物排放，对我国防治环境污染、保护环境起到了重要作用。但在实际执行中也存在一些问题，影响了该制度功能的有效发挥。针对这种情况，全国人大常委会 2016 年通过《中华人民共和国环境保护税法》，2018 年 1 月 1 日起施行。

按照平移原则费改税，根据现行排污费项目设置税目，将排污费的缴纳人作为环境保护税的纳税人，将应税污染物排放量作为计税依据，将现行排污费征收标准作为环境保护税的税额下限，大气和水污染物的税额下限沿用排污费最低标准，即每污染物当量 1.2 元和 1.4 元，税额上限则设定为下限的 10 倍。

环境保护税法还规定了两档减税优惠，企业少排污少缴税。纳税人排污浓度值低于规定标准 30% 的，减按 75% 征税；排污浓度低于标准 50% 的，减按 50% 征税。

实行排污税制度的原因是由于环境是人类赖以生存的最基本条件，也是社会经济发展的物质资源。国家是政权组织，它拥有对环境资源的所有权和管理权。环境一旦遭到污染，必然使环境质量恶化，人体健康受到损害。而为了消除和恢复这一不利的影响，需要花费大量的社会劳动和资金，从而体现出环境资源的固有价值。排污税制度正是运用价值规律的理论，运用体现经济效益的机制，促进排污单位防治污染的一项独特的制度。在产品的生产环节、流通环节和消费环节上，谁污染了属于全体社会成员共有的环境，谁就把进行治理的负担转嫁给全社会。在这种情况下，国家就可以将企业原本应该支付而尚未支付的污染防治费用，通过排污税的形式加以收缴。

环境保护税法有利于解决排污费制度执法刚性不足、地方政府干预等问题；有利于提高纳税人的环境保护意识，增强企业治污减排的责任；有利于构建促进经济结构调整、发展方式转变的绿色税制体系；有利于规范政府分配秩序，优化财政收入结构，强化预算约束。利用税收杠杆，多排污多交税，少排污则能享受税收减免，形成有效的约束激励机制，推进生态文明建设和绿色发展。

6.3.4 环境保护目标责任制

环境保护目标责任制是在我国环境管理实践中，结合我国国情，总结提炼出来的，是我国政府为了环境保护事业首创的一项制度，解决了环境保护的总体动力问题、责任问题、定量科学管理问题、宏观指导与微观落实相结合的问题。环境保护是一项科学、技术、工程、社会相结合的综合性很强的复杂系统工程，涉及方方面面，必须统一指挥、统一规划、统一实施。实践证明，环境保护部门担当不起统一的重任，只能由地方行政负责人承担。2014 年我国修改通过的《环境保护法》第二十六条规定："国家实行环境保护目标责任制和考核评价制度。县级以上人民政府应当将环境保护目标完成情况纳入对本级人民政府负有环境保护监督管理职责的部门及其负责人和下级人民政府及其负责人的考核内容，作为对其考核评价的重要依据。"2018 年召开的全国生态保护工作会议强调各级党委政府及其有关部门必须扛起生态文明建设和生态环境保护的政治责任。

环境保护目标责任制以现行法律为依据，以责任制为手段，以行政制约为机制，明确了地方各级人民政府在保护、改善环境质量上的权利、义务和责任。

环境保护目标责任制的含义主要有：

① 环境保护目标责任制主要是靠环境保护责任书来体现；

② 运用目标化、定量化、制度化的管理方法，把环境保护工作作为有关领导人任期内的必须完成的一项基本任务；

③ 明确了各级行政领导保护环境的责任，使保护环境的任务得到层层落实。

环境保护目标责任制在推动我国环境保护实践进程、提高环境保护工作效率等方面都发挥着重要的作用。环境保护目标责任制明确了保护环境的主要责任者、责任目标和责任范围，解决了谁对环境质量负责这一首要问题。有利于把环保工作真正列入各级政府的议事日程，有利于把国民经济和社会发展规划中的环保目标和年度规划具体化，有利于环保责任的落实与分工合作，有利于调动全社会参与保护环境的积极性，变过去环保部门一家抓，逐步发展为各部门各司其职、各负其责、齐抓共管。

环境保护目标责任制的实施是一项复杂的系统工程，涉及面广，政策性和技术性强。制定和实施环境保护责任书是实现环境保护目标责任制的核心，环境保护目标责任制的实施内容包括责任书的制定、责任书的下达实施、责任书的考核三个部分。

6.3.5　生态保护补偿制度

生态保护补偿制度是以保护和可持续利用生态系统服务为目的，根据生态系统服务价值、生态保护成本、发展机会成本，综合运用行政和市场手段，调节相关者利益关系的制度安排。生态保护补偿有狭义和广义之分。广义的生态保护补偿既包括对因环境保护丧失发展机会的区域内居民进行的资金、技术、实物上的补偿，政策上的优惠，也包括为提高环境保护水平而进行的科研、教育费用的支出，即资金补偿、实物补偿、政策补偿和智力补偿；狭义的生态补偿指对由人类社会经济活动给生态系统和自然资源造成的破坏及对环境造成的污染的收费、补偿、恢复、综合治理等一系列活动。

生态补偿在一些发达国家 20 世纪 70 年代就已通过立法予以确定，我国在生态补偿方面起步较晚，2000 年以后，在林业系统先后实施了退耕还林（草）、生态公益林补偿金、天然林保护工程等三大生态政策，在农业系统实施了退牧还草政策。2010 年 4 月起中国正式启动《生态补偿条例》起草工作试点，开始建立生态补偿标准体系。2014 年修订的《环境保护法》第三十一条规定国家建立、健全生态保护补偿（eco-compensation）制度。2016 年国务院提出，到 2020 年，实现森林、草原、湿地、荒漠、海洋、水流、耕地等重点领域和禁止开发区域、重点生态功能区等重要区域生态保护补偿全覆盖，补偿水平与经济社会发展状况相适应，跨地区、跨流域补偿试点示范取得明显进展，多元化补偿机制初步建立，基本建立符合我国国情的生态保护补偿制度体系，促进形成绿色生产方式和生活方式。

建立生态补偿机制遵循"谁开发、谁保护，谁破坏、谁恢复，谁受益、谁补偿，谁污染、谁付费"的原则。

生态保护补偿包括重点领域补偿、重点区域补偿和地区间补偿。重点领域包括森林、草原、湿地、荒漠、海洋、水流、耕地七大领域；重点区域包括重点生态功能区和禁止开发区；地区间补偿是受益地区与保护生态地区、流域下游与上游通过资金补偿、对口协作、产业转移、人才培训、共建园区等方式建立横向补偿关系。

健全生态保护补偿机制应遵循的四条原则：一是权责统一、合理补偿；二是政府主导、社会参与；三是统筹兼顾、转型发展；四是试点先行、稳步实施。

生态保护补偿主体是受益者，通常采取财政转移支付、政府购买服务或者市场交易等市场手段，让受益者付费、保护者得到合理补偿。

6.3.6　污染集中控制制度

为了改善环境质量，工矿企业排放的污染物必须先行治理才能排放，以减少对环境的污染。我国曾过分强调单个污染源的治理，追求处理率和达标率，这样做的结果是尽管花了不少资金，费了不少劲，搞了不少污染治理设施，但对改善区域环境质量的效果并不十分明显，总体效益不佳。

环境具有整体性与区域性特征。污染治理必须以改善环境质量为目的，以提高经济效益为原则。也就是说，治理污染的根本目的不是去追求单个污染源的处理率和达标率，而应当是谋求整体环境质量的改善，同时讲求经济效率，以尽可能小的投入获取尽可能大的效益。

基于上述指导思想，与单个点源分散治理相对，污染物集中控制在环境管理实践中发展起来。污染集中控制是在一个特定的范围内，为保护环境所建立的集中治理设施和采用的管理措施，是强化环境管理的一种重要手段。污染集中控制，应以改善流域、区域等控制单元的环境质量为目的。依据污染防治规划，按照废水、废气、固体废物等的性质、种类和所处的地理位置，以集中处理为主，用尽可能小的投入获取尽可能大的环境、经济和社会效益。

实践证明，污染集中控制在环境管理上具有方向性的战略意义，特别是在污染防治战略和投资战略上带来重大转变，有利于调动社会各方面治理污染的积极性，有利于集中人力、物力、财力解决重点污染问题，有利于采用新技术提高污染治理效果，有利于提高资源利用率，加速有害废物资源化，有利于节省防治污染的总投入，有利于改善和提高环境质量。

这种制度在实行过程中，应以规划为先导，划分不同区域的功能，突出重点，分别整治；在组织领导上，应以政府牵头，协调各部门，调动大家的积极性；在具体形式上，应根据实际情况，因地制宜，不可千篇一律，以追求最佳经济效益和环境效益为宗旨。

6.3.7　排污许可制度

排污许可制度是环保部门依据排污单位的申请和承诺，通过发放排污许可证来规范和限制排污行为，并依证监管的环境管理制度。排污单位承诺并对申请材料的真实性、完整性、合法性负责是排污单位取得排污许可证的重要前提。排污单位必须持证才能排污，无证不得排污。持证排污单位必须在排污许可证规定的许可排放浓度和许可排放量的范围内排放污染物，并应开展自行监测、建立台账记录、编写执行报告，确保严格落实排污许可证的相关要求。

2014年全国人大常委会修订《环境保护法》，明确规定"国家依照法律规定实行排污许可管理制度"。为实施排污许可制度，2016年底，国务院办公厅出台《控制污染物排放许可制实施方案》（国办发〔2016〕81号），确定排污许可是企业生产运营期排污行为的唯一行政许可，开始全面推行将排污许可制度作为固定污染源管理的核心制度。原环保部于2016年12月发布了规范性文件《排污许可证管理暂行规定》，对排污许可的适用对象、许可证内容、实施程序、监督等问题作出具体规定。全国各地区在原环保部规定的基础上，结合各地实际也先后制定了具体的实施办法。2017年7月，环保部发布了《固定污染源排污许可分类管理名录》，同年 11 月，环保部通过《排污许可管理办法（试行）》，进一步为排污许可的实施提供政策依据。

生态环境部负责全国排污许可制度的统一监督管理，制定相关政策、标准、规范，指导地方实施排污许可制度，省、自治区、直辖市环境保护主管部门负责本行政区域排污许可制度的组织实施和监督。根据污染物产生量、排放量和环境危害程度的不同，在排污许可分类管理名录中规定对不同行业或同一行业的不同类型排污单位实行排污许可差异化管理。无论是重点管理还是简化管理，均由排污单位生产经营场所所在地的设区的市级环境保护主管部门核发排污许可证。同时提出，地方性法规对核发权限另有规定的，从其规定。

首次发放的排污许可证有效期为三年，延续换发的排污许可证有效期为五年。排污许可证由正本和副本两部分组成，主要内容包括承诺书、基本信息、登记信息和许可事项。其中前三项由企业自行填写，最后一项由环保部门依据企业申请材料按照统一的技术规范依法确定。核发环保部门应当以排放口为单元，根据污染物排放标准确定许可排放浓度；按照行业重点污染物许可排放量核算方法和环境质量改善的要求计算许可排放量，并明确许可排放量与总量控制指标和环评批复的排放总量要求之间的衔接关系。

企业应在申请前就基本信息、拟申请的许可事项进行公开，在执行排污许可过程中应公开自行监测数据和执行报告内容；环保部门在核发排污许可证后应公开排污许可证正本以及副本中的基本事项、承诺书和许可事项。监管执法部门应制订排污许可执法计划，明确执法重点和频次；执法中应对照排污许可证许可事项，按照污染物实际排放量的计算原则，通过核查台账记录、在线监测数据及其他监控手段或执法监测等，检查企业落实排污许可证相关要求的情况；应在全国排污许可证管理信息平台上公开监管执法信息、无证和违法排污的排污单位名单。

通过排污许可，对企业的环境监管逐步从企业细化深入到每个具体排放口，从主要管四项污染物转向多污染物协同管控，从以污染物浓度管控为主转向污染物浓度与排污总量双管控。特别针对当前雾霾防治，在排污许可证中增设重污染天气期间等特殊时段对排污单位排污行为的管控要求。

6.3.8　限制生产、停产整治制度

1973 年第一次全国环境保护工作会议提出污染限期治理制度，1989 年颁布的《环境保护法》正式确立了限期治理制度，对限期治理的对象、范围、内容、权限以及法律责任作出了规定。在此之后，我国颁布的大气、水体、固体废物、噪声、海洋保护等污染防治法律中均规定了限期治理。

随着经济社会的发展和公众环境保护意识的增强，环境监管的压力也越来越大。对一些长期超标、超总量排放污染物甚至有毒污染物的排污者，仅靠行政处罚、责令限期改正等行政执法手段已经力有不逮，需要进一步通过限制生产或停产整治的方式，迫使排污者自行整改，制定针对性的整治方案，优化治污工艺或设备，从根本上解决超标、超总量排污的问题。2014 年修订的《环境保护法》确定环境保护主管部门对超标超总量排污的企业事业单位和其他生产经营者可以责令限制生产、停产整治，同年 12 月，环保部颁布了《环境保护主管部门实施限制生产、停产整治办法》；2015 年修订的《大气污染防治法》规定对超标超总量的违法单位限制生产和停产整治；2017 年 7 月，环保部废止

2009 年颁布的《限期治理管理办法（试行）》，限制生产、停产整治制度正式替代了实施几十年的限期治理制度。

决定排污者限制生产、停产整治，首先应当调查取证，在取得充分证据能够证明违法行为成立后，书面提交环保部门负责人审批，案情重大或者社会影响较大的，应当经环境保护主管部门案件审查委员会集体审议决定；其次，决定做出前，应告知排污者有关事实、依据及其依法享有的陈述、申辩或者要求举行听证的权利；最后，在前述工作基础上方可做出限制生产、停产整治决定。排污者被责令限制生产、停产整治后，环保主管部门应当对排污者履行限制生产、停产整治措施的情况实施后督察，并依法进行处理或者处罚。排污者解除限制生产、停产整治后，环保主管部门应当在解除之日起 30 日内进行跟踪检查，若发现排污者仍超标超总量排污，可再次启动限制生产、停产整治程序或者报经政府停业关闭，并依法处罚或处理，督促其达标及符合总量控制要求排污。

限制生产、停产整治实施的基础是排污者自律，具体体现在三个方面：一是整治方案要备案，排污者应当在收到限制生产决定书或者责令停产整治决定书后，在 15 个工作日内将整改方案报做出决定的环境保护主管部门备案并向社会公开；二是整治过程要自测，被限制生产的排污者在整改期间要按照环境监测技术规范进行监测或者委托有条件的环境监测机构开展监测，保存监测记录；三是整治责任自己担，排污者完成整改任务，应当将整改任务完成情况和整改信息社会公开情况报环保主管部门备案，限制生产、停产整治决定自排污者报环保主管部门备案之日起解除。

实施限制生产、停产整治一般适用于污染较为严重，且需要一定整改期限的污染排污者，对于能够立即改正环境违法行为、完成整治任务的无须采取限制生产、停产整治措施。

6.3.9 污染排放总量控制制度

污染排放总量控制制度在 20 世纪 70 年代末首先由日本提出，在日、美等发达国家得到广泛施行，并取得了良好的效果。我国在"七五"期间开始进行水污染物排放总量控制的系统研究，部分城市结合排污许可证制度对一些排污单位进行了排污总量的控制，1996 年在全国实施污染物排放总量控制。

2014 年修改的《环境保护法》首次提出，国家实行重点污染物排放总量控制制度，重点污染物排放总量控制指标由国务院下达，省、自治区、直辖市人民政府分解落实，企业事业单位在执行国家和地方污染物排放标准的同时，应当遵守分解落实到本单位的重点污染物排放总量控制指标。

污染排放总量控制制度是指在特定的时期内，综合经济、技术、社会等条件，采取通过向排污源分配污染物排放总量的形式，将一定空间范围内排污源产生的污染物的数量控制在环境容许限度内而实行的污染控制方式及其管理规范的总称。总量控制包括三个方面的内容：①污染物的排放总量；②排放污染物的地域；③排放污染物的时间。

污染物排放总量控制的核心是确定特定范围内，如一个行政区、一个流域、一个功能区、一个行业的污染物允许排放总量。为制定和实现总量控制目标，需确定总量控制因子、核定总量控制基数、分配总量控制指标、制定总量控制方案、考核管理总量目标。1996 年，根据全国的实际情况，国家提出了 3 大类 12 项污染物作为"九五"期间污染物总量控制因子，即废水（化学需氧量、石油类、氰化物、铅、镉、砷、汞、六价铬）、废气（二氧化硫、烟尘、工业粉尘）、固体废物（工业固体废物）；"十一五"的主要污染控制因子为废水（化学需氧量）、废气（二氧化硫）；"十二五"和"十三五"的主要污染控制因子为废水（化学需氧量、氨氮）、废气（二氧化硫、氮氧化物）。

排污许可制度的实施，要求企事业单位污染物排放实行总量控制，逐步实现由区域污染物排放总量控制向排污单位污染物排放总量控制转变，将总量控制的责任回归到排污单位，并将排污单位总量控制上升为法定义务。

2014 年修改的《环境保护法》规定："对超过国家重点污染物排放总量控制指标或者未完成国家确定的环境质量目标的地区，省级以上人民政府环境保护主管部门应当暂停审批其新增重点污染物排放总量的建设项目环境影响评价文件。"这项区域限批制度要求省级以上环境保护主管部门当本地域的国家重点污染物排放超过总量控制指标或者未完成国家确定的环境质量目标时，暂停审批新增重点污染物排放总量的建设项目环境影响评价文件。具体而言，环评区域限批制度适用于两种情形：①超过国家重点污染物排放总量控制指标；②未完成国家确定的环境质量目标。这样可以抑制地方主义，强化环境执法力度。

6.4　环境标准

环境标准（environmental standards）是为了防止环境污染、维护生态平衡、保护人群健康、发展经济及维护生态免遭破坏，根据国家的环境政策和有关法令，在综合分析环境特征，控制环境的技术水平、经济条件和社会要求的基础上对环境保护工作中需要统一的各项技术规范和技术要求所作的规定。环境标准是国家环境政策中环境保护规划在技术方面的具体体现，是国家环境保护法规的重要组成部分，是环境保护行政主管部门依法行政的依据，是推动环境科技进步的一个动力，也是环境评价的准绳，同时具有投资导向作用。

根据《环境标准管理办法》第三条的规定，国务院环境保护行政主管部门和省、自治区、直辖市人民政府依据国家有关法律规定，对环境保护工作中需要统一的各项技术规范和技术要求制定环境标准。环境标准是评价环境质量和环境保护工作的法定依据。制定环境标准的目的是保护人体健康、发展经济及维护生态免遭破坏，但并不是完全不允许排污，而是要考虑所能达到的技术水平、经济条件和社会要求。环境标准和环境标准体系并不是一成不变的，而是随着环境问题的产生而产生的，随着科学技术的进步和环境科学的发展而发展的，它为社会生产力的发展创造了良好的条件，同时又要受到社会生产力发展水平的制约。

各种环境标准的集合称为环境标准体系。

我国目前已形成两级五类的环保标准体系，分别为国家级和地方级标准，类别包括环境质量标准、污染物排放（控制）标准、环境监测类标准、环境管理规范类标准和环境基础类标准。截至"十二五"末期，累计发布国家环保标准 1941 项，废止标准 244 项，现行标准 1697 项，形成了较为完整、有效的环境标准体系，在我国的环境保护工作中发挥着重要的作用，并为环境标准体系的进一步发展奠定了基础。

6.4.1　环境标准体系

我国环境保护标准体系可按两种划分原则表达其结构内容。

(1) 按标准发布权限划分

① **国家环境标准**　指由国务院环境保护行政主管部门组织制定的环境标准。国家环境标准包括环境质量标准、污染物排放标准（或控制标准）、环境监测方法标准、环境标准样品标准和环境基础标准；又分为强制性标准和推荐性标准，两种标准在其标准代号中有所区别，推荐性标准中有"T"。环境质量标准、污染物排放标准和法律、法规规定必须执行的其他标准为强制性标准。强制性环境标准必须执行，超标即违法。强制性标准以外的环境标准属于推荐性环境标准，推荐性环境标准被强制性标准引用，也必须强制执行。

② **地方环境标准**　地方环境标准是对国家环境标准的补充和完善。地方环境标准包括地方环境质量标准和地方污染物排放标准。根据《中华人民共和国环境保护法》的规定，省、自治区、直辖市人民政府对国家环境质量标准和污染物排放标准中未作规定的项目可以制定地方标准，对国家标准中已作规定的项目可以制定严于国家标准的地方标准。地方污染物排放标准在本省、自治区、直辖市所辖地区内执行。制定的地方环境标准要报生态环境部批准、备案。

(2) 按性质内容划分

① **环境质量标准**　环境质量标准是为保障人群健康、维护生态和保障社会财富，并考虑技术、经济条件，对环境中有害物质和因素所作的限制性规定。环境质量标准是一定时期内衡量环境优劣程度的标准，从某种意义上讲是环境质量的目标标准，如空气质量标准、水环境质量标准、环境噪声治理标准、土壤环境质量标准等。环境质量标准是环境标准体系的核心，是国家政策、经济技术等多种因素与环境政策的综合反映。

② **污染物排放标准（或控制标准）**　污染物排放标准（或控制标准）是根据国家环境质量标准，以及适用的污染控制技术，并考虑经济承受能力，对排入环境的有害物质和产生污染的各种因素所作的限制性规定，是对污染源控制的标准，如大气污染物排放标准。

③ **环境监测标准**　环境监测标准是为监测环境质量和污染物排放，规范采样、分析测试、数据处理等所作的统一规定，包括环境监测技术规范、环境监测分析方法标准、环境监测仪器技术要求，如水质分析方法标准、城市环境噪声测量方法、水质采样方法等。

④ **环境标准样品标准**　环境标准样品标准是为保证环境监测数据的准确、可靠，对用于量值传递或质量控制的材料、实物样品而制定的标准，如土壤 ESS-1 标准样品、水质 COD 标准样品等。

标准样品在环境管理中起着甄别的作用，可用来：评价分析仪器，鉴别其灵敏度；平均分析者的技术，使操作技术规范化。

⑤ **环境基础标准**　环境基础标准是对环保工作中有指导意义的各种符号、代号、公式、量纲、名词术语、标记方法、标准编排方法、原则等所作的规定，是制定其他标准的基础，包括管理标准、环境保护名词术语标准、环境保护图形符号标准、环境信息分类和编码标准。

6.4.2　环境标准的制定

(1) 制定环境标准的原则

各类环境标准的内容虽有不同，但出发点和目标是一致的，为了使制定的标准既有科学依据，又适合我国经济技术发展水平，标准的制定应遵循下述基本原则：

① 以国家环境保护方针政策、法律法规为依据，以保护人体健康和改善环境质量为目

标，促进环境效益、经济效益、社会效益的统一；

② 与国家的技术发展水平、社会经济承受能力相适应；

③ 各类环境标准应协调配套；

④ 便于执行和管理；

⑤ 借鉴适合我国国情的国际标准和其他国家的标准。

（2）环境标准制定的程序

根据《环境保护法》和《环境标准管理办法》，国家和地方环境保护主管部门依据经济技术的发展水平和环境保护事业的发展制定环境标准，应遵循的基本程序如下：

① 编制标准制定计划；

② 组织拟订标准草案；

③ 对标准草案征求意见；

④ 组织审议标准草案；

⑤ 审查批准标准草案；

⑥ 按照环境标准规定的程序编号发布。

环境标准修订的目的是使环境标准更科学合理，更完善全面，更好地体现标准的先进性和适应环保形势的新发展，因此，同制定新标准一样也应遵守以上的原则和程序。

6.4.3　环境标准的使用

（1）注意标准的更替和修订

随着经济社会发展和技术水平进步，会更替、修订环境标准，在使用标准时必须执行现行标准。标准的更替可参阅国家标准出版社的标准汇编，也可利用互联网查阅。同时，应关注国家环保主管部门对有关标准的公告。例如：环境保护部公告2015年第41号，就调整了《纺织染整工业水污染物排放标准》（GB 4287—2012）部分指标的执行要求。

（2）地方环境标准优先于国家标准

由于地方环境标准严于国家环境标准，或者地方环境标准规定了国家标准未作规定的项目，因此在环境标准的执行中地方标准应优先于国家标准。

（3）综合性排放标准与行业性排放标准不交叉执行

国家污染物排放标准又分为跨行业综合性排放标准（如《污水综合排放标准》《大气污染物综合排放标准》等）和行业性排放标准（如《火电厂大气污染物排放标准》《合成氨工业水污染物排放标准》等）。有行业排放标准的执行行业排放标准，没有行业排放标准的执行综合排放标准。例如，造纸工业水污染物排放应执行 GB 3544—2008《制浆造纸工业水污染物排放标准》，而不是 GB 8978—1996《污水综合排放标准》。

6.5　环境监测

环境监测是环境管理和污染防治的基础，是环境立法、环境规划和环境决策的依据，也是环境保护执法体系的基本组成部分。环境监测的作用具体表现在：是评价环境状况和预测环境影响的前提；是制定、实施环境法规、标准和进行环境综合整治决策的依据；是监视污染源排污和评价治理效果的手段；是进行环境科研、制定环境规划的基础。

6.5.1 环境监测体系

环境监测是由环境监测机构按照规定程序和有关法规的要求，对代表环境质量（或污染程度）及其发展变化趋势的各种环境要素进行技术性监视、测试和解释，对环境行为符合法规情况进行执法性监督、控制和评价的全过程操作。

环境监测的主要任务是及时、准确、全面地获取环境监测数据，客观反映环境质量状况和变化趋势，跟踪污染源变化情况，准确预警各类潜在的环境问题，及时响应突发环境事件。

环境监测制度是环境监测的法律化，是围绕环境监测而建立起来的一整套规则体系。它通常由环境监测组织机构及其职责规范、环境监测方法规范、环境监测数据管理规范、环境监测报告规范等组成。建立环境监测制度是环境保护法确定的法律要求，2014 年修订的《环境保护法》第十七条规定："国家建立、健全环境监测制度。国务院环境保护主管部门制定监测规范，会同有关部门组织监测网络，统一规划国家环境质量监测站（点）的设置，建立监测数据共享机制，加强对环境监测的管理。"

我国环境监测经过几十年发展健全了制度体系，国家法律法规对建立监测制度、组建监测网络、制定监测规范等作出了规定，颁布了《全国环境监测管理条例》《环境监测质量管理规定》《环境监测人员持证上岗考核制度》《主要污染物总量减排监测办法》《环境监测管理办法》等环境监测的法规制度。此外，建立了由中国环境监测总站、省级环境监测站、地市级环境监测站及区县级环境监测站组成的四级环境监测机构，成立了生态环境部卫星环境应用中心，奠定了"天地一体化"环境监测基础，形成了国控、省控、市控三级为主的环境质量监测网。

环境监测技术体系也日趋规范，建立了环境空气、地表水、噪声、固定污染源、生态、固体废物、土壤、生物、核与辐射等环境要素的监测技术路线，构建了环境遥感监测技术体系，颁布了水、空气、生物、噪声、放射性污染源等方面的监测技术规范，制定了地表水水质评价、湖泊富营养化评价、环境空气质量评价、酸雨污染状况评价、沙尘天气分级评价、声环境质量评价、生态环境质量评价等技术规定，制定了环境监测方法标准、环境标准样品和环境监测仪器设备技术条件，以及环境监测质量保证和质量控制方面的国家标准。环境监测实验室条件、分析测试能力、现场分析能力、污染源监测能力、突发环境事件应急监测能力、监测信息管理传输能力、环境监测科研能力等大幅提升，具备环境卫星遥感监测能力。

环境监测信息发布体系逐步建立起来，生态环境部和各省（自治区、直辖市）及部分城市环境保护主管部门定期发布环境状况公报和环境质量报告，对全国主要水系 100 个国控水质自动监测站的八项指标（水温、pH、浊度、溶解氧、电导率、高锰酸盐指数、氨氮和总有机碳）的监测结果进行网上实时发布，113 个环保重点城市空气质量实时发布，定期发布重点流域、重点城市环境质量状况报告，环境监测信息公开力度逐渐加大。

6.5.2 环境监测的分类

按监测目的，环境监测可分为三类：研究性监测、监视性监测和特定目的监测。
（1）研究性监测
研究性监测是指研究确定污染物从污染源到受体的运动过程，鉴定环境中需要注意的污染物。这类监测需要化学分析、物理测量、生物和生理生化检验技术，并涉及大气化学、大气物理、水化学、水文学、生物学、流行病学、毒理学、病理学等学科的知识。如果监测数据表明存在环境污染问题，则必须确定污染物对人、生物和其他物体的影响。

(2) 监视性监测

监视性监测是指监测环境中已知有害污染物的变化趋势，评价控制措施的效果，判断环境标准实施的情况和改善环境取得的进展，建立各种监测网，如大气污染监测网、水体污染监测网，积累监测数据，据此确定一个城市、省、区域、国家甚至全球的污染状况和发展趋势。

(3) 特定目的监测（特例监测、应急监测）

① **污染事故监测**　在发生污染事故时及时深入事故地点进行应急监测，确定污染物的种类、扩散方向、速度和污染程度及危害范围，查找污染发生的原因，为控制污染事故提供科学依据。这类监测常采用流动监测（车、船等）、简易监测、低空航测、遥感等手段。

② **纠纷仲裁监测**　主要针对污染事故纠纷、环境执法过程中所产生的矛盾进行监测，提供公证数据。

③ **考核验证监测**　包括人员考核、方法验证、新建项目的环境考核评价、排污许可证制度考核监测、"三同时"项目验收监测、污染治理项目竣工时的验收监测。

④ **咨询服务监测**　为政府部门、科研机构、生产单位所提供的服务性监测。为国家政府部门制定环境保护法规、标准、规划提供基础数据和手段，如建设项目进行环境影响评价，需按评价要求进行监测。

按监测对象，环境监测可分为大气污染监测、水质污染监测、土壤污染监测、固体废物监测、生物污染监测等。大气污染监测对大气中的可吸入悬浮物、二氧化硫、二氧化氮、一氧化碳、汞等一次污染物和光化学烟雾等二次污染物进行定性和定量测定；水质污染监测对地表水、地下水和底泥中的物理指标（色度、电导率、温度、悬浮物等）、化学指标（重金属、无机盐类、化学需氧量、生化需氧量、农药、挥发酚等）和生物学指标（细菌总数、大肠杆菌数）等进行监测；土壤污染监测对土壤中的重金属、农药残留量及其他有毒有害物质进行监测；固体废物监测对工业有害固体废物和生活垃圾的毒性、易燃性、腐蚀性、重金属等指标进行监测；生物污染监测，植物的监测项目大体与土壤监测项目类似，水生生物的监测项目依水体污染情况而定。

按污染物的性质，环境监测可分为化学毒物监测、卫生（包括病原体、病毒、寄生虫、霉菌毒素等污染）监测、热污染监测、噪声污染监测、电磁波污染监测、放射性污染监测、富营养化监测等。

按专业部门，环境监测可分为气象监测、卫生监测、资源监测等。

按监测区域，环境监测可分为厂区监测和区域监测。

此外，环境监测又可分为化学监测、物理监测、生物监测、生态监测。

6.5.3　环境监测的原则

由于污染物种类多，同一种污染物亦会以不同的形态存在，并且环境监测还会受到人力、监测手段、经济条件和设备仪器等的限制，因此，环境监测不能包罗万象地监测分析所有的污染物，应合理选择监测对象。监测对象的选择应从三个方面考虑：①在实地调查的基础上，针对污染物的性质，选择那些毒性大、危害严重、影响范围大的污染物，对于潜在性危害大的污染物也不应忽视；②对确定监测的污染物，必须有可靠的测试手段和分析方法，保证能获得准确、可靠、有代表性的数据；③对监测数据能够做出正确解释和判断，如果该监测数据既无标准可循，又不了解对人体健康和生物的影响，会使监测工作陷入盲目性。

全球已知化学品有 700 多万种，进入环境的已达 10 万种，因此不可能对每一种化学品都进行监测、实行控制，而只能有重点、针对性地对部分污染物进行监测和控制。这就必须对众多有毒污染物进行分级排队，从中筛选出潜在危害性大、在环境中出现频率高的污染物作为监测和控制对象。优先监测的污染物称为环境优先污染物，简称为优先污染物（priority pollutants），对优先污染物进行监测称为优先监测。

优先污染物的特点是难以降解、在环境中有一定残留水平、出现频率高、具有生物积累性和"三致"（致癌、致畸、致突变）性、毒害较大，现代监测技术对其有可靠的检测方法。

美国最早开展优先监测，1976 年，美国环保局（USEPA）就在清洁水法中明确规定了129 种环境优先污染物，一方面要求排放优先污染物的单位采用最佳可利用技术（BAT）控制点源污染排放，另一方面制定环境质量标准，对各水域实施优先监测，其后又提出了 43种空气优先污染物名单。我国在研究和参考国外经验的基础上也于 1989 年提出了包括 14 种化学类别共 68 种污染物的"中国环境优先污染物黑名单"，如表 6-1 所列。

表 6-1　中国环境优先污染物黑名单

化学类别	名称
1. 卤代烃类	二氯甲烷、三氯甲烷、四氯化碳、1,2-二氯乙烷、1,1,1-三氯乙烷、1,1,2-三氯乙烷、1，1，2，2-四氯乙烷、三氯乙烯、四氯乙烯、三溴甲烷
2. 苯系物	苯、甲苯、乙苯、邻二甲苯、间二甲苯,对二甲苯
3. 氯代苯类	氯苯、邻二氯苯、对二氧苯、六氯苯
4. 多氯联苯	多氯联苯
5. 酚类	苯酚、间甲酚、2,4-二氯酚、2,4,6-三氯酚、五氯酚、对硝基酚
6. 硝基苯类	硝基苯、对硝基甲苯、2,4-二硝基甲苯 、三硝基甲苯、对硝基氯苯、2,4-二硝基氯苯
7. 苯胺类	苯胺、二硝基苯胺、对硝基苯胺、2,6-二氯硝基苯胺
8. 多环芳烃类	萘、荧蒽 、苯并[b]荧蒽、苯并[k]荧蒽、苯并[a]芘、茚并[1,2,3-c,d]芘、苯并[g,h,i]芘
9. 酞酸酯类	酞酸二甲酯、酞酸二丁酯 、酞酸二辛酯
10. 农药类	六六六、DDT、敌敌畏、乐果、对硫磷、甲基对硫磷、除草醚、敌百虫
11. 丙烯腈	丙烯腈
12. 亚硝胺类	N-亚硝基二乙胺、N-亚硝基二正丙胺
13. 氰化物	氰化物
14. 重金属及其化合物	砷及其化合物、铍及其化合物、镉及其化合物、铬及其化合物、铜及其化合物、铅及其化合物、汞及其化合物、镍及其化合物、铊及其化合物

6.5.4　环境监测的特点

污染因子具有污染物种类多、浓度低、随时空不同而分布、对环境具有综合效应的特征，环境监测因其对象、手段、时空的多变性和环境因子的复杂性，呈现下述特点：

(1) 综合性

环境监测的综合性表现在：

① 监测手段包括化学、物理、生物、物理化学、生物化学及生物物理等一切可以表征环境因子的方法；

② 监测对象包括空气、水体（江、河、湖、海及地下水）、土壤、固体废物、生物等客体，只有对这些客体进行综合分析，才能准确描述环境质量和污染源状况；

③ 统计处理、综合分析监测数据时，需涉及该地区的自然和社会各方面的情况，必须综合考虑才能正确阐明数据的内涵。

(2) 连续性

连续性污染源排放的污染因子的强度随时间而变化，污染因子进入环境后，随空气和水的流动而被稀释、扩散，其扩散速度取决于污染因子的性质。污染因子的时空分布性决定了环境监测必须坚持长期连续才能揭示污染因子的分布和变化规律，进而预测其变化趋势，数据越多，连续性越好，预测的准确度越高。监测网络、监测点的选择要有科学性，代表性的监测点位确认后，必须长期坚持监测，以保证前后数据的可比性。

(3) 追踪性

环境监测是一个复杂而又有相互联系的系统，包括监测目的的确定，监测方案的设计，样品的采集、运送、处理，实验室测定和数据处理等程序，其中每一个步骤都会对结果产生影响。特别是区域性的大型监测，参与监测的人员、实验室和仪器各不相同，技术和管理水平也会不同。为保证监测结果的准确性，使数据具有可比性、代表性和完整性，必须建立一个量值追溯体系以监督，即建立完善的环境监测质量保证体系。

(4) 服务性

环境监测为环境管理服务，这是由环境监测的目的决定的，因此环境监测应该遵守及时性、准确性、公正性和科学性的基本原则。

本 章 小 结

环境保护重在管理。本章概述了环境管理的含义、内容，环境保护法的作用以及环境保护法律体系；主要介绍了环境管理的基本制度，包括"三同时"、环境影响评价、环境保护税、环境保护目标责任制、生态保护补偿、污染集中控制、排污许可、限制生产停产整治和污染排放总量控制制度；简要介绍了环境标准制定、修订、使用原则，环境监测的分类、原则和特点。通过本章的学习，使学生对环境管理的法律和政策体系有一个完整清晰的认识，增强遵守法律制度的自觉性和主动性。

第7章

可持续发展与清洁生产

本章学习要点

☑ **重点**：可持续发展、清洁生产、环境管理体系标准、循环经济、生态工业。

☑ **要求**：熟悉可持续发展的概念和内涵，了解 ISO 14000 系列标准的内容和意义，掌握清洁生产实现的途径，理解循环经济的理念，认识生态工业的发展方向。

7.1 可持续发展战略

7.1.1 可持续发展的由来

(1) 传统发展与环境问题

在不同的社会发展时期，人类社会活动对大自然干预的程度不同，因而产生的环境问题亦不同。

① **史前文明时期** 由于人口稀少，居住极为分散，生产力水平极低，被动地依靠自然生存，人类活动还没有对自然环境产生明显的影响与破坏作用。此时产生的环境问题主要是人口的自然增长，无知地乱采、乱捕、滥用自然资源所造成的生活资料的缺乏，以及由此而引起的饥荒。

② **农业文明时期** 从原始社会到 18 世纪后半叶，人类通过耕作和畜牧从自然界获取较为丰富的生活资料，生活水平有了较大的提高，人口也不断地增长。但此时的科学技术还不够发达。提高生活水平、增加物质财富主要依靠扩大耕地面积、增加农作物的播种和增加畜牧数量。为此，毁林开荒、过度放牧，从而严重破坏森林、草原，导致水土流失、沙漠化，带来了严重的生态环境恶化，致使文明衰落。如在 2000 多年前，曾是四大文明古国之一的巴比伦王国，森林茂盛，沃野千里，但由于忽视对生态环境的保护，乱砍滥伐，开荒造田，最后被漫漫的黄沙所淹没，从地球上销声匿迹了。

③ **工业文明时期** 西方发达国家的产业革命从纺织工业开始，最后以建立煤炭、钢铁、化工等重工业而告完成。以牛顿力学和技术革命为先导的工业文明使人类社会的生产力获得了长足的发展，人类改造自然的能力得到了极大的提高。然而，煤炭的大规模应用产生大量

的烟尘、二氧化硫和其他污染物质，冶炼工业排放二氧化硫和其他危害更大的有毒有害物质，化学工业的迅速发展又增加了新的污染源和污染物，造纸工业排放出大量高浓度难降解有机废水，等等，结果导致一系列环境和生态问题产生，如全球温度持续上升、生物多样性减少、酸雨和有毒化学品污染事件不断发生，直接威胁到人类的生存和发展。

20 世纪 70～80 年代，由于环境污染、生态破坏严重，经济发展受到制约。工业发达国家加大了环境保护的投资，制定了一系列环境保护法律、法规，加强环境管理，同时大力开展环境科学研究，进行环境污染治理和发展低污染和无污染的工艺技术，使环境污染得到一定的控制，环境质量有了明显的改善。然而经济发展的模式并未发生根本性的变化，仍然是高投入、高消耗，因此，工业生产过程中所排放的污染物总量还在逐年增加。

此外，世界人口的迅速增长，全球资源的匮乏，尤其是土地资源减少、森林资源破坏、淡水资源短缺等问题，已严重地制约了人类社会经济的发展。在严酷的事实面前，人类开始觉醒，并努力寻求经济、社会和环境相协调发展的道路。

（2）可持续发展的提出

"世界环境与发展委员会"在 1987 年提交的《我们共同的未来》的研究报告中主张把环境与发展这两个紧密关联的问题作为一个整体加以考虑。正式提出了可持续发展（sustainable development）的模式，并首次给出了可持续发展的定义："可持续发展是能够满足当前的需要又不危及下一代满足其需要的能力的发展。"

1992 年 6 月，联合国环境与发展大会在巴西里约热内卢召开，通过了《里约环境与发展宣言》和《21 世纪议程》两个纲领性文件，提出"关于国家和公众行为的基本原则"的宣言和全球范围内可持续发展的行动计划。

2000 年，世界各国领导人在联合国总部一致通过了《千年宣言》，承诺共同实施包括消除极端贫困与饥饿、普及小学教育、促进性别平等和增强妇女权能等八项千年发展目标（millennium development goals，MDGs）。2002 年，在南非约翰内斯堡召开的可持续发展问题世界首脑会议，本着"拯救地球、重在行动"的宗旨，规定了重点更加突出的方针，确立既有具体步骤又可以定量和有时间限制的大小目标。

2015 年 9 月 25～27 日，193 个联合国会员国在可持续发展峰会上正式通过成果性文件——《改变我们的世界：2030 年可持续发展议程》，这一纲领性文件旨在推动未来十多年内实现三项宏伟的全球目标，即消除极端贫困、战胜不平等和不公正以及保护环境、遏制气候变化。

走可持续发展的道路，由传统的发展战略转变为可持续发展战略，是人类对"人类-环境"系统的辩证关系，对环境与发展问题长期进行反思的结果，是人类唯一正确的选择。

7.1.2　可持续发展的定义与内涵

传统的发展观是以产值和利润的增长、物质财富的增加为目标的一种工业化发展观，表现为各国对经济高速增长目标的努力追求，认为人均收入的快速增长就是经济成功的标志，这种观点必然是以牺牲自然环境、过度利用资源为代价，导致了日益严重的全球性环境问题，更危及了人类本身和人类后代的生存与发展。

（1）可持续发展的概念

自 20 世纪 80 年代中期以来，西方发达国家对可持续发展作出了几十种不同的定义，概括起来主要有以下五种类型：

① **从自然属性定义可持续发展** 认为"可持续发展是寻求一种最佳的生态系统以支持生态的完整性，即不超越环境系统更新能力的发展，使人类的生存环境得以持续"。这是国际生态联合会和国际生物科学联合会在 1991 年 11 月联合举行的可持续发展专题讨论会上的成果。

② **从社会属性定义可持续发展** 1991 年，由世界自然保护同盟、联合国环境规划署和世界野生生物基金会共同发表的《保护地球——可持续生存战略》中给出的定义，认为"可持续发展是在生存不超出维持生态系统涵容能力的情况下，改善人类的生活品质"，并提出人类可持续生存的九条基本原则。其主要强调人类的生产方式与生活方式要与地球承载能力保持平衡，可持续发展的最终落脚点是人类社会，即改善人类的生活质量，创造美好的生活环境。

③ **从经济属性定义可持续发展** 认为可持续发展的核心是经济发展，是在"不降低环境质量和不破坏世界自然资源基础上的经济发展"。

④ **从科技属性定义可持续发展** 认为可持续发展就是要用更清洁、更有效的技术——尽量做到接近"零排放"或"密闭式"工艺方法，以保护环境质量，尽量减少能源与其他自然资源的消耗。其着眼点是实施可持续发展，科技进步起着重要作用。

⑤ **从伦理方面定义可持续发展** 认为可持续发展的核心是目前的决策不应当损害后代人维持和改善其生活标准的能力。

（2）可持续发展的内涵

可持续发展的内涵有两个最基本的方面，即发展与持续性，发展是前提和基础，持续性是关键。没有发展，也就没有必要去讨论是否可持续了；没有持续性，发展就将终止。发展应理解为两方面：首先，它至少应含有人类社会物质财富的增长，因此经济增长是发展的基础；其次，发展作为一个国家或区域内部经济和社会制度的必经过程，它以所有人的利益增进为标准，以追求社会全面进步为最终目标。持续性也有两方面意思：首先，自然资源的存量和环境的承载能力是有限的，这种物质上的稀缺性和经济上的稀缺性相结合，共同构成经济社会发展的限制条件；其次，在经济发展过程中，当代人不仅要考虑自身的利益，而且应该重视后代人的利益，即要兼顾各代人的利益，要为后代发展留有余地。

可持续发展是发展与可持续的统一，两者相辅相成，互为因果。放弃发展，则无可持续可言，只顾发展而不考虑可持续，长远发展将丧失根基。可持续发展战略追求的是近期目标与长远目标、近期利益与长远利益的最佳兼顾，涉及人类社会的方方面面，是经济、社会、人口、资源、环境的全面协调发展。走可持续发展之路，意味着社会的整体变革，包括社会、经济、人口、资源、环境等诸领域在内的整体变革。

可持续发展是一项经济和社会发展的长期战略，主要包括资源和生态环境可持续发展、经济可持续发展和社会可持续发展三个方面。首先，可持续发展以资源的可持续利用和良好的生态环境为基础；其次，可持续发展以经济可持续发展为前提；最后，可持续发展问题的中心是人，以谋求社会的全面进步为目标。

可持续发展战略是一个广泛的概念，从环境与发展的角度去分析其思想实质是：尽快发展经济满足人类日益增长的基本需要，但经济发展不应超出环境的容许极限，在经济和社会发展的同时，采取保护环境和合理开发与利用自然资源的方针，实现经济、社会与环境的协调发展，为人类提供包括适宜的环境质量在内的物质文明和精神文明。同时，还要考虑把局部利益和整体利益、眼前利益和长远利益结合起来，保证经济、社会能够持续发展。

（3）可持续发展的原则

① **公平性原则**　公平性原则是指各种主体在使用资源与环境的需求上具有平等的权利，包括两方面的内容，即当代人之间的公平性和代际之间的公平性。

可持续发展必须满足全体人民的基本需求以及他们追求美好生活的愿望，要给全世界以公平的分配权和发展权，要把消除贫困作为可持续发展进程特别重要的问题来考虑。

环境不仅是当代人的，也是未来人的，未来人与当代人具有同等的环境使用权。当代人对未来人能否拥有与当代人基本相同或更美好的环境条件，承担重要的责任。

② **持续性原则**　持续性原则指资源的永续利用和生态环境的可持续性。可持续发展不应损害支持地球生命的自然系统，即大气、水、土不能超越资源与环境的承载能力。

③ **共同性原则**　共同性原则指的是人类共同促进自身之间和自身与自然之间的协调。可持续发展作为全球发展的总目标，所体现的公平性的持续原则是共同的，为了实现这一总目标，必须采取全球共同的联合行动。

7.1.3　中国的可持续发展

（1）中国可持续发展的成就和目标

1994 年，为响应联合国环境与发展大会通过的《21 世纪议程》，中国政府制定了全球第一个国家级 21 世纪议程《中国 21 世纪议程：中国 21 世纪人口、环境与发展白皮书》，确立了可持续发展的总体框架和主要目标。1996 年，中国将可持续发展列为国家发展战略，从"九五"计划开始，可持续发展战略被纳入国家中长期规划，全面指导经济社会发展，各地区、各部门研究并制定了各自的可持续发展战略，如《中国环境保护 21 世纪议程》《中国林业 21 世纪议程》《中国海洋 21 世纪议程》《中国跨世纪绿色工程规划》《全国生态环境建设规划》《"十五"生态建设和环境保护重点专项规划》等，形成了实施可持续发展的一系列方案和计划。

中国高度重视可持续发展，落实可持续发展千年发展目标，取得的成就举世瞩目。国内生产总值从 2000 年的 10 万亿元人民币增加到 2015 年的 68.55 万亿元人民币，并从 2010 年起成为世界第二大经济体。中国的贫困人口从 1990 年的 6.89 亿下降到 2015 年的 0.57 亿，环境保护和应对气候变化工作取得成效。与 2005 年相比，2014 年中国单位国内生产总值（GDP）二氧化碳排放下降 33.8%，非化石能源占一次能源消费比重达到 11.2%，单位GDP 主要资源性产品消耗如石油、煤炭、水资源等都显著下降，森林面积增加 3278 万公顷，森林蓄积量比 2005 年增加 26.81 亿立方米，提前实现荒漠化土地"零增长"。

面向未来，我国高度重视《2030 年可持续发展议程》的落实。2016 年，我国发布《中国落实 2030 年可持续发展议程国别方案》，将议程提出的具体目标全部纳入国家发展总体规划，建立完善的体制机制，加大资源投入，加强监督评估。力争在 2020 年使现有标准下的贫困人口全部脱贫，提前完成消除贫困和饥饿、妇幼保健、住房保障等领域指标，并于2030 年基本完成农业、卫生、教育、经济增长等重点领域的相关目标。

（2）中国可持续发展指导思想及原则

指导思想是统筹国内、国际两个大局，坚持全面建成小康社会、全面深化改革、全面依法治国、全面从严治党的战略布局，以创新、协调、绿色、开放、共享的发展理念为指导，统筹推进经济建设、政治建设、文化建设、社会建设、生态文明建设和党的建设。通过落实《2030 年可持续发展议程》，为如期全面建成小康社会、实现"两个一百年"奋斗目标和中华民族伟大复兴的中国梦提供坚实保障，为推进国际发展合作、提升全球整体发展水平注入强劲动力。

中国实施可持续发展的原则是和平发展、合作共赢、全面协调、包容开放、自主自愿、"共同但有区别的责任"。

（3）中国落实可持续发展的总体路径

从战略对接、制度保障、社会动员、资源投入、风险防控、国际合作、监督评估七个方面入手，分步骤、分阶段推进落实可持续发展议程。

① **战略对接** 战略对接旨在将可持续发展议程与中国中长期发展规划有机结合，在落实国际议程和国内战略进程中相互促进，形成合力。将 17 项可持续发展目标和 169 个具体目标纳入国家发展总体规划，并在专项规划中予以细化、统筹和衔接；推动各地做好发展战略目标与国家可持续发展整体规划的衔接；推动多边机制，制订落实可持续发展的行动计划，提升国际协同效应。

② **制度保障** 为可持续发展提供机制体制和方针政策等方面的支撑，推进相关改革，建立完善体制保障，推动建立落实可持续发展议程创新示范区；完善法制建设，提供有力的法律保障，着力构建系统完备、科学规范、运行有效的依法行政制度体系；科学制定政策，提供政策保障，形成以国家总体政策为统领、专项政策和地方政策为支撑的政策保障体系；明确政府职责，既要加强横向跨领域、跨部门协调，又要确保政策纵向落地，形成"中央-地方-基层"的有效落实机制。

③ **社会动员** 公众对可持续发展的理解、认同和参与是持续、有效推进落实工作的关键。提高公众参与意识，按照人人参与、人人尽力、人人享有的要求推动落实工作，提高公众自身参与可持续发展的主动性和责任感；广泛使用传媒进行社会动员，对可持续发展议程和目标进行全方位解读，营造良好社会环境；积极推进参与性社会动员，发挥民间团体、私营部门、个人尤其是青少年的作用，凝聚广泛共识，形成全社会共同推进可持续发展的合力。

④ **资源投入** 充分利用国内外两个市场、两种资源，并发挥体制、市场等优势，为可持续发展提供资源保障。聚焦财税体制、金融体制改革，合理安排和保障落实发展议程的财政投入；创新合作模式，积极推动政府和社会资本合作，通过完善法律法规、实施政策优惠、优化政府服务、加强宣传指导等方式，动员和引导全社会资源投向可持续发展领域；加强国际交流合作，秉持开放、包容的态度，积极引入国际先进理念、技术经验和优质发展资源，服务国内可持续发展。

⑤ **风险防控** 可持续发展是一项长期、艰巨的任务，要不断完善风险应对机制，加强风险防控能力建设。推动经济持续、健康、稳定增长，为可持续发展提供强大经济支撑；全面提高人民生活水平和质量，让可持续发展成果公平惠及全体人民；着力解决好经济增长、社会进步、环境保护等三大领域平衡发展的问题，实现环境质量总体改善，推进自然生态系统保护与修复，筑牢生态安全屏障；加强国家治理体系和治理能力现代化建设，健全人民民主，建成法治政府，提高司法公信力，保障人权，保护产权。

⑥ **国际合作** 不断深化国际发展合作，为落实可持续发展议程提供保障。承认自然、文化、国情多样性，加强交流互鉴，取长补短，根据"共同但有区别的责任"原则推动可持续发展目标的落实；推动建立更加平等均衡的全球发展伙伴关系，推动发达国家履行官方援助承诺，加大对发展中国家的支持力度，充分发挥技术促进机制的作用，帮助发展中国家科技开发以及向其转让、传播和推广环境友好型的技术；进一步积极参与南南合作，推进"一

带一路"建设和国际产能合作，实现优势互补；稳妥开展三方合作，在尊重受援国意愿的前提下，与其他援助方共同推进优势互补的三方合作，丰富援助方式，提升援助效果。

⑦ **监督评估**　监督评估旨在准确定位各项工作的成绩、挑战和不足，优化政策选择，形成最佳实践。重点工作包括以下三个方面：

一是结合对落实规划纲要及各专门领域的工作规划开展的年度评估，同步开展可持续发展议程落实评估工作。

二是积极参与国际和区域层面的后续评估工作。支持联合国可持续发展高级别政治论坛发挥核心作用，鼓励加强区域合作，欢迎联合国区域经济委员会和专门机构发挥积极作用。

三是加强与联合国驻华系统等国际组织和机构的合作，通过举办研讨会、定期编写并发布中国落实 2030 年可持续发展议程报告等方式，全面评估国内各项可持续发展目标的落实进展。

7.2　环境管理体系标准（ISO 14000 系列标准）

ISO 14000 是国际标准化组织（ISO）第 207 技术委员会（TC207）从 1993 年开始制定的系列环境管理国际标准的总称。这一标准的使用方法与其他环境质量标准、排放标准完全不同：首先它是自愿性的标准；其次它是管理标准，为各类组织提供一整套标准化的环境管理体系和管理方法。

环境管理的标准化不同于一般产品的标准化，它具备七方面特征：应当能适用于各种不同规模的组织；要有弹性，可符合未来的需要；是规范环境影响事项时应该遵守的标准；可以广泛应用于各种行业和各种状况；有利于环境保护及资源保存的持续性改善工作；有助于实施产品寿命周期的分析；可作为独立评价的依据。

7.2.1　ISO 14000 系列标准的产生背景

要实现可持续发展的目标，就必须从加强环境管理入手，建立污染预防（清洁生产）的新观念，通过组织的"自我决策、自我控制、自我管理"方式，把环境管理融于组织全面管理之中，而最有效的管理模式就是引入环境管理体系，实现贯标工作。

20 世纪 80 年代，欧美一些公司为了响应可持续发展的号召，减少污染，改善公众形象，拓展企业业务，开始建立环境管理方式。考虑到各国、各地区、各组织采用的环境管理手段工具及相应的标准要求不一致，可能会为一些国家制造新的"保护主义"和技术壁垒提供条件，从而对国际贸易产生影响，国际标准化组织（ISO）认识到自己的责任和机会，并为响应联合国实施可持续发展的号召，于 1993 年 6 月成立了 ISO/Th207 环境管理技术委员会，正式开展环境管理标准的制定工作，期望通过环境管理工具的标准化工作，规范企业和社会团体等组织的自愿环境管理活动，促进组织环境绩效的改进，支持全球的可持续发展和环境保护工作。该委员会起草了环境管理领域的系列标准，其标准号从 14000 至 14100 共 100 个标准号，统称为 ISO 14000 标准。该系列标准由环境管理体系（EMS）、环境行为评价（EPE）、生命周期评估（LCA）、环境管理（EM）、环境标志（EL）、术语和定义（T&D）、产品标准中的环境因素（EAPS）等 7 个系列组成。ISO 14000 系列标准号分配规则见表 7-1。

表 7-1 ISO 14000 系列标准号分配规则

编号	名称	标准号
SC1	环境管理体系（EMS）	ISO 14001~ISO 14009
SC2	环境管理（EM）	ISO 14010~ISO 14019
SC3	环境标志（EL）	ISO 14020~ISO 14029
SC4	环境行为评价（EPE）	ISO 14030~ISO 14039
SC5	生命周期评估（LCA）	ISO 14040~ISO 14049
SC6	术语和定义（T&D）	ISO 14050~ISO 14059
WG1	产品标准中的环境因素（EAPS）	ISO 14060
备用		ISO 14061~ISO 14100

按标准性质，ISO 14000 分为三类：基础标准即术语标准；基本标准即环境管理体系、规范、原理、应用指南；支持技术类标准（工具），包括环境审核、环境标志、环境行为评价、生命周期评估。按标准功能，ISO 14000 分为两类：评价组织，即环境管理体系、环境行为评价、环境审核；评价产品，即生命周期评估、环境标志、产品标志中的环境指标。

环境管理国际标准 ISO 14000 的颁布，适应了时代发展的要求，受到世界各国的普遍欢迎。截至 2015 年，全球通过 ISO 14001：2004 认证的组织已超过 30 万家，中国以获证组织超过 10 万家位居榜首，强化环境管理、建立环境管理体系已成为国内企业今后走向国际市场的必然选择。

7.2.2 ISO 14000 系列标准的意义

ISO 14000 的基本要点有：将尾端污染治理转为全过程的污染控制；强调建立完整的环境管理体系，纳入总体管理；预防污染必须持续改进提高，不能一劳永逸；处理任何一件事都要讲究程序，做到文件化；以现行环保法规为依据，重在环境因素控制。

组织实施 ISO 14000 系列标准，可以将环境保护工作贯穿在产品设计、生产、流通和消费的全过程，优化组织的环境行为，减除污染，改善环境，消除非关税贸易壁垒，获得将产品打入国际市场的通行证，与国际接轨。

组织实施 ISO 14000 标准系列标准，可以加速产业结构调整，鼓励组织积极开发无公害、无污染的产品，以及节约原材料和能源的新工艺，为实施全过程污染控制和清洁生产提供程序上的保障。

组织实施 ISO 14000 系列标准，将提高产品的环境价值，有助于改善组织形象，提高组织在国内外市场的竞争力和占有率，减少环境风险和环境费用开支，降低生产成本，提高组织的环境效益与经济效益。通过该体系的运行，可以改善管理效能，减少违法行为，提高生产效率。

组织实施 ISO 14000 系列标准，可增强可持续发展的观念，有助于组织系统地处理环境问题，并将环境保护和组织经营结合起来，使之成为组织日常经营策略的一部分，从根本上解决环境污染和资源浪费问题。

ISO 14000 系列标准具有以下特点。

① **以市场驱动为前提，是自愿性标准** ISO 14000 管理体系强调自愿贯标，贯标的驱动力以市场需求为方向，如商业竞争、节约成本、提高组织形象或自身管理水平等，申请 ISO 14001 环境标准认证、构建 ISO 14001 管理体系全部都是自愿行为。

② **强调对有关法规的持续符合性**　ISO 14000 环境管理体系以遵守国家法律法规为基本要求，要求组织在环境方针中承诺遵守法律法规，在环境目标的制定、检测与测量过程中做到合法合规，通过该体系的运行保证认证组织能够持续、有效地遵守法律法规。

③ **体系化**　ISO 14000 标准强调的是管理体系，特别注重体系的完整性，要求采用结构化、程序化、文件化的管理手段，强调管理和环境问题的可追溯性，体现出整体优化的特色。

④ **预防污染和持续改进**　预防污染和持续改进是 ISO 14000 标准的两个最基本思想。预防污染是指组织环境管理要在根本上防患于未然，具体通过对组织的活动、产品和服务进行全程控制来实现；持续改进表现为组织的环境行为没有绝对的衡量标准，组织不仅要和其他组织做比较，而且要同自己的过去和现状进行比较，不断提高和改进。

⑤ **广泛适用性**　ISO 14000 标准不仅适用于企业，也适用于事业单位甚至政府部门，不仅适用于第一、二产业，也适用于第三产业。

7.2.3　ISO 14001 标准

ISO 14001 标准是 ISO 14000 系列标准中唯一可供认证的标准，其他标准只是 ISO 14001 标准的技术支持和补充标准。ISO 14001 标准是规定、实施、检查、评审环境管理运行系统的规范，是一系列后续标准的基础，该标准以"策划—实施—检查—改进"的管理思想指导建立环境管理运行机制，对环境因素进行监控，对产品设计、原材料、能源使用、生产工艺、设备运行、产品销售等环节进行全过程控制，合理利用资源能源，实现减污增效、可持续发展的目标。

ISO 14001 的中文名称是环境管理体系规范及使用指南，于 1996 年 9 月正式颁布，2004 年 ISO 又公布了 ISO 14001：2004 标准。

ISO 14001：2004 标准的实施对于组织提升形象，强化和提高环境管理水平，增强国际竞争实力，实现污染预防、成本降低和持续改进等方面都取得了显著成效，取得了良好的社会、经济和环境效益，环境绩效也相应得以提升，但环境管理体系国际标准在推广实施中也不断面临着诸多挑战：①因资源低效使用、废物管理不当、气候变化、生态系统退化、生物多样性减少给环境的压力越来越大；②法律法规要求日趋严格，对组织的环境行为提出了更高的要求；③管理体系标准不断增多，给施行管理体系的组织带来很多困扰；④管理手段和方法也越来越丰富和科学，如过程方法、基于风险的管理、PDCA 运行管理、生命周期的管理等；⑤可持续发展的理念已深入人心，人们越来越关注组织环境行为的透明度、在履行社会责任方面的成绩和表现。

ISO/TC207/SC1 国际标准化组织环境管理分技术委员会于 2011 年开始着手对 ISO 14001：2004 国际标准进行修订，于 2015 年 9 月正式发布，称为 ISO 14001：2015 国际标准。

ISO 14001：2015 国际标准共包括十章内容：1 范围（Scope）；2 规范性引用文件（Normative references）；3 术语和定义（Terms and definitions）；4 组织所处的环境（Context of the organization）；5 领导作用（Leadership）；6 策划（Planning）；7 支持（Support）；8 运行（Operation）；9 绩效评价（Performance evaluation）；10 改进（Improvement）。构成环境管理体系的方法是基于策划、实施、检查与改进的 PDCA 模式，它为组织提供了一个循环渐进的过程，可应用于环境管理体系及其每个单独的要素，用以实现持续改进。图 7-1 为国际标准中环境管理体系的 PDCA 运行模式,PDCA 各阶段分别对应新版国际标准的第 6～10 章。

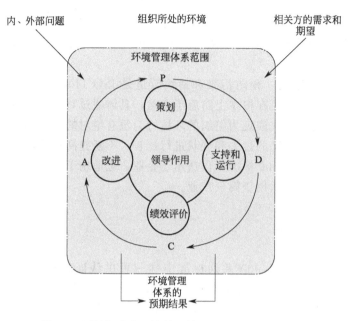

图 7-1 国际标准中环境管理体系的 PDCA 运行模式

ISO 14001:2015 国际标准是在总结全球环境管理体系成功经验和不足的基础上修订而成的,其主要特点是:

① 提出战略环境管理,要求组织的环境管理体系应融入组织的战略过程策划中;

② 强化领导作用,为领导人员(最高管理者)增加了特定的职责,提高其在组织环境管理中的作用;

③ 新增保护环境理念,对组织的期望已由简单被动的预防污染扩展到积极主动地保护环境,以免因组织的活动、产品和服务而导致环境危害与退化;

④ 提升环境绩效,只有通过环境绩效评价才能真实验证环境管理体系的实施成效,不断提高组织的环境绩效是环境管理体系的最终目的;

⑤ 重视风险控制,在策划环境管理体系时,组织应确定需要应对的风险,作为制定目标和措施策划的输入信息,风险可能源于组织的环境因素、组织的合规义务以及组织识别的其他要求和问题;

⑥ 运用生命周期观点,组织在建立、实施、保持和持续改进环境管理过程中,应充分运用生命周期观点和方法,无论是对重要环境因素的识别,还是对外包、供应链、相关方的运行控制和能够施加的影响都应从生命周期角度加以考虑;

⑦ 细化内外部信息交流,提出透明化、适当性、真实性、事实性、准确性与可信性的具体信息交流要求;

⑧ 强调履行合规义务,履行法律法规要求应是一个负责任的组织行为的底线,在建立、实施、保持和持续改进环境管理体系时必须考虑有关的合规义务。

国际、国内所进行的 ISO 14000 认证是指组织环境管理体系的认证。ISO 14001 标准要求在组织内部建立环境管理体系,通过不断地审核、评价,推动这个体系的有效运行。

7.2.4　ISO 14000 的运行模式及基本要点

环境管理体系认证程序大致上分为以下四个阶段。

第一阶段：受理申请方的申请。申请认证的组织首先选择合适的认证机构，并与其取得联系，提出环境管理体系认证申请。认证机构接到申请方的正式申请书之后，将对申请方的申请文件进行初步的审查，如果符合申请要求，与其签订管理体系审核/注册合同，确定受理其申请。

第二阶段：环境管理体系审核。对申请方的环境管理体系的审核是最关键的环节。认证机构组成一个审核小组，并任命一个审核组长，审核组中至少有一名具有该审核范围专业项目种类的专业审核人员或技术专家，协助审核组进行审核工作。审核工作大致分为 3 步：①文件审核；②现场审核；③跟踪审核。

如果审核结果表明被审核方报来的材料详细确实，则可以进入注册阶段的工作。

第三阶段：报批并颁发证书。根据注册材料上报清单的要求，认证机构复审合格，将编制并发放证书，将该申请方列入获证目录，申请方可以通过各种媒介来宣传，并可以在产品上加贴注册标识。

第四阶段：监督检查及复审、换证。在证书有效期限内，认证机构对获证组织进行监督检查，以保证该组织环境管理体系符合 ISO 14001 标准的要求，并能够切实、有效地运行。证书有效期满后，或者组织的认证范围、模式、机构名称等发生重大变化后，该认证机构受理企业的换证申请，以保证组织不断改进和完善其环境管理体系。

获得环境管理体系认证的组织，通过每年的管理评审和各要素一次以上的内审、每三年进行的认证外审，以此持续改进，达到组织实施 ISO 14000 的效益。

7.3　清洁生产

7.3.1　清洁生产的由来

20 世纪 70 年代以来，世界各国通过不断增加投入，治理生产过程中所排放出来的废气、废水和固体废弃物，以减少对环境的污染，保护生态环境，这种污染控制战略被称为"末端处理"。

末端处理虽能减轻部分环境污染，但并没有从根本上改变全球环境恶化的趋势。原因很简单，即一边治理，一边排放。而且为了治理污染，资金投入量大，经济负担重。同时，污染物一经排放到环境中，再进行治理，不但处理难度大，而且难以达到要求。在实践中，人们逐渐认识到，以末端处理为主的污染控制战略必须改变，应该在工业产品的生产和消费过程中通过各种途径、采用各种方法和措施来防止污染物的产生，源于这一思想而建立的污染控制战略被称为"污染防止"。

污染防止概念最早出现于 20 世纪 80 年代初期，1989 年，联合国环境规划署工业与环境规划中心（UNEP/PAC）率先提出了清洁生产（cleaner production），决定在世界范围内推行。1992 年召开的联合国环境与发展大会通过的《21 世纪议程》，号召工业提高能效、开展清洁生产。

我国对清洁生产十分重视：1993 年，第二次全国工业污染防治会议明确了清洁生产在我国工业污染防治中的地位，2002 年，我国颁布了《中华人民共和国清洁生产促进法》，清洁生产正式成为国家法律要求；2012 年，对《清洁生产促进法》进行了修订；2014 年，新修订的《环境保护法》第四十条确立"国家促进清洁生产和资源循环利用"，第四十六条提出"国家对严重污染环境的工艺、设备和产品实行淘汰制度"，明确把清洁生产作为环境保护、治理污染的基本方针；2016 年，国家发改委和环保部联合颁布《清洁生产审核办法》，有关清洁生产的法律和管理制度体系日趋完善。

7.3.2 清洁生产的概念

(1) 清洁生产的定义

中华人民共和国 2012 年 2 月 29 日修订的《清洁生产促进法》指出：本法所称清洁生产是指不断采取改进设计、使用清洁能源和原料、采用先进的工艺技术与设备、改善管理、综合利用等措施，从源头削减污染，提高资源利用效率，减少或者避免生产、服务和产品使用过程中污染物的产生和排放，以减轻或者消除对人类健康和环境的危害。

清洁生产包括清洁的生产过程、清洁的产品和清洁的服务三个方面。

① **对生产过程，**要求节约原材料和能源，淘汰有毒原材料，减少并降低所有废物的数量和毒性。

② **对产品，**要求减少从原材料提炼到产品最终处置的全生命周期的不利影响。

③ **对服务，**要求将环境因素纳入设计和所提供的服务中。

清洁生产是一个相对的、动态的概念。所谓清洁的工艺和清洁的产品是与现阶段的工艺和产品相比较而言的。推行清洁生产，本身是一个不断完善的过程。随着社会经济的发展、科学技术的进步，清洁生产的工艺和设备也将更加先进、合理。一项清洁生产技术主要从技术、经济和环境效益三方面进行评价。首先是技术先进可行，其次是经济上合理，最后是能达到节能、降耗、减污的目的，满足环境保护的要求。

例如苯胺是一种重要的有机合成中间体，用于聚氨基甲酸酯树脂、染料、橡胶制品及药物等的生产。传统的苯胺生产方法是以苯为原料，用 93%～95%（质量分数）的硫酸作溶剂，用 68%（质量分数）的硝酸与苯进行硝化反应制硝基苯 [式 (7-1)]：

$$\text{苯} + HNO_3 \xrightarrow{H_2SO_4} \text{硝基苯}(NO_2) + H_2O \qquad (7\text{-}1)$$

生产的硝基苯再还原可得到苯胺。硝基苯还原最初采用的是硝基苯铁粉法 [式(7-2)]，该法每生产 1t 苯胺产生 4t 废水，其中含有苯胺、盐酸、氯化铵等物质，还产生 2.5t 氧化铁渣，因存在设备庞大、腐蚀严重、铁粉耗用量大、"三废"污染严重等缺陷，20 世纪 50 年代后逐渐被先进的硝基苯催化加氢法所取代。目前，只有德国拜尔公司仍在使用该方法生产苯胺，同时副产氧化铁颜料。

$$\text{硝基苯}(NO_2) + 2Fe + H_2O \longrightarrow \text{苯胺}(NH_2) + Fe_2O_3 \qquad (7\text{-}2)$$

催化加氢还原 [式(7-3)] 是目前主要的生产苯胺的技术，产品的纯度大于 99.8%，产品中硝基苯含量小于 5mg/L，硝基苯转化率超过 99%。和铁粉法相比，原材料消耗和能耗均有所下降，无废渣产生，废水量大大减少，且废水组成单一，只含有少量苯胺，无无机盐类。

$$\underset{}{\text{NO}_2}\text{苯} +3\text{H}_2 \longrightarrow \underset{}{\text{NH}_2}\text{苯} +2\text{H}_2\text{O} \tag{7-3}$$

硝基苯加氢工艺虽然经济效益和环境效益显著，但苯的硝化过程仍产生大量的废水（含难降解的硝基苯）和废酸，因此仍需探索新的苯胺生产工艺。

苯酚氨化法于 1970 年实现工业化生产，该法就是在 370℃、1.7MPa 下，在氧化铝-硅胶催化剂的作用下，苯酚与氨进行胺化反应制得苯胺［式(7-4)］：

$$\underset{}{\text{OH}}\text{苯} +\text{NH}_3 \longrightarrow \underset{}{\text{NH}_2}\text{苯} +\text{H}_2\text{O} \tag{7-4}$$

该法苯酚的转化率和苯胺选择性均达 98%，工艺简单，催化剂价格低廉、寿命长，所得产品质量好，"三废"污染少；不足之处是基建投资大，生产成本受苯酚价格制约。该技术依托现代化大型石油装置才能在经济上有竞争力。

采用苯与氨反应直接制苯胺［式(7-5)］，将传统的苯胺合成由多步变为一步，简化反应步骤，减少中间污染环节，唯一的副产物是氢气，原子利用率高，但反应平衡常数低，离工业化尚有距离，还有待进一步研究探索。

$$\text{苯} +\text{NH}_3 \longrightarrow \underset{}{\text{NH}_2}\text{苯} +0.5\text{H}_2 \tag{7-5}$$

（2）清洁生产概念中的含义

清洁生产概念有如下 4 层含义：

① 清洁生产的目标是节约能源、降低原材料消耗、减少污染物的产生量和排放量。

② 清洁生产的基本手段是改进工艺技术、强化企业管理，最大限度地提高资源、能源的利用率和改变产品体系，更新设计方法，争取废物最少排放，即将环境因素纳入服务中去。

③ 清洁生产的方法是排污审核，即通过审核发现排污部位、排污原因，并筛选消除或减少污染物的措施及产品生命周期分析。

④ 清洁生产的终极目标是保护人类与环境，提高企业自身的经济效益。

（3）清洁生产的内容

① **清洁的能源**　包括常规能源（如煤）的清洁利用，可再生能源的利用，新能源的开发，各种节能技术如城市煤气化、乡村沼气化利用等。

② **清洁的原料**　尽量少用或不用有毒有害及稀缺原料，利用二次资源作原料。

③ **清洁的生产过程**　生产无毒无害的中间产品，减少副产品，选用少废、无废工艺和高效设备，减少生产过程中的各种危险因素（如高温、高压、易燃、易爆、强噪声、强振动等），提高物料的再循环（厂内、厂外），使用简便可靠的操作和控制，完善管理等。

④ **清洁的产品**　包括产品本身的"绿色"，还包括这种产品报废之后的回收和处理过程的无污染，即：产品的生产和使用不危害人体健康和生态环境，产品的包装合理，易回收、复用、再生、处置和降解；产品使用终结后无毒、无害，可回收或可降解，不对环境造成不

良影响。

清洁生产要求两个"全过程"控制：一是产品的生命周期全过程控制，即从原材料加工、提炼到产品产出、产品使用，直到报废处置的各个环节采取必要的措施，实现产品整个生命周期资源和能源消耗的最小化；二是生产的全过程控制，即从产品开发、规划、设计、建设、生产到运营管理的全过程，采取措施防止生态破坏和污染的发生。

（4）清洁生产审核

清洁生产审核是指按照一定程序对生产和服务过程进行调查和诊断，找出能耗高、物耗高、污染重的原因，提出降低能耗、物耗、废物产生，减少有毒有害物料的使用、产生和废弃物资源化利用的方案，进而选定并实施技术经济及环境可行的清洁生产方案的过程。

清洁生产审核以企业为主体，遵循企业自愿审核与国家强制审核相结合、企业自主审核与外部协助审核相结合的原则。有下列情形之一的企业，国家实施强制性清洁生产审核：

① 污染物排放超过国家或者地方规定的排放标准，或者虽未超过国家或者地方规定的排放标准，但超过重点污染物排放总量控制指标的；

② 超过单位产品能源消耗限额标准构成高耗能的；

③ 使用有毒有害原料进行生产或者在生产中排放有毒有害物质的。

清洁生产审核程序原则上包括审核准备、预审核、审核、方案的产生和筛选、方案的确定、方案的实施、持续清洁生产等。

清洁生产标准是审核评估验收的依据。中国现行的清洁生产标准指标主要分为六类，即生产工艺与装备要求、资源能源利用指标、污染物产生指标、废物回收利用指标、产品指标、环境管理指标。在这六类指标项下又包含若干定量或定性的指标，可概括为 ：①定性指标：a. 工艺设备指标，包括装备要求、工艺方案、自动化控制水平等；b. 环境管理指标，包括环境法律法规标准指标、生产过程环境管理指标等。②定量指标：a. 资源能源利用指标，包括原辅料的选择、单位产品原辅材料消耗、单位产品取水量、水的循环利用率、单位产品耗电量、综合能耗等；b. 产品指标，包括产品一次合格率，以及产品储存、运输、使用和废弃过程中的清洁生产要求等；c. 污染物产生指标，包括废水、废气和固体废物单位产品产生量等；d. 废物回收利用指标，包括工业废水重复利用率、工艺气体重复利用率、固体废物回用率等。

开展清洁生产审核可以促进企业自身完善，达到"节能、降耗、减污、增效"的目的。

7.3.3　实现清洁生产的主要途径

（1）加强宣传，转变观念

清洁生产是工业发展的一种新模式，贯穿于产品生产和消费的全过程，不单纯是一个生产技术问题，而是一个复杂的系统工程。因此，要实现清洁生产，首先要开展以清洁生产促进可持续发展意义的宣传和培训，改变单纯从生产的终端来考虑污染控制的传统观念。同时，积极开展国际交流与合作，学习发达国家在开发清洁生产方面的成功经验。

（2）建立健全法规体系，保证清洁生产的顺利开展

推行清洁生产必须制定和实施与市场经济体制相适应的政策法规体系。制定清洁生产专项法与相应配套法，革新现行的法律制度以适应清洁生产的要求。要制定与我国经济发展水平和国力相适应的清洁生产标准和原则，同时还应通过调整各种经济政策，在国家宏观调控下，运用经济手段和市场机制来推进清洁生产发展。

（3）研究清洁生产技术和装备，加强企业技术改造

开展清洁生产技术和装备方面的研究，提高物料利用率，降低物耗、能耗、水耗，提高生产效率和经济效益，在生产过程中避免污染的产生，实现清洁生产。这方面国内外都有成功的范例，如：用三价铬代替六价铬的镀铬工艺，采用无氰电镀工艺，不仅极大地改善了工作环境和劳动条件，而且消除了剧毒的六价铬和氰化物的使用和排放；用新型的铁催化剂过氧化氢体系取代氯作为氧化剂漂白纸浆，对木质素选择性极好，消除含氯有机废物的产生，氧化剂使用安全；用离子膜法取代汞法和隔膜法制烧碱，取得了显著的环境效益和经济效益。

（4）开发清洁生产工艺，减少废物的产生和排放

研究和开发无污染或少污染、低消耗的清洁生产工艺，鼓励采用清洁生产方式使用能源和资源，提高能源和资源的使用效率，特别鼓励可再生资源、能源的使用。这方面包括：改革原料路线，如用乙烯和丙烯替代乙炔作有机合成原料；选择使用清洁的纯原料或低污染原料；生产过程中尽可能使用如太阳能、电能等无污染和少污染的一次和二次能源；采用物料闭路循环、废物综合利用等工艺流程和措施。这样既可以减少废物的产生和排放，又可以提高产品得率和降低产品成本。

（5）改进产品设计，发展绿色产品

改进产品设计，调整产品结构，更新、替代有害环境的产品，大力发展绿色产品，特别要促进具有环境保护标志的产品的生产与使用。污染不但发生在产品生产的过程中，有时更严重地发生在产品的消费过程中，如全球关注的破坏臭氧层的氯氟烃（氟利昂）、强致癌的多氯联苯，以及危害生态环境的难降解、高残留的有机氯农药等。因此，用生物可降解的农用薄膜替代生物难降解的聚乙烯农用薄膜；淘汰化学农药中的有机砷、有机汞及有机氯（DDT、666 等）农药，用高效低毒、低残留的新的有机氯和有机磷农药代替；目前各国均致力于第三代农药——昆虫激素及其化学制剂的研究和应用；开发氟利昂代用品 HCFC-123 和 HCFC-124 的生产技术；采用生物可降解塑料、光解塑料、生物农药及水溶性涂料等清洁产品。

（6）发展环境保护技术，搞好末端处理

清洁生产并不是否定必要的末端处理技术。为实现清洁生产，在实行全过程污染控制过程中还需包括必要的末端处理技术，使之成为一种在采取其他措施之后的最终辅助手段。为实现高效的末端处理，必须努力开发效率高、占地少、成本低、可回收有用物质的先进环境保护技术。

7.3.4　清洁生产与末端治理的比较

清洁生产是要引起研究开发者、生产者、消费者，即全社会对工业产品及使用全过程对环境影响的关注，使污染物产生量、流失量和治理量最小，资源充分利用，是一种积极、主动的态度。而末端治理把环境责任只放在环保研究、管理人员上，注意力仅集中在生产过程中已经产生的污染的治理上，总是处于被动、消极的地位。清洁生产与末端治理有很大的不同，其比较可见表 7-2。

表 7-2　清洁生产与末端治理的比较

比较项目	清洁生产	末端治理(不含综合利用)
思考方法	污染物消除在生产过程中	污染物产生后再处理
产生时代	20 世纪 80 年代末期	20 世纪 70～80 年代

续表

比较项目	清洁生产	末端治理(不含综合利用)
控制过程	生产全过程控制,产品生命周期全过程控制	污染物达标排放控制
控制效果	比较稳定	受产污量影响
产污量	明显减少	间接可推动减少
排污量	减少	减少
资源利用率	增加	无明显变化
资源耗用	减少	增加(治理污染耗用)
产品产量	增加	无明显变化
产品成本	降低	增加(治理污染费用)
经济效益	增加	减少(用于治理污染)
治理污染费用	减少	随排放标准严格,费用增加
污染转移	无	有可能
目标对象	全社会	企业及周围环境

7.3.5　ISO 14000 与清洁生产

ISO 14000 管理体系与清洁生产都是为了促进环境与经济的协调发展提出的。ISO 14000 系列标准强调通过制定环境方针和目标指标、评价重要环境因素与持续改进达到节能、降耗、减污的目的。清洁生产也强调能源、资源的合理利用,鼓励企业在生产产品和服务中最大限度地节约能源、节约原材料、少用或不用有毒有害及稀缺原料、提高物料的循环利用。二者在环境保护中的作用也越来越重要,二者既有不同之处又密切相关,相辅相成。

(1) 不同点

① **基本概念不同**　ISO 14000 管理体系是环境管理领域的先进管理体系,旨在指导并规范企业根据法律法规的要求建立先进的体系,帮助企业实现环境目标与经济目标。清洁生产是以科学管理、技术进步为手段,利用清洁能源、原材料,采用清洁的生产工艺技术和过程控制,生产出清洁产品,是工业发展的一种新的目标模式。

② **侧重点不同**　ISO 14000 管理体系侧重于管理,强调的是一个标准化的管理体系,为企业提供一种先进的管理模式。而清洁生产着眼于生产的全部过程,以改进生产、减少污染为直接目标,虽然也强调管理,但更着重于技术水平的提高。

③ **实施手段不同**　ISO 14000 管理体系是以国家的法律法规为依据,以优良的管理推动技术改进。清洁生产主要采用技术改造,辅之以加强管理,并且存在明显的行业特点。

④ **审核方法不同**　ISO 14000 管理体系的审核侧重于审查企业的环境管理状况,审核的对象有企业文件、记录及现场状况等具体内容。而清洁生产审核采用分析工艺流程、进行物料和能量衡算等方法,发现排污部位和原因,确定审核重点,实施清洁生产方案。

(2) 相互依存关系

① 清洁生产是环境管理体系的要求,ISO 14000 环境管理体系要求企业推行清洁生产。

② ISO 14000 环境管理体系对环境意识提出明确要求,环境意识的增强是实施环境管理的根本动力,清洁生产的实施为环境意识的增强提供了前提。

③ 推行清洁生产可提高企业的整体技术和管理水平,为建立企业环境管理体系提供方法。

④ 清洁生产要融入企业的全面管理之中，是清洁生产的最终目的。

只有把环境管理体系和清洁生产有机地结合起来，改善环境管理，推行清洁生产，可持续发展才能实现。

7.4　循环经济

7.4.1　循环经济的概念

(1) 循环经济的提出

20 世纪 70 年代，两次世界性能源危机造成的经济增长与资源短缺之间的突出矛盾进一步引发了人们对经济增长方式的深刻反思。1972 年，罗马俱乐部发表著名报告《增长的极限》，系统地考察经济增长与人口、自然资源、生态环境和科学技术进步之间的关系，向全世界发出了 100 年后经济增长将会因资源短缺和环境污染而停滞的警告。

20 世纪七八十年代，以德国为代表的发达工业国家，在对废弃物处理的过程中，逐步由单纯的末端治理发展到从源头预防、减少废弃物的产生并对废弃物进行资源化处理后再生循环利用。1990 年，英国环境经济学家珀斯和特纳在其《自然资源和环境经济学》一书中首次使用了 "循环经济"（circular economy）一词。1996 年，德国颁布《循环经济与废弃物管理法》，首次在国家法律文本中使用循环经济概念。循环经济模式兼顾了经济社会发展与资源节约、环境保护的目标，为正确处理可持续发展的三大支柱——经济发展、社会进步和环境保护之间的关系指明了方向，发达国家纷纷把大力发展循环经济作为实现可持续发展战略的具体途径。

发展循环经济是我国转变经济增长方式、解决资源匮乏与实现绿色发展的必然选择。1991 年，《中国 21 世纪议程》提出 "推行环境无害化技术，发展循环经济" 的目标，开始引入循环经济理念，2008 年颁布了《循环经济促进法》，成为继德国、日本之后世界上第三个循环经济立法的国家。2013 年国务院发布中国首部循环经济发展战略规划——《循环经济发展战略及近期行动计划》，明确循环经济各领域发展的具体任务。2015 年又发布《2015 年循环经济推进计划》，这些政策措施推动了我国循环经济的大力发展。

(2) 循环经济的概念

《中华人民共和国循环经济促进法》对循环经济的定义为："本法所称循环经济，是指在生产、流通和消费等过程中进行的减量化、再利用、资源化活动的总称。本法所称减量化，是指在生产、流通和消费等过程中减少资源消耗和废物产生。本法所称再利用，是指将废物直接作为产品或者经修复、翻新、再制造后继续作为产品使用，或者将废物的全部或者部分作为其他产品的部件予以使用。本法所称资源化，是指将废物直接作为原料进行利用或者对废物进行再生利用。"

循环经济包含三个基本原则（3R 原则），即减量化（reduce）、再使用（reuse）和再循环（recycle）。减量化原则是要求用较少的原料和能源投入来达到既定的生产目的或消费目的，在经济活动源头就注意节约资源和减少污染，在生产中它常表现为产品体积小型化和重量轻便化；再使用原则就是要求产品和包装容器能够以初始的形式被多次使用；再循环原则要求生产出来的物品在完成其使用功能后能重新变成可以利用的资源而不是垃圾。

循环经济是对物质闭环流动型经济的简称，本质上是一种生态经济，要求运用生态学规律而不是机械论规律来指导人类社会的经济活动。循环经济以资源的高效利用和循环利用为核心，将物质流动方式由传统的"资源—产品—废弃物"单向线型模式转变为"资源—产品—废弃物—再生资源"闭合循环模式，实现资源利用的最大化和废弃物排放的最小化，从而达到节约资源、改善生态环境的目的。循环经济使人类步入可持续发展的轨道，使传统的高消耗、高污染、高投入、低效率的粗放型经济增长模式转变为低消耗、低排放、高效率的集约型经济增长模式。这是人类对人与自然关系深刻反思的结果，是人类社会发展的必然选择。

(3) 循环经济与传统经济的区别

传统经济是由"资源—产品—污染排放"所构成的物质单行道流动的经济。在这种经济中，人们以越来越高的强度把地球上的物质和能源开采出来，在生产加工和消费过程中又把污染和废物大量地排放到环境中去，对资源的利用常常是粗放的、一次性的。循环经济倡导的是一种建立在物质不断循环利用基础上的经济发展模式，组织成一个物质反复循环流动的过程，使得整个经济系统在生产和消费过程中，基本上不产生或只产生很少的废弃物。

传统经济通过把资源持续不断地变成废物来实现经济数量型增长，这样最终导致了许多自然资源的短缺与枯竭，并酿成灾难性的环境污染后果。而循环经济从根本上解决长期以来环境与发展之间的尖锐冲突，它要求人们建立"自然资源—产品和用品—再生资源"的经济新思维，而且要求在从生产到消费的各个领域倡导新的经济规范和行为准则。

(4) 循环经济的功能

发展循环经济具有三大积极功能：缓解功能、优化功能和铸造功能。

① **缓解功能** 确立全新的经济增长方式，采用减少废料或对废物进行还原和利用的循环经济发展模式，则可以有效缓解经济高速发展中存在的资源不足的问题，也可以减少污染物的排放，从而实现经济的稳定、持续发展。

② **优化功能** 发展循环经济，符合可持续发展的科学理念。可持续发展主要依赖于可再生资源的不间断供给，强调的是生物资源的永续利用性。按照可持续发展的要求，大力发展循环经济，努力降低对自然资源的高消耗，不断提高资源使用效率，防范和控制高污染，则有助于优化经济发展、社会发展和生态环境保护三者之间的关系，从而实现经济效益、社会效益和环境效益的有机统一。

③ **铸造功能** 是指有利于人类新文明的铸造。新文明观认为，人类与自然的关系应当是一种和睦的、平等的、协调发展的新型关系。这种文明要求人类必须改变以追求物质需要为核心的传统消费观念和以牺牲环境为代价的传统发展观念，在研究地球再生能力和环境自净能力的基础上，使人类与自然协调发展。

7.4.2 发展循环经济的路径及理念

(1) 发展循环经济涉及的内容

发展循环经济不是一种简单的环境管理模式，而是一种新的经济发展模式。

① 在过程上，循环经济是以 3R 原则为手段、以提高生态效率或资源生产率为目标的生命周期经济。循环经济不但要求从物质流动的全过程减少资源消耗和污染产生，而且特别强调 3R 过程中前两个过程的重要性。因为只有前两个环节涉及生产和消费模式的转变，而一般的废弃物资源化并不改变粗放式的经济模式。

② 在对象上,循环经济不仅涉及固体废弃物的回收和资源化,而且要求把 3R 原则应用到水资源、能源、土地资源、重要原材料等领域,通过循环经济使经济社会发展走上节水、节能、节地、节材和环境友好的道路。不仅要发展节省稀缺性原材料(例如铁、锰、铝、铜等矿产资源)的循环经济,更要重点发展针对水资源、土地资源和能量资源高效利用的循环经济。

③ 在主体上,循环经济是在国家总体指导下由经济社会发展综合部门统筹协调的一种新的经济发展模式。有关资源节约和环境友好的行动可渗透到具有源头意义的生产活动、消费活动和宏观管理活动之中。这对政府、企业、社会面向循环经济的共同行动提出了较高要求。

(2) 发展循环经济的主要理念

① **新的系统观** 循环经济是由人、自然资源和科学技术等要素构成的大系统,要求人类在考虑生产和消费时不能把自身置于这个大系统之外,而是将自己作为这个大系统的一部分来研究符合客观规律的经济原则。要从自然-经济大系统出发,对物质转化的全过程采取战略性、综合性、预防性措施,降低经济活动对资源环境的过度利用及对人类所造成的负面影响,使经济社会循环与自然循环更好地融合,实现区域物质流、能量流、资金流的系统优化配置。

② **新的经济观** 用生态经济学规律指导生产活动。经济活动要在生态可承受范围内进行,超过资源承载能力的循环是恶性循环,会造成生态系统退化。只有在资源承载能力之内的良性循环,才能使生态系统平衡地发展。循环经济是用先进生产技术、替代技术、减量技术、共生链接技术、废旧资源利用技术、"零排放"技术等支撑的经济,不是传统的低水平物质循环利用方式下的经济。要在建立循环经济支撑技术体系上下功夫。

③ **新的价值观** 在考虑自然资源时,不仅视其为可利用的资源,而且要维持良性循环的生态系统;在考虑科学技术时,不仅考虑其对自然的开发能力,而且要充分考虑到它对生态系统的维系和修复能力,使之成为有益于环境的技术;在考虑人的自身发展时,不仅考虑人对自然的改造能力,而且更重视人与自然和谐相处的能力,促进人的全面发展。

④ **新的生产观** 从循环意义上发展经济,按照清洁生产、环保要求从事生产。要充分考虑自然生态系统的承载能力,尽可能地节约自然资源,不断提高自然资源的利用效率。每个企业在生产过程中少投入、低排放、高利用,达到废物最小化、资源化、无害化。上游企业的废物成为下游企业的原料,实现区域或企业群的资源最有效利用。另外,用生态链条把工业与农业、生产与消费、城区与郊区、行业与行业有机结合起来,实现可持续生产和消费,逐步建成循环型社会。

⑤ **新的消费观** 提倡绿色消费,也就是物质的适度消费、层次消费,而且是一种对环境不构成破坏或威胁的持续消费方式和消费习惯。在消费的同时还考虑到废弃物的资源化,建立循环生产和消费的观念。在日常生活中,鼓励多次性、耐用性消费,减少一次性消费。

(3) 发展循环经济的对策

① **建立发展循环经济的法律和政策体系** 保证发展循环经济产业有法可依,通过制定法规、政策,激励有利于资源节约和环境友好的产业、技术、工艺、产品的发展,加强监管,提高准入门槛,淘汰落后的工艺、技术和产品。

② **明确企业和个人在建立节约型社会中的责任** 使企业将发展循环经济作为自身发展不可分割的一部分,使民众形成强烈的节约资源与保护环境意识。企业是循环经济发展的主力军,应调动它们的积极性和主观能动性,在产品研制、技术开发和市场开拓等方面发挥

作用。

③ **高度重视新技术、新设备的研究开发和推广**　为发展循环经济提供坚实的技术保障，应考虑物质循环的技术、经济可行性。一些物质循环技术上可行、经济上合算，如废钢铁、废有色金属等；一些物质循环技术上可行但经济上不合算，如废建筑材料等；一些物质根本不能循环，如挥发性物质。因此，使"物质循环起来"不能一概而论，而要区别对待。

④ **转变观念，整体推进**　转变生产方式，走一条符合中国国情的新型工业化道路，增加资源效率和环境友好的考核指标，大力宣传循环经济的理念和知识，建立生态工业园区，依据循环经济的思想改造传统产业。

7.5　工业生态学与生态工业园

循环经济理论在工业体系中的应用形态之一是生态工业。循环经济把生态工业、资源综合利用、生态设计和可持续消费等融为一体，运用生态学规律来指导人类社会的经济活动，因此生态工业本质上也是一种基于生态的循环经济。

7.5.1　生态工业的概念

(1) 工业生态学概念

工业生态学（industrial ecology）是一门研究社会生产活动中自然资源从源、流到汇的全代谢过程、组织管理体制以及生产、消费、调控行为的动力学机制、控制论方法及其与生命支持系统相互关系的系统科学。其目标是保护自然系统的生态可靠性、确保人们满意的生活质量以及维持工业、贸易和商业系统的经济可靠性。

工业生态学的提法始于 1989 年，美国通用汽车公司的罗伯特·福罗什和尼古拉斯·加罗布劳斯在《科学美国人》上发表题为"可持续工业发展战略"的文章，提出："在传统的工业体系中，每一道制造工序都独立于其他工序，通过消耗原料生产出即将被销售的产品和相应的废料。我们完全可以运用一种更为一体化的生产方式来代替那种过于简单化的传统生产方式，那就是工业生态系统。"

工业生态学通过"供给链网"分析（类似食物链网）和物料平衡核算等方法分析系统结构变化，进行功能模拟和分析产业流（输入流、产出流）来研究工业生态系统的代谢机理和控制方法。工业生态学的思想包含了"从摇篮到坟墓"的全过程管理系统观，即在产品的整个生命周期内不应对环境和生态系统造成危害，产品生命周期包括原材料采掘、原材料生产、产品制造、产品使用以及产品用后处理。系统分析是产业生态学的核心方法，在此基础上发展起来的工业代谢分析和生命周期评价是目前工业生态学中普遍使用的有效方法。工业生态学以生态学的理论观点考察工业代谢过程，即从取自环境到返回环境的物质转化全过程，研究工业活动和生态环境的相互关系，以研究调整、改进当前工业生态链结构的原则和方法，建立新的物质闭路循环，使工业生态系统与生物圈兼容并持久生存下去。

经过多年的发展，工业生态学已经得到了广泛的应用，其应用层面可以分为三个层次：

① **企业内部**　探索如何从企业整体角度通过过程的集成来最优化使用各种资源、最小化废物的产生，相应的工艺手段包括生命周期分析、环境设计、生态效率等。

② **工业系统内部**　考虑不同企业之间的相互合作，各企业通过共同管理环境事宜和经济事宜来获取更大的环境效益、经济效益和社会效益，这个效益是比单个企业通过个体行为的最优化所能获得的效益之和更大的效益，这个层次的应用就是生态工业园。

③ **地区、国家及全球**　在一个地区、一个国家或更广的范围内（如全洲、全球范围）建立生态工业网络，考虑不同的工业系统、工业群落之间如何通过有效地合作来优化资源的使用，改善整体环境绩效，最大可能地推进可持续发展。

目前，工业生态学的研究与实践集中体现在生态工业园的建立与管理上。

(2) 生态工业和生态工业园

生态工业也称为产业生态，或产业生态学。生态工业是按生态经济原理和知识经济规律组织起来的基于生态系统承载能力、具有高效的经济过程及和谐的生态功能的网络型进化型工业，它通过两个或两个以上的生产体系或环节之间的系统耦合使物质和能量多级利用、高效产出或持续利用。

将生态学的理论和方法用到工业生产体系的设计中，将工业生产过程比成生态系统中的一个封闭体系，其中一个环节产生的"废物"或副产品成为另一个环节的"营养物"或原料，这就出现了生态工业园，彼此相近的工业企业就可以形成一个相互依存、类似于自然生态中食物链的"工业生态系统"。从产出角度看，工业生态学追求的环境目标是"零排放"，在现有技术经济条件下，有利用价值的废物都被用起来了，使排放的废弃物极少甚至为零。从投入角度看，生态工业学追求的目标是"减材料化"（dematerialization，也有人翻译成非物质化），在产出数量和质量不变的条件下，减少物料的投放强度，同时不影响产品的质量，既要产品变轻、变小、变薄，又要能经久耐用。

生态工业园区是依据清洁生产要求、循环经济理念和工业生态学原理而设计建立的一种新型工业园区。它通过物流或能流传递等方式把两个或两个以上生产体系或环节连接起来，形成资源共享、产品链延伸和副产品互换的产业共生网络。在这个共生网络中，一家工厂的产品或副产品成为另一家工厂的原料或能源，形成产品链和废物链，实现物质循环、能量多级利用和废物产生最小化。

发展生态工业是解决工业污染的重要途径。在生态产业技术的开发上应该遵循 6 个原则，即进化替代原则、减量化原则、再利用原则、再资源化原则、互利共生原则和集成优化原则。

7.5.2　发展生态工业园区的原则和内容

(1) 发展生态工业园区应遵循的原则

① **与自然和谐共存原则**　园区应与区域自然生态系统相结合，保持尽可能多的生态功能。对于现有工业园区，按照可持续发展的要求进行产业结构的调整和传统产业的技术改造，大幅度提高资源利用效率，减少污染物产生和对环境的压力。新建园区的选址应充分考虑当地的生态环境容量，调整列入生态敏感区的工业企业，最大限度地降低园区对当地景观和水文背景、区域生态系统造成的影响。

② **生态效率原则**　园区应全面实施清洁生产。通过园区各企业和企业生产单元的清洁生产，尽可能降低企业的资源消耗和废物产生；通过各企业或单元间的副产品交换，降低园区总的物耗、水耗和能耗；通过物料替代、工艺革新，减少有毒有害物质的使用和排放；在建筑材料、能源使用、产品和服务中，鼓励利用可再生资源和可重复利用资源。贯彻"减量

第一"的最基本的要求，使园区各单元尽可能降低资源消耗和废物产生。

③ **生命周期原则**　要加强原材料入园前以及产品、废物出园后的生命周期管理，最大限度地降低产品全生命周期的环境影响。应鼓励生产和提供资源、能源消耗低的产品和服务；鼓励生产和提供对环境少害、无害和使用中安全的产品和服务；鼓励生产和提供可以再循环、再使用和进行安全处置的产品和服务。

④ **区域和行业发展原则**　尽可能将园区与区域、行业发展和地方特色经济相结合，使园区建设能带动区域、行业环境综合整治和经济发展。区域型园区规划应纳入当地社会经济发展规划，并与区域环境保护规划方案相协调。

⑤ **高科技、高效益原则**　大力采用现代化生物技术、生态技术、节能技术、节水技术、再循环技术和信息技术，采纳先进的生产过程管理和环境管理标准，要求经济效益和环境效益实现最佳平衡，实现"双赢"。

⑥ **软硬件并重原则**　硬件指具体工程项目（工业设施、基础设施、服务设施）的建设。软件包括园区环境管理体系的建立、信息支持系统的建设、优惠政策的制定等。园区建设必须突出关键工程项目，突出项目（企业）间工业生态链建设，以项目为基础，同时必须建立和完善软件建设，使园区得到健康、持续发展。

(2) 生态工业园区建设的内容

① **物质集成**　物质集成主要是根据园区产业规划，确定成员间上下游关系，并根据物质供需方的要求，运用过程集成技术，调整物质流动的方向、数量和质量，完成工业生态网的构建。尽可能考虑资源回收利用或梯级利用，最大限度地降低物质资源的消耗。

② **水系统集成**　水系统集成的目标是节水，可考虑采用水的多用途使用策略。生态工业园区中可以将水细分成更多的等级，例如超纯水、去离子水、饮用水、清洗水和灌溉水等。由于下一级使用的水质要求较低，因而完全有理由采用上一级使用后的出水。

③ **能源集成**　能源集成不仅要求各成员寻求各自的能源使用效率最大化，而且园区要实现总能源的优化利用，最大限度地使用可再生资源。在园区内根据不同行业、产品、工艺的用能质量需求，规划和设计能源梯级利用流程，使能源在产业链中得到充分利用。

④ **技术集成**　关键技术种类的长期发展进化是园区可持续发展的一个决定性因素。从产品设计开始，按照产品生命周期的原则，依据生态设计的理念，引进和改进现有企业的生产工艺、高新技术、抗市场风险技术、园区内废物使用和交换技术、信息技术、管理技术，以满足生态工业的要求，建立最小化消耗资源、极少产生废物和污染物的高新技术系统。

⑤ **信息共享**　配备完善的信息交换系统或建立信息交换中心是保持园区活力和不断发展的重要条件。园区内各成员之间有效的物质循环和能量集成，必须以了解彼此供求信息为前提，同时生态工业园的建设是一个逐步发展和完善的过程，其中需要大量的信息支持。这些信息包括园区有害及无害废物的组成、废物的流向和废物的去向、相关生态链上产业的生产、市场发展、技术、法律法规、其他相关工业生态领域的信息等。

⑥ **设施共享**　设施共享是生态工业园的特点之一。实现设施共享可减少能源和资源的消耗，提高设备的使用效率，避免重复投资。

7.5.3　生态工业园国内外范例

丹麦的卡伦堡生态工业区是国际上最早成功实施的生态工业园区，该园区以发电厂、炼油厂、制药厂和石膏制板厂四个厂为核心企业，把一家企业的废弃物或副产品作为另一家企业的投入或原料，通过企业间的工业共生和代谢生态群落关系，建立工业联合体，这样不仅降低了治理污染的费用，而且企业也获得了可观的经济效益。20 世纪 90 年代，西方发达国家的生态工业园区蓬勃兴起，这些生态工业园区产业集聚规模大，进园企业分布在以主导产业为核心的产业链各个环节或领域，企业相互利用产品（副产品）的机会大，耦合交易成本低，生态产业链的稳定性高，工业共生网络趋于完善。如加拿大伯恩赛德工业园内集聚着1300 家企业，分布在十几个工业产业领域，园区还有企业环境孵化器扶持中小企业发展，为副产品寻求新的合作利用途径；荷兰鹿特丹临港工业园区形成一条 50km 的石化工业带，分布着英国石油公司、美国德士古公司、埃索、科威特石油公司、壳牌等 5 个大型石化公司，7 个大型造船厂和数量众多的金融、贸易、咨询等服务行业，利用化工产品上下游关联关系形成项目链，通过输送管网、仓库、码头、铁路和道路等形成区内一体化的物流运输系统；新加坡裕廊岛生态产业区有 95 家国际大公司的运营基地，包括荷兰皇家壳牌、美国埃克森美孚、美国杜邦、德国巴斯夫、日本住友化学等业内巨头，形成了化工产业集群，企业之间形成上下游投入产出关系，物料通过管道在园区内运输，企业之间共享基础设施和公用工程，最大限度地降低了物流成本和投资成本。

生态工业园的思想在 20 世纪 90 年代末引入到我国工业园区的建设中，2001 年批准建设第一个国家级贵港生态工业（制糖）示范园区，2006 年生态工业园区标准发布，2008 年苏州工业园区、苏州高新技术产业开发区和天津经济技术开发区通过国家验收，成为我国第一批国家生态工业示范园。截止到 2015 年底，我国通过验收的国家生态工业示范园区有 35个，批准建设的国家生态工业示范园区有 82 个。我国的生态工业园区目前主要有三类：第一类是在原有的经济技术开发区、高新技术产业开发区等工业园区基础上改造而成的由不同行业的企业组成的综合类生态工业园区，典型的综合类园区有天津泰达生态工业园、苏州高新区国家生态工业园、南海国家生态工业园等；第二类是以某一类工业行业的一个和几个企业为核心，将更多同类企业或相关行业企业通过物质和能量的集成建立共生关系而形成的行业类生态工业园区，典型的行业类园区有贵港国家生态工业园（糖业）、山西安泰国家生态工业园（煤焦化产业）、包头国家生态工业园（铝业）等；第三类是以资源再生利用的企业为主体建设的静脉产业生态工业园区，典型的是青岛新天地生态工业园。

广西贵港国家生态工业（制糖）示范园区是以生态工业理论为指导，以贵糖（集团）股份有限公司为核心，以蔗田系统、制糖系统、酒精系统、造纸系统、热电联产系统、环境综合处理系统为框架，通过盘活、优化、提升、扩张等步骤，建设生态工业（制糖）示范园区。该园区以甘蔗为主要原料，通过生产过程中的物质交换和资源共享形成了工业共生网络，包含三大主物流，即制糖物流（甘蔗→蔗汁→清汁→糖浆→精炼糖）、造纸物流（甘蔗→蔗渣→纸浆→纸张）和发酵制品物流（甘蔗→蔗汁→清汁→糖浆→糖蜜→酒精），以及三条制糖副产品和产品次级资源化的生态工业链，即轻质碳酸钙（CMC）工业链（黑液→碱回收→CMC 厂→CMC）、水泥生态工业链（滤泥→水泥厂→水泥）和甘蔗专用复合肥生产工业链（废糖蜜→酒精废液→复合肥厂→专用复合肥），包括制糖厂、制浆厂、造纸厂、酒精厂、甘蔗专用复合肥厂、烧碱回收厂、轻质碳酸钙厂、水泥厂、热电厂等 10 余个工厂。蔗田生产的甘蔗在制糖厂加工得到蔗纤维，蔗纤维运往制浆厂和造纸厂生产文化和生活用纸；制糖厂生产中产生的滤泥、热电厂产生的炉渣和造纸时产生的白泥运往水泥厂生产水泥；制糖厂产生的废糖浆运往酒精厂生产酒精，而酒精厂产生的 CO_2 和制浆厂的白泥可被轻质碳酸钙厂利用；各生产环节中产生的废水和灰渣以及酒精厂产生的废弃物——酒精废醪液被运往化肥厂生产蔗田专用的复合肥，以此增加蔗田的产量。

上海化学工业区始建于 1996 年,是国家生态工业示范园区、国家循环经济工作先进单位,首创了产品项目、公用辅助、物流传输、生态保护和管理服务"五个一体化"开发模式,实现了专业集成、投资集中、效益集约的管理模式。

① 产品项目一体化:由石脑油、乙烯等上游产品与异氰酸酯、聚碳酸酯等中游产品以及精细化工、合成材料等下游产品形成一个完整的产品链,整体规划、合理布局、有序建设,目前园区产品之间的关联度高于 80%;

② 公用辅助一体化:能源统一供给,形成供水、供电、供热、供气为一体的公用工程"岛",实现节能降耗;

③ 物流传输一体化:通过与各个化学反应装置连成一体的专用输送管网以及仓库、码头、铁路和道路等一体化的物流运输系统,将原料、能源和中间体安全、快捷地送达目的地;

④ 生态保护一体化:坚持分散绿化与集中绿化相结合,采用先进技术统一处理废水和废弃物,实现生产与生态的平衡、发展与环境的和谐;

⑤ 管理服务一体化:建立规范、高效的安全监管体系,寓管理于服务中,通过第三方服务企业提供全面、优质的服务和后勤保障。

许多世界著名跨国公司和中石化等国内大型骨干企业已落户园区,形成了世界级绿色化工产业集群。截至 2017 年底,累计批准项目总投资 269.92 亿美元,累计完成固定资产投资 1380.32 亿元,2017 年完成工业总产值 1270.71 亿元,实现销售收入 1319.79 亿元,园区循环经济发展程度和经济效益领先全国化工园区。

园区各系统之间通过中间产品和废弃物的相互交换而互相衔接,形成一个比较完整和闭合的生态工业网络,园区内资源得到合理配置、废弃物得到有效利用,环境污染减少到最低水平。物流中没有废物概念,只有资源概念,各环节实现了充分的资源共享,变污染负效益为资源正效益。

本 章 小 结

本章阐述了可持续发展战略基本内容和中国实施可持续发展的指导思想、目标、途径,介绍了环境管理体系标准(ISO 14000 系列标准)的运行模式、基本要点,清洁生产的概念和实现途径,循环经济的概念和发展途径,以及生态工业的概念和发展生态工业园的原则和内容,使学生通过本章的学习认识可持续发展的必要性和实现途径。

第8章
绿色化学与化工基础

本章学习要点

✓ **重点**：原子经济反应、环境友好催化剂、绿色反应剂和溶剂、绿色化学产品。

✓ **要求**：掌握绿色化学原则、原则经济反应实现途径，熟悉环境友好催化剂、绿色溶剂和绿色反应剂的研究发展趋势，了解绿色化学产品的设计原则以及化工过程强化的途径。

20世纪，化学工业的蓬勃发展推动了人类社会的进步，提高了人类的生活水平，也改变了人类的生活方式，如果没有化学工业，就没有现代化的医学、交通、通信和生活消费品。然而化学工业的发展和化学品产量的剧增，对人类的健康和生态环境造成了极大的危害，全球所面临的环境问题和一些重大的污染事件都与化学工业和化学品污染有关。

为了消除化学工业所产生的环境污染，人们制定了严格的污染排放标准、建立健全的环境质量监控体系，发明了污染治理技术。然而，随着化学工业的不断发展，用于污染治理的费用不断上升，但环境污染并没有得到真正有效的控制。人们逐渐认识到这种"先污染后治理"的末端治理模式既浪费了能源和自然资源，又使治理费用大、综合效益差，甚至产生二次污染。因此，从源头上防止污染产生的绿色化学思想在20世纪90年代提出，并在理论和应用上得到迅速发展。

8.1 绿色化学与原子经济性反应

8.1.1 绿色化学的定义

绿色化学（green chemistry）又称环境友好化学（environmentally benign chemistry），在其基础上发展的技术称为环境友好技术（environmentally friendly technology）、绿色技术

（green technology）或洁净技术（clean technology）。1996 年，联合国环境规划署提出了绿色化学的定义："用化学技术和方法去减少或消灭那些对人类健康和环境有害的原料、产物、副产物、溶剂和试剂的生产和应用。"绿色化学的核心是利用化学原理从源头上消除化学工业对环境的污染，其理想是采用"原子经济"（atom economy）反应，实现废物的零排放（zero emission），同时采用无毒、无害的原料、催化剂和溶剂，并生产环境友好的产品。

绿色化学研究的基本内容围绕化学反应、原料、催化剂、溶剂和产品的绿色化展开，即：采用无毒、无害、可再生资源为原料，实现原料的绿色化；开发原子经济反应，提高反应的选择性；使用无毒无害的催化剂——催化剂的绿色化，无毒无害的溶剂——溶剂的绿色化，以实现整个反应的绿色化，最后得到绿色化的产品。图 8-1 的绿色化学示意图概括了绿色化学的基本内容。

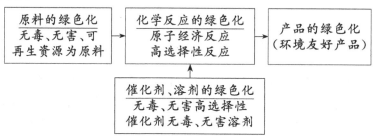

图 8-1　绿色化学示意图

绿色化学是当今化学学科的研究前沿，它综合了化学、物理、生物、材料、环境、计算机等学科的最新理论和技术，是具有明确社会需求和科学目标的新型交叉学科。从科学观点看，它是对传统化学思维方式的更新和发展；从环境观点看，它是从源头上消除污染；从经济观点看，它综合利用资源，降低生产成本，符合经济可持续发展的要求。

8.1.2　绿色化学的研究原则

绿色化学的目标和研究范畴是从根本上切断污染源，而不是被动地治理环境污染。因此，它的研究必须符合以下原则。

① **预防环境污染**（prevention）　防止废物的生成，而不是废物产生后再处理。这既能带来经济效益又能产生环境效益。通过有意识地设计一个不产生废物的反应，分离、治理和处理有毒物质的必要就减少了。例如用碳酸二甲酯（DMC）代替剧毒的硫酸二甲酯作甲基化剂就使相应的甲基化反应不会产生副产物，使反应具有简单、毒性低、经济、产品收率及纯度高的优点。

② **原子经济性**（atom economy）　绿色化学的主要特点是原子经济性。原子经济性的目标是使原料分子中的原子更多地或全部进入最终产品之中。最大限度地利用反应原料，最大限度地节约资源，最大限度地减少废物的排放，因而最大限度地减轻环境污染，适应可持续发展的要求。

③ **无害化学合成**（less hazardous chemical synthesis）　尽量减少化学合成中的有毒原料和有毒产物，只要可能，反应和工艺设计应考虑使用更安全的替代品。

④ **设计安全化学品**（designing safer chemicals）　使化学品在被期望功能得以实现的同时，将其毒性降到最低。

⑤ **使用安全溶剂和助剂**（safer solvents and auxiliaries）　尽可能不使用助剂（如溶剂、分离试剂等），在必须使用时，采用无毒无害的溶剂代替挥发性有毒有机物作溶剂已成为绿

色化学的研究方向。

⑥ **提高能源经济性**（design for energy efficiency）　合成方法必须考虑过程中能耗对成本与环境的影响，应设法降低能源消耗，最好采用在常温常压下进行的合成方法。

⑦ **使用可再生原料**（use of renewable feed stocks）　在经济合理和技术可行的前提下，选用可再生资源代替消耗资源，如用以酶为催化剂、以生物质（生物体中的有机物）为原料的可再生资源代替不可再生的资源如石油，符合生态循环的要求。

⑧ **减少衍生物**（reduce derivatives）　应尽可能减少不必要的衍生作用，以减少这些不必要的衍生步骤需要添加的试剂和可能产生的废物。

⑨ **新型催化剂的开发**（catalysis）　尽可能选择高选择性的催化剂。高选择性的催化剂在选择性和减少能量方面优于化学计量反应。高选择性使其所产生的废物减少，催化剂在降低活化能的同时，也使反应所需能量降到最低。

⑩ **降解设计**（design for degradation）　在设计化学品时就应优先考虑在它完成本身的功能后，能否降解为良性物质。

⑪ **预防污染中的实时分析**（real—time analysis for pollution prevention）　进一步开发可进行实时分析的方法，实现在线监测。在线监测可以优化反应条件，有助于产率的最大化和有毒物质产生的最小化。

⑫ **防止意外事故发生的安全工艺**（inherently safer chemistry for accident prevention）　采用安全生产工艺，使化学意外事故（毒害、渗透、爆炸、火灾等）的危险性降到最低程度。

综上所述，化工过程的绿色化就是在设计反应路线和反应过程时，通过原料优选、工艺设计预防、减少污染，生产无害物质且防止事故发生。通过技术进步推动化工生产绿色化程度的不断提高，实现化学工业的可持续发展。

【例】　氯乙烯的工业生产

聚氯乙烯（PVC）是应用非常广泛的通用塑料之一，由氯乙烯聚合得到。氯乙烯的工业生产路线有石油路线的乙烯法和煤化工路线的乙炔法，各地依据资源等情况选用不同的生产路线，目前两种工艺基本各占全球产能的 50%。

乙炔法是乙炔与氯化氢发生加成反应生成氯乙烯：

$$CH \!=\! CH + HCl \longrightarrow CH_2 \!=\! CHCl$$

该反应以活性炭负载 $HgCl_2$ 为催化剂，在 $90\sim140℃$、$0.15\sim0.16\ MPa$ 下进行，乙炔与氯化氢的摩尔比为 $1:1$，反应原子利用率为 100%，选择性可以达到 98%。我国因煤炭和石灰资源丰富，乙炔法成本优势明显，产能占我国总产能的 63.4%。但该法采用有毒有害的汞催化剂，催化剂中氯化汞含量高达 $10\%\sim12\%$，污染严重，目前该工艺的改进方向是降低汞含量（$HgCl_2$ $4.0\%\sim6.5\%$），选择优质载体和负载工艺降低汞升华速度，减轻对环境的污染，并努力开发无汞工艺。

乙烯法制氯乙烯是先通过乙烯氯化合成二氯乙烷：

$$C_2H_4 + Cl_2 \longrightarrow C_2H_4Cl_2$$

乙烯氯化用 $FeCl_3$ 作催化剂，在二氯乙烷溶剂中进行，选择性 $>99\%$，这是一个放热反应。

二氯乙烷在 $550℃$、$2.8MPa$ 下发生裂解反应（$C_2H_4Cl_2$ 转化率约为 55%，氯乙烯选择性大于 96%），得氯乙烯：

$$C_2H_4Cl_2 \longrightarrow C_2H_3Cl + HCl$$

由上式可得乙烯制氯乙烯的总反应式为：

$$C_2H_4 + Cl_2 \longrightarrow C_2H_3Cl + HCl$$

乙烯法生成的氯化氢如果不能合理利用，既提高成本，又造成污染。因此通入氧气，产生的氯化氢与乙烯和氧气（纯度为99.5%）在230～315℃、1.4 MPa、$CuCl_2$催化下发生氧氯化反应：

$$C_2H_4 + 2HCl + 0.5O_2 \longrightarrow C_2H_4Cl_2 + H_2O$$

氧氯化反应生成的二氯乙烷又可以经裂解生成氯乙烯，这样将直接氯化、氧氯化和二氯乙烷裂解反应相互结合、协同进行，消除可能因氯化氢产生的污染，降低成本，提高反应的原子利用率和过程的绿色化程度，使乙烯法成为广泛应用的氯乙烯工业化工艺。总的反应式为：

$$2C_2H_4 + Cl_2 + 0.5O_2 \longrightarrow 2C_2H_3Cl + H_2O$$

8.1.3 原子经济反应

希尔顿（Sheldon）提出的E-因子概念即生产每千克产品所产生的废弃物量，废弃物是指除预期产物以外的任何副产物。不同化工生产过程的E-因子如表8-1所列，可见，产品越复杂、越精细，产生的废弃物也越多。

表8-1 不同化工生产过程的E-因子

化工行业	产品规模/kg	E=废弃物/产品
石油炼制	$10^9 \sim 10^{11}$	约0.1
大宗化学品	$10^7 \sim 10^9$	1～5(个别小于1)
精细化学品	$10^5 \sim 10^7$	5～50(个别大于50)
医药品	$10^4 \sim 10^6$	25～100

化工生产中通常用下式表示的产率或收率来评价反应过程：

$$产率(\%) = \frac{目标产品的质量}{理论上原料变为目标产品所应得的产品质量} \times 100\% \tag{8-1}$$

但产率的概念忽略了副产物的生成，一个反应的产率很高，但产生大量无用的副产物，该反应过程也是不理想的。

Trost提出了反应的原子经济性（atomy economy）概念，反应的原子经济性可用原子利用率（atom utilization，AU）来衡量：

$$原子利用率(\%) = \frac{目标产品的质量}{所有反应物的质量总和} \times 100\% \tag{8-2}$$

Trost认为化学合成应考虑原料分子中的原子最终进入所希望产品中的数量，原子经济性的目标是在设计化学反应时使原料分子中的原子最大限度地或全部变成产物中的原子。理想的原子经济反应是使原料分子中的原子百分之百地转化为产物，不产生废物或副产物，实现废弃物的"零排放"。

8.1.4 常见有机反应的原子经济性分析

(1) 分子重排反应

分子重排反应是100%原子经济反应，因为它通过原子重整产生新的分子，所有反应原子都结合到产物中，异构化反应也可归入这一类型，如Claisen重排反应和炔烃的异构化，具体反应式为：

式中，R 为烃基、烷氧基、氨基。

（2）加成反应

加成反应是 100% 原子经济反应，如 Diels-Alder 和 Michael 加成反应、水合反应等，将反应物加到底物上，充分利用原料中的原子。如丙烯加氢催化制丙烷的反应：

$$H_3CCH{=\!=}CH_2 + H_2 \xrightarrow{Ni} H_3CCH_2CH_3$$

（3）取代反应

在如烷基化、芳基化、酰基化等取代反应中，被取代的基团是产物不需要的废物，反应的原子经济性降低，其非原子经济程度由底物和试剂决定。如丙酸乙酯与甲胺的取代反应生成丙酰甲胺和乙醇，由于生成了副产物乙醇，其原子利用率仅为 65.41%，反应式如下：

$$CH_3CH_2COOCH_2CH_3 + HNHCH_3 \longrightarrow CH_3CH_2CONHCH_3 + CH_3CH_2OH$$

（4）消除反应

消除反应是原子经济性最低的反应，如脱氢、脱卤素、脱水等反应，所使用的任何未转化至产品的试剂和被削去的原子都成为废物。如 Hofmann 消除（降解）反应，氢氧化三甲基丙基胺热分解生成丙烯、三甲胺和水，以丙烯为目的产物，原子利用率仅为 35.30%。

8.1.5　提高化学反应原子经济性的途径

（1）开发新催化材料改变合成方法，提高反应的原子经济性

通过新催化剂的研制来开发新工艺新技术，提高反应的原子经济性。环氧丙烷的生产就是一个典型的例子。环氧丙烷传统上是由氯醇法生产的，反应过程如下：

总的反应为：

摩尔质量	42	71	74	58	111	18
目标产物量				58		
废物量					$111 + 18 = 129$	

$$\text{原子利用率} = \frac{58}{58+111+18} \times 100\% = \frac{58}{42+71+74} \times 100\% = 31\%$$

该法消耗大量氯气和石灰，腐蚀设备，并产生大量含氯化物的废水，污染严重，而且原子利用率仅为 31%。

采用直径约为 0.5nm 的具有四面体结构的 ZSM-5-型钛沸石催化剂，用双氧水氧化丙烯一步制取环氧丙烷，反应如下：

$$CH_3CH{=}CH_2 + H_2O_2 \xrightarrow{TS\text{-}1} CH_3CH\underset{O}{\frown}CH_2 + H_2O$$

摩尔质量　　　　42　　　　　34　　　　　58　　　18
目标产物量　　　　　　　　　　　　　　58
废物量　　　　　　　　　　　　　　　　　　　18

$$\text{原子利用率} = \frac{58}{58+18} \times 100\% = \frac{58}{42+34} \times 100\% = 76.3\%$$

该反应条件温和，原子利用率提高到 76.3%。相比氯醇化法工艺，减少了 70%~80% 的污水排放和 35% 的能源消耗。

（2）采用新的合成原料

采用新的合成原料也是提高原子经济性的一种手段。甲基丙烯酸甲酯（简称 MMA）是一种重要的有机化工原料，是有机玻璃的单体。MMA 主要采用丙酮-氰醇法生产，反应过程如下：

$$CH_3CCH_3 + HCN \longrightarrow H_3C{-}\underset{CN}{\overset{OH}{C}}{-}CH_3 \xrightarrow[H_2SO_4]{CH_3OH} H_2C{=}\underset{CH_3}{\overset{O}{C}}{-}C{-}OCH_3$$

因使用剧毒的氰化氢和强腐蚀性的硫酸，环境污染大，而且原子利用率仅为 47%。

采用均相钯催化剂体系，用丙炔和甲醇一步羰化合成 MMA，原子利用率为 100%：

$$CH_3{-}C{\equiv}CH + CO + CH_3OH \longrightarrow CH_2{=}\underset{CH_3}{\overset{O}{C}}{-}C{-}OCH_3$$

（3）采用新的反应加工途径，提高反应的原子经济性（改变反应途径，简化合成步骤）

通过改变反应途径，简化合成步骤，可以大大提高过程的原子经济性。如药物布洛芬（ibuprofen）原来的合成步骤由六步反应组成（图 8-2），原子利用率为 40.03%：

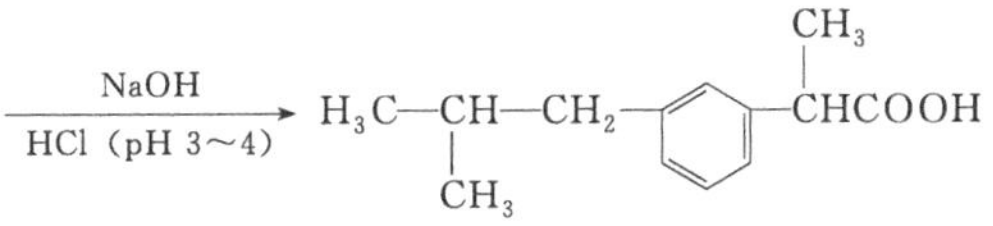

$$\xrightarrow[\text{HCl (pH 3}\sim\text{4)}]{\text{NaOH}} \quad \text{H}_3\text{C—CH—CH}_2\text{—} \underset{\overset{|}{\text{CH}_3}}{\bigcirc} \text{—CHCOOH} \overset{\text{CH}_3}{|}$$

图 8-2　采用 Boots 公司的 Brown 方法合成布洛芬

BHC 公司发明的布洛芬合成新工艺，只需三步反应就得到产品（图 8-3），原子经济性达到 77.44%：

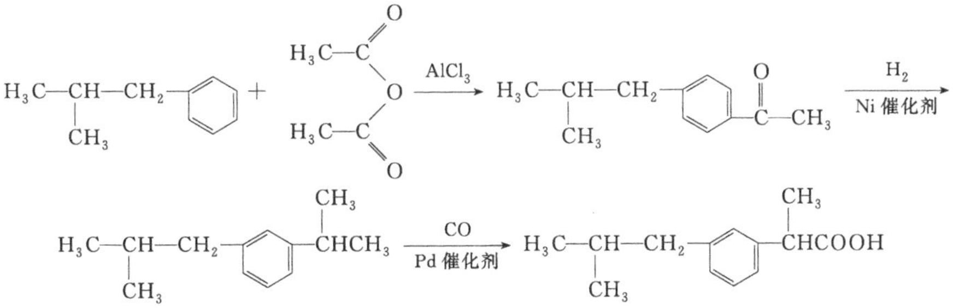

图 8-3　BHC 公司新发明的布洛芬合成绿色工艺

8.2　无毒无害反应剂和溶剂

8.2.1　无毒无害的反应剂

在传统的化学产品生产中，有许多反应原料是有毒有害的，甚至是剧毒的，如光气、氰氢酸、硫酸二甲酯等。这些剧毒物质由于化学性质极为活泼，以它们作原料的生产技术往往工艺简单、条件缓和、方法成熟、成本较低，所以沿用至今。

然而以这些剧毒物质作原料会产生严重污染，还可能会造成惨痛的公害事件。因此，绿色化工的一个任务是用无毒无害的原料代替这些有毒有害的原料。

（1）取代光气的原料

光气的分子式为 $COCl_2$，也称碳酰氯，是重要的有机化工原料，大量用于制备异氰酸酯、聚碳酸酯以及医药、农药和染料中间体等。但光气有剧毒，在空气中的最高允许浓度为 $0.1\mu g/L$，吸入微量也能使人、畜、禽死亡。

传统的由光气制异氰酸酯的方法如下：

$$RNH_2 + COCl_2 \longrightarrow R—N=C=O + 2HCl$$

碳酸二甲酯是国际化学品权威机构确定的毒性极低的绿色化学品，不仅可以取代光气，还可以作羰基化剂、甲基化剂和碳基甲氧化剂，是制造多种化工产品的中间体。用碳酸二甲酯（DMC）代替光气生产异氰酸酯（如甲苯二异氰酸酯，TDI）和甲醇：

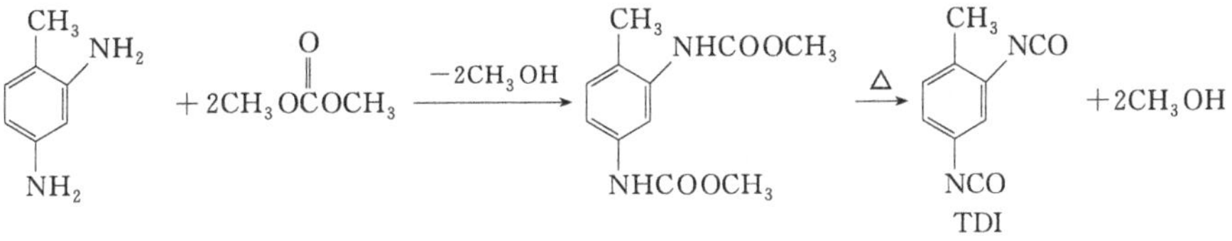

副产物甲醇经氧化羰化又能得到碳酸二甲酯：

$$2CH_3OH + CO + \frac{1}{2}O_2 \longrightarrow CH_3O\overset{\overset{\displaystyle O}{\|}}{C}OCH_3 + H_2O$$

以上两个过程合起来是理想的零排放绿色合成。

（2）替代氢氰酸的绿色原料

氢氰酸为无色液体或气体，沸点为 26.1℃，有剧毒，口服致死量为 0.1～0.3g。氢氰酸被广泛用于生产含氰化合物，如丙烯腈、农药中间体、聚合物单体。由于氢氰酸对人体和环境的危害极大，国内外正在开发替代氢氰酸为原料的绿色工艺。

传统的己二胺的生产方法是由丁二烯和氢氰酸加成得己二腈，再加氢得己二胺：

$$H_2C=CH-CH=CH_2 + 2HCN \longrightarrow NCCH_2CH_2CH_2CH_2CN$$

$$NCCH_2CH_2CH_2CH_2CN + 4H_2 \longrightarrow H_2NCH_2CH_2CH_2CH_2CH_2CH_2NH_2$$

新提出的替代氢氰酸的方法是丁二烯氢甲酰化反应得己二醛，己二醛与氨反应生成的亚胺再加氢得己二胺，反应式如下：

$$H_2C=CH-CH=CH_2 + 2H_2 + 2CO \longrightarrow OHCCH_2CH_2CH_2CH_2CHO$$

$$OHCCH_2CH_2CH_2CH_2CHO + 2NH_3 \longrightarrow NH=CHCH_2CH_2CH_2CH_2CH=NH + 2H_2O$$

$$NH=CHCH_2CH_2CH_2CH_2CH=NH + 2H_2 \longrightarrow H_2NCH_2CH_2CH_2CH_2CH_2CH_2NH_2$$

8.2.2 无毒无害的溶剂

许多化工过程（反应、分离）都需要使用大量溶剂。有机合成要使用有机溶剂，高分子材料、医药、油脂等加工过程中要使用有机溶剂，精密仪器的清洗以及服务业（如服装的干洗）也要使用各种溶剂，大量使用的常见溶剂有石油醚、苯类芳烃、卤代烃等。这些挥发性的有机溶剂有毒有害，会形成光化学污染，破坏臭氧层，引起呼吸道疾病，诱发癌症病变。环境友好过程是不用或少使用溶剂，在必要的时候使用无毒无害溶剂。

（1）超临界二氧化碳

常温、常压下的 CO_2 无色、无味、无毒、不燃烧、化学性质稳定，气体 CO_2 的溶解能力很差。若控制温度超过 30.06℃、压力超过 7.39MPa，CO_2 处于超临界状态，此时的 CO_2 流体介于气态和液态之间，密度和液体相当，黏度和气体相当，扩散系数介于二者之间，这种特殊的状态使其具有优异的溶解能力和传热效率。超临界 CO_2 可以溶解碳原子数在 20 以内的脂肪烃、卤代烃、醇、酮、醛、酯等，加入适当的表面活性剂又可以溶解重油、石蜡、蛋白质、聚合物等许多材料。超临界 CO_2 几乎可以溶解所有的化工原料和产品。

① 超临界二氧化碳溶剂在化学反应中的应用 超临界 CO_2 作反应溶剂的优点：一是选择性好，改变压力可以调节控制溶解能力；二是有良好的化学惰性，不易被氧化。研究表明，采用超临界 CO_2 作反应溶剂，使反应均相进行、消除扩散控制，可以提高反应速率，降低反应温度，降低固体催化剂的失活速率，提高反应的选择性，并能方便反应物、产物、副产物和催化剂的分离。在氢化、环化、氧化、烷基化、异构化和聚合反应中都发挥重要作用。

② **超临界二氧化碳溶剂在分离领域的应用**　超临界 CO_2 萃取因能在常温下进行，而且 CO_2 无毒、无残留，不会破坏天然物中的不稳定成分，从而保留其天然的独特性，如食品的风味、香料的香味等，因此超临界 CO_2 取代传统的挥发性溶剂在食品、香料、医药等领域的萃取提纯中的应用逐渐扩大。如采用超临界 CO_2 萃取咖啡豆中的咖啡因，从啤酒花中脱除蛇麻酮，脱除蛋黄中的胆固醇，用油料作物制取精炼食用油脂等。

③ **超临界二氧化碳溶剂在其他领域的应用**　超临界 CO_2 作为一种绿色溶剂的应用在不断拓宽，如：代替有机发泡剂作聚苯乙烯泡沫塑料的发泡剂可提高产品质量；代替快挥发溶剂，用于开发安全卫生的聚合物喷漆系统；与某些表面活性剂结合用作清洗剂，用于机械、电子、医药和织物干洗；用于环境监测分析及废物萃取处理等领域。

（2）水

水价廉易得，无毒无害，不燃不爆，不污染环境，但大部分有机物的水溶性很小，很多有机反应仅能在有机溶剂中进行。经过不懈的努力，一些不能在水中进行的反应经过改进后也能在水中进行。如 1980 年，Breslow 发现环戊二烯与甲基乙烯酮的加成反应速率在水中比在异辛烷中要快 700 倍；金属铟在水溶液中可促进偶联反应的进行，金属铟无毒，反应可在沸水或碱溶液中进行，铟能回收并循环使用；Diels-Alder 反应不但能够在水中进行，而且速率比在有机溶剂中大得多，如：

该反应在乙腈、乙醇、水中的相对速率为 $1：4.79：290$，水作溶剂大幅度提高了反应速率。

超临界水的研究也取得了很大进展。水处于临界点（374℃，22.1MPa）以上的高温高压状态时被称为超临界水。超临界水能溶解有机化合物和氧气，大大加快反应速率，方便物质的分离，因此超临界水是一种优良的反应介质，其最有应用前景的领域是废弃聚合物的资源化和有害物质的处理。超临界水作溶剂存在的问题是对设备的性能要求高、投资大，比如高浓度溶解氧和废水对金属的腐蚀、由于反应后无机产物的溶解度很小而造成盐的沉淀，从而导致反应器或管路堵塞等。

近临界水（near-critical water，NCW）通常是指温度在 250～350℃之间的压缩液态水。NCW 既可作溶剂，又可作反应物和催化剂。利用其自身具有酸催化与碱催化的功能，可使某些酸碱催化反应不必加入酸碱催化剂，从而避免酸碱的中和、盐的处理等工序；能同时溶解有机物和无机物，可替代有毒有害的有机溶剂。NCW 中的反应有以下优点：产物只需简单的降温降压便可与水分离；有可能减少不希望的副产物产生，增加选择性；反应条件（通常 250～300℃，5～10 MPa）与超临界水相比较温和，易于实现工业化等。

（3）离子液体

室温离子液体（room temperature ionic liquids）是指在室温或接近室温下呈现液态的、完全由阴阳离子所组成的盐，也称为低温熔融盐。它一般由有机阳离子和无机阴离子组成，常见的有机阳离子有烷基季铵离子 $[NR_x H_{4-x}]^+$、烷基季𬭩离子 $[PR_x H_{4-x}]$、N-烷基取代吡啶离子和 1,3-烷基取代咪唑离子等，阴离子有有机离子、配合物离子 $[AlCl_4^-$、BF_4^-、CF_3COO^-、$CF_3SO_3^-$、$(CF_3SO_2)_2N^-$、$SbF_6^-]$ 以及简单无机离子（Cl^-、Br^-、I^-、NO_3^-、ClO_4^-）等。

离子液体有熔点低并且可调、没有蒸气压、热稳定性好（不易燃烧和爆炸）、热容大、电导率高、电化学窗口宽、黏度低、无味、易分离回收等特点，因而被视为绿色化学和清洁工艺中最有发展前途的溶剂，作为反应溶剂，能溶解催化剂，使反应同时具有均相反应和多相反应的优点，提高了反应速率和选择性，在羰基化、环氧化、氧化、还原、氢化、缩合、Heck 和 Diels-Alder 等反应过程中的研究取得了很好的效果。

(4) 生物质溶剂

生物质溶剂是以生物质为原料生产的，具有碳足迹轻、价格低、生物兼容性好、可回收、安全无毒等优点，这些优势促进了生物质溶剂在催化和有机反应中的应用。目前已报道的可用作反应介质的生物质溶剂按其来源可大致分为：①源于生物柴油，如脂肪酸甲酯、丙三醇；②源于糖类，如糖类水溶液、糖类形成的低共熔物和糖类的活化转化产物（γ-戊内酯、2-甲基四氢呋喃、乳酸乙酯）；③源于木质素，如烷基酚类化合物。

丙三醇是制皂和生物柴油的主要副产物，具有溶解性能强、沸点高（290℃）、不与非极性溶剂互溶、可溶解无机盐类催化剂（构成催化剂/丙三醇均相体系）、介电常数高、无毒、可生物降解、不可燃和蒸气压低等优点，利于其作为反应溶剂使用，可在丙三醇中实现的反应种类繁多，如碳—碳成键反应、碳—氧成键反应、碳—氮成键反应、碳—硫成键反应和串联反应等。丙三醇的高黏度以及分子中羟基所具有的反应活性和配位能力在一定程度上限制了其应用范围，利用丙三醇分子中的羟基对其进行化学衍生化，可克服这一缺陷，如可用丙三醇衍生物（丙三醇醚、丙三醇羧酸酯、碳酸甘油酯和甘油缩甲醛等）作为有机反应溶剂。

8.3 环境友好催化剂

8.3.1 催化剂在消除环境污染方面的作用

80%以上的反应只有在催化剂作用下才能获得具有经济价值的反应速率和选择性。由于催化剂本身是化学品，因此它的使用有可能对设备、环境、人体产生危害。比如有的金属络合物对人体有很强的毒害作用，强酸强碱具有很强的腐蚀性，排放到周围环境中，对土壤、水源等都会产生有害影响，处理这些有毒、腐蚀性的催化剂也会使产品的成本增加。环境友好的新催化材料和催化技术的开发研究是绿色化学发展的关键。

催化剂的关键特征是能加快化学反应速率，即具有催化活性。然而在绿色化学中，首先要考虑的不是催化剂的活性而是催化剂的选择性，即催化剂对反应类型、反应方向和产物结构所具有的选择性。以相同的反应物为原料，在热力学上可能有不同的反应方向，生成不同的产物。采用不同的催化剂，在不同的反应条件下，可以使反应有选择性地朝某一个所需要的方向进行，生产所需要的产品。如一氧化碳和氢气在不同的催化剂作用下可得到不同的产物：

$$
H_2 + CO
\begin{cases}
\xrightarrow{Ni + Al_2O_3} CH_4 \\
\xrightarrow{Fe + 硅藻土} 烷烃 \\
\xrightarrow{Co + TiO_2} 醇、醛和酸 \\
\xrightarrow{Cu + ZnO} 甲醇
\end{cases}
$$

因此，可以认为催化剂是调控反应选择性的工具。对于某些串联反应，利用催化剂可以使反应停留在主要生成某一中间产物的阶段，如用不同的催化剂使烃类部分氧化为醇、醛或酮以及酸等不同的产物，而不完全氧化为二氧化碳和水。因此，利用催化剂的选择性可以保证目标产物的转化率，降低副产物的产率，甚至不产生副产物。

催化剂通过下述几方面的作用达到降低甚至消除环境污染的目标：

① 高效催化剂降低能耗、物耗，减少三废排放；

② 汽车尾气催化转化技术将有毒气体转化为无毒气体；

③ 生物催化技术将工业和生活废物转化为可利用资源，利用可再生生物质资源；

④ 开发可生物降解产品，在产品使用功能完结后自然降解而不造成环境污染。

8.3.2　环境友好的固体酸催化剂

酸碱催化是最常见的催化过程，在化工生产中占有重要地位，如烃类的裂解、异构化、重整，烯烃水合，芳烃烷基化、酯化等，传统的酸碱催化剂是硫酸、磷酸、氢氟酸、三氯化铝、氯化锌等路易斯酸以及氢氧化钠、氨水等液体碱，这些均相酸碱催化剂与反应物均匀混合、催化效率高，但分离回用困难，设备腐蚀严重，环境污染大。近年来发展了环境友好的固体酸催化剂，优点是设备腐蚀问题小，产物与催化剂易于分离，并且易于在工艺上实现连续化，能在高温下反应，提高生产效率，易于与其他过程耦合形成集成过程，节约能源和资源。

固体酸是指能使碱性指示剂改变颜色的固体，或是能化学吸附碱性物质的固体，按照 BrÖnsted 和 Lewis 的定义，固体酸是具有给出质子或接受电子对能力的固体。固体酸催化剂根据其特性可分为：①金属盐，如硫酸铜、磷酸硼、硫酸铁；②杂多酸，如磷钼酸铵、硅钨酸、磷钨酸；③固体超强酸，如氧化硼/二氧化锆、三氧化钨/二氧化锆、硫酸根离子/二氧化锆；④固载化液体酸，如氟化氢/三氧化二铝、磷酸/硅藻土、氟化氢/三氧化二铝；⑤分子筛，如 ZSM-5 分子筛；⑥硫化物，如硫化镉、硫化锌；⑦天然黏土矿，如蒙脱土、高岭土；⑧阳离子交换树脂；⑨氧化物，如二氧化硅、三氧化二铝/三氧化二硼、二氧化锆/二氧化硅。

沸石分子筛酸催化是得到广泛应用、极具发展前途的固体酸催化技术，在催化裂化、芳烃烷基化、歧化、异构化、芳构化、聚合、水合以及烷基转移等石油化工工艺中得到应用。沸石分子筛在精细有机合成中提供催化活性中心、吸附载体和择形定向反应，由于高选择性和可再生性，在精细化工领域的应用也越来越广泛。

杂多酸（简称 HPA）是由杂原子 X（如 P、Si 等）和多原子 M（如 Mo、W 等）按照某种特定的结构，通过氧原子的配位桥联组成的一类含氧多酸化合物。杂多酸的酸性比硫酸高，但没有腐蚀性，虽然是固体酸，但具有假液相结构，在含氧有机物中溶解度较大且相当稳定。因此，杂多酸作为一类多功能的催化剂，既能作均相催化剂，又可作多相催化剂；既可作酸催化剂，又可作氧化还原催化剂，甚至可作相转移催化剂。杂多酸催化剂已在丙烯水合制异丙醇、丙烯醛氧化制丙烯酸等工业生产上得到应用，是一类具有发展前景的绿色催化剂。

【例】　分子筛代替三氯化铝催化剂合成乙苯和异丙苯

乙苯和异丙苯都是年产量在千万吨级的产品，用苯作原料，与乙烯或丙烯经烷基化反应生成。传统的催化剂是三氯化铝，过程复杂。催化剂本身具有较大的腐蚀性，而且还要加入腐蚀性很大的盐酸作助催化剂，大量的废酸要用碱中和，因此废水、废渣、废酸、废气对环境造成严重污染。

　　新的方法是选用沸石分子筛催化剂，ZSM-5 是人工合成的高硅铝比的结晶铝硅酸，SD-DM 是脱铝丝光沸石，省掉了催化剂的分离操作，过程大大简化（图 8-4），产品的收率和纯度均大于 99.5%，基本接近原子经济反应，并且可以消除废酸、废水的产生，减少废渣、废气的排放量（表 8-2）。

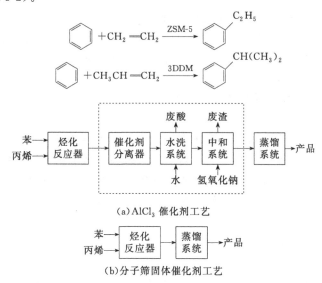

图 8-4　异丙苯新旧生产工艺的比较

表 8-2　分子筛新工艺改造 AlCl₃ 装置三废排放对比

比较项目	改造前工艺	改造后工艺
异丙苯产量/(10^4t/a)	6.7	8.5
污水量/(t/h)	9.6	0
稀盐酸/(kg/h)	90	0
废气/（kg/h）	211	4
废渣/（kg/h）	126[中和 Al(OH)₃ 滤饼]	4.6(废催化剂)

8.3.3　相转移催化剂

　　相转移催化剂（phase transfer catalysis，PTC）的作用是将一种反应物质从它所在的一相带入原来对它不溶的另一相，与溶在后一相中的另一反应物反应。例如反应：

$$\bigcirc\!\!-CH_2Cl + KCN \xrightarrow[72h/25℃]{CH_3CN} \bigcirc\!\!-CH_2CN$$

　　由于反应是在固、液两相中进行的，反应 72h，产率只有 20%，加入相转移催化剂（18-冠-6）后，相同条件下，0.4h 产率即达 100%。

　　常用的相转移催化剂如下：

　　① **季铵盐**　如氯化四丁铵（TBAC）、溴化四丁铵（TBAB）、碘化四丁铵（TBAI）、氯化苄基三乙基铵（BTEAC 等）。

　　② **冠醚**　如 18-冠-6、二苯并 18-冠-6 等。

　　③ **开链的聚乙二醇或聚乙二醇醚**　如聚乙二醇 350（PEG350）、聚乙二醇 600

（PEG600）、聚乙二醇 2000（PEG2000）、聚乙二醇甲醚等。

④ **三相催化剂** 在固体高聚物上连接上述相转移催化剂，用于水-有机相反应。

相转移催化反应通常分为两步：①一种反应物从水相转移至有机相；②转移至有机相的反应物与原已在有机相中的反应物发生反应。

对于反应：

$$A^+B^- + C—X \xrightarrow{\text{PTC}} A^+X^- + C—B$$

相转移催化原理如下：

水相 $\qquad A^+B^- + Q^+X^- \rightleftharpoons Q^+B^- + A^+X^-$

$\qquad\qquad\qquad$ PTC

相界面 $\qquad\qquad ↑\qquad\qquad\qquad\qquad ↓$

有机相 $\qquad C—B^- + Q^+X^- \rightleftharpoons Q^+B^- + C—X$

催化剂（Q^+X^-）溶解在水相，同阴离子（B^-）发生离子交换反应，在水相中形成的中间离子对（Q^+B^-），借助 Q^+ 的亲油性，穿过液-液相界面转移到有机相中。阴离子 B^- 在有机相中不能溶剂化，提高了亲核反应的活性，从而提高了反应的速率和产率。B^- 与有机相反应物（CX）反应后生成产物（CB），失去与之配对的 Q^+，与剩余基团 X^- 形成新的离子对，返回到水相中，如此循环往复。

相转移催化可用于亲核取代、缩合、氧化、不对称还原、烷基化、酰基化、酯化、偶联等反应，已在医药、农药、香料、造纸、制革等行业广泛应用。相转移催化技术具有反应活性与选择性高、产品纯度高、副产物少、操作简便、投资省等优点，而且可以减少有机溶剂的使用，对于化学反应的绿色化具有重要意义。

8.3.4 生物酶催化剂

酶是生物体细胞内具有特定催化功能的蛋白质。酶催化剂除具有一般催化剂的共性外，还有一些特性：①催化效率高，酶催化反应比非催化反应快 $10^8 \sim 10^{20}$ 倍，比一般的催化反应快 $10^7 \sim 10^{13}$ 倍；②专一性，一种特定的酶仅催化一种反应，原则上没有副反应；③反应条件温和，在常压、常温下进行反应；④多样性，已发现 2500 多种酶，而且随着基因工程、蛋白质工程以及化学修饰技术的发展，更多定向改造了的酶会应运而生，可以认为几乎能催化所有的化学反应。酶按作用可分为氧化-还原酶、水解酶、异构化酶、转移酶、裂解酶、合成酶六种。一些酶催化剂应用于实际生产取得了巨大的效益。如用交联纯结晶酶生产 α-苯乙醇，成本仅为 1000 美元/kg，酶的消耗只占总成本的 4%，而非酶法的成本为 4000 美元/kg；又如用酶催化技术生产 2-苯基丙氨酸，成本为 1200～1300 美元/kg，是原化学合成法的 1/10。酶在手性药物、高分子聚合以及污水处理方面的催化应用是目前国际上的一个研究热点。

仿酶催化剂是指用人工或半人工合成的方法模拟自然存在的酶的结构或功能而得到的一些酶样生物活性的化学物质，如希夫碱配合物能模拟酶催化苯乙烯、环己烯和 α-甲基苯乙烯的环氧化反应，经过修饰的 β-环糊精能够催化苯与甲醛合成甲醇。

由于酶催化反应能耗低、污染小、操作简单、易控制，与传统的化学反应相比，最能实现绿色化学的要求。

8.3.5　光催化剂

太阳辐射的光和热是最丰富的清洁能源,光催化是一种将太阳能转化为化学能的技术,是一个清洁、高效、节能、技术简单、成本低廉的绿色生态过程。光催化技术始于 1972 年日本科学家发现 TiO_2 可以光解水制氢,世界范围内对光催化的研究随之兴起,经过几十年的发展,光催化剂的种类和应用领域在不断拓展。

目前所研究的光催化剂组成按化学成分区分,形成了以 TiO_2、Bi_2O_3 和 ZnO 等为代表的金属氧化物系列、以 CuS 和 CdS 等为代表的金属硫化物系列以及碳材料负载金属氮化物、硒化物系列等,其中 TiO_2、ZnO 和 CdS 三种材料的光催化活性最高,ZnO 和 CdS 的光稳定性不如 TiO_2,光照后易产生对环境有害的 Zn^{2+} 和 Cd^{2+}。因此,由于活性强,稳定性好,无毒且价格低廉,TiO_2 成为目前研究和应用最多的光催化剂。在催化剂性能优化方面,发展了金属离子掺杂、特殊形貌制备和等离子处理等多种光催化剂改性技术。

光催化技术可用于污染物处理、光解水制氢、杀菌和化学反应等领域。可以用光催化处理的有机物种类有染料、日化品、药物、激素等,无机离子有铬、铅、汞、镉、砷等;光解水制氢即太阳能转化为清洁能源方面,随着催化剂性能的提高,进展也非常明显;光催化技术也可应用于选择性氧化合成精细化学品,如在可见光下可以将醇转化为对应的醛,选择性大于 99%;光催化剂可杀灭细菌和藻类,如用 $Ag/AgBr/TiO_2$ 光催化剂,在可见光下去除微囊藻,发现多数铜绿假单胞菌在 5h 内被杀死;光催化在氧化、还原、取代、异构化和聚合等反应过程中的应用研究也取得不少进展。

8.4　可再生的生物质资源

8.4.1　生物质——取之不尽的资源宝库

一方面,由于长期大量开采和过度消费,煤、石油、天然气等化石资源已渐趋枯竭;另一方面,无节制地使用化石能源,大量排放二氧化硫、氮氧化物和二氧化碳,是酸雨、温室效应等重大环境问题的主要根源,造成了严重的环境污染和生态破坏。

生物质是指绿色植物通过光合作用直接产生或间接衍生的所有物质,如农作物、树木等植物及其残体、畜禽粪便等有机废弃物以及海产物等,主要成分为木质素、半纤维素、纤维素、糖类。生物质是植物通过光合作用产生的,而光合作用是燃烧反应的逆过程,如能将光合作用和燃烧反应相互匹配,构成完整的循环,既能有效控制大气中 CO_2 含量的增加,又能保证生物质不断再生,可以避免或减少石油与煤炭等高碳资源在使用过程中 CO_2 直接排放到空气中,造成温室效应,见图 8-5。

从化学角度看,生物质的组成是烃类,与常规的化石燃料石油、煤同类,但与矿物燃料相比,碳活性高,含硫量和灰分都比煤低,因此生物质利用过程二氧化硫、氮氧化物的排放量少,造成的空气污染和酸雨现象明显降低。例如,每利用 1 万吨秸秆代替煤炭,可减少 CO_2 量 1.4 万吨、二氧化硫排放 40t、烟尘排放 100t。

大自然每年产生约 1400~1800 亿吨(干重)的生物质,相当于目前全球总能耗的 10

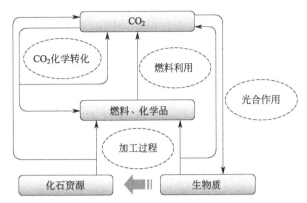

图 8-5　化石资源、生物质和 CO_2 转化利用过程中 CO_2 的产生和循环简图

倍，是人类取之不尽的资源。在各种可再生资源中，生物质资源是最稳定同时也是最环保的一种资源。因为生物质的生产过程是一个环境净化的过程，可以吸收空气中的二氧化碳，吸收有机污染物，所以把生物质资源作为重要的替代资源。

目前用生物质作化工原料的方法有物理法、化学法、生物转化法等。物理法和化学法是通过热裂解、分馏、氧化还原降解、水解、酸解等方法将木质素、纤维素等大分子生物质降解成小分子的烃类化合物、可燃气体和液体，直接作为能源或分离提纯后作为化工原料。物理法、化学法的能耗高、产率低、副产物多，过程的污染比较严重。生物转化法借助于特殊的酶催化剂或含酶的微生物将生物质大分子转化为葡萄糖等小分子物质，然后再转化为能源（可燃气体、液体燃料）或化工原料（烃类化合物或其他化合物）。

8.4.2　生物质资源利用应用实例

人们在生物质利用方面已取得了许多成果，如利用农、林、畜产的废物和家庭有机垃圾通过发酵制人造天然气（主要成分为甲烷），用谷物作原料生物发酵法代替丙烯醛水合加氢法和环氧乙烷与合成气（CO/H_2）氢甲酰化法合成 1，3-丙二醇（PDO），用生物质通过酯交换等反应制生物柴油，用淀粉发酵法代替乙醛法和丙酸法合成乳酸（α-羟基丙酸）制造可生物降解的材料聚乳酸。

【例 1】　由生物质造汽油-酒精燃料（废弃物造酒精代汽油）

酒精的一种生产方法是以石油为原料，通过石油裂解产生乙烯，乙烯水合再生成乙醇，该法的缺点是石油是不可再生资源，而且生产的酒精含有甲醇、高级醇和其他对人体有害的杂质。

另一种方法是用玉米、薯干、高粱等生物质为原料生产，其生产流程见图 8-6。先将原料粉碎后蒸煮，在 $120\sim150\,℃$ 下使淀粉糊化，然后在酶的作用下成为葡萄糖。有麦芽、酶制剂和曲三种糖化剂，我国常用曲，曲用曲霉菌如米曲酶、黑曲酶制成。用固体表面培养的曲称为固体曲，用液体深层通风培养的曲称为液体曲。作为糖化剂的曲含有液化型淀粉酶（α-淀粉酶）和糖化剂淀粉酶（糖化酶）。α-淀粉酶破坏淀粉分子的网状结构成为糊精，糖化酶使糊精水解成葡萄糖：

$$(C_6H_{10}O_5)_n + nH_2O \longrightarrow nC_6H_{12}O_6$$

淀粉经糖化以后加入酵母使之发酵，先将葡萄糖分解为丙酮酸，反应式为：

$$0.5C_6H_{12}O_6 + H_3PO_4 \xrightarrow[\text{ADP→ATP}]{\text{NAD→NADH}_2} CH_3COCOOH$$

无氧时，丙酮酸在丙酮酸脱酸酶的作用下生成乙醛：

$$CH_3COCOOH \xrightarrow{\text{丙酮酸脱酸酶}} CH_3CHO + CO_2$$

乙醛则在乙醇脱氢酶及辅酶的作用下还原成乙醇：

$$CH_3CHO \xrightarrow[\text{NADH}_2\text{→NAD}]{\text{乙醇脱氢酶}} CH_3CH_2OH$$

发酵后的固、液混合物称作醪，过滤分离出固体后，通过精馏生产乙醇。

图 8-6　发酵法生产酒精的原则流程

由糖类通过发酵制备的乙醇被称为"绿色汽油"，可直接用于汽车或掺加在汽油中，汽油掺加乙醇不仅可以节省石油资源，而且可以提高辛烷值，减少污染物的排放。

【例2】　己二酸（制造尼龙66的重要中间体）

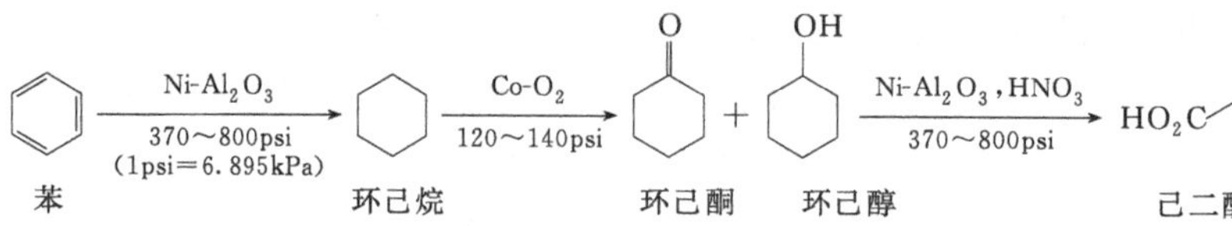

图 8-7　己二酸传统的合成路线

己二酸传统的合成方法（图8-7）是以苯为原料，用镍或钯作催化剂加氢生成环己烷，环己烷进行空气氧化成环己酮或环己醇，然后进一步用硝酸氧化成己二酸。从苯出发合成己二酸是有机合成中的重大成就，但从绿色化学的观点来看，存在严重缺陷：一是苯来自石油或煤，属不可再生资源，而且苯有剧毒；二是苯的氧化、硝化过程选择性低；三是副产物多，特别是硝化过程产生的笑气（N_2O）会破坏臭氧层，产生温室效应；四是工艺流程长，反应条件苛刻，硝酸等介质易腐蚀设备及危害人身安全。

美国 Michigan 州立大学的 J. W. Frost 和 K. M. Draths 提出以蔗糖为原料（图8-8），利用 DNA 重组技术改进的微生物酵母菌将蔗糖变成葡萄糖，再变为己二烯二酸，然后在温和条件下加氢制取己二酸，从而实现了原料与生产过程的无毒、无害、无污染。

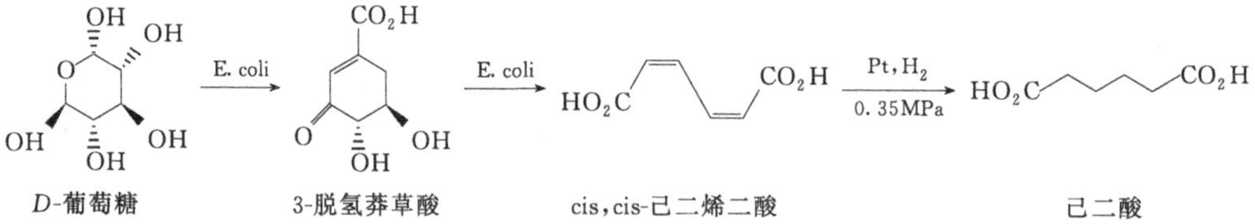

图 8-8　蔗糖生物法制己二酸的合成路线

采用生物质资源替代石油等矿物质资源作原料，不但来源丰富，而且生产过程避免了有毒有害物质的使用，产品也可能对环境友好，因此可再生生物质资源的利用是绿色化学的重要研究发展方向，可再生生物质资源利用成为不可阻挡的历史潮流。然而，就目前的技术水平，可再生生物质资源利用的成本尚难与石油资源形成竞争。目前主要利用的是谷物、淀粉，植物重要组成部分的木质素利用不多（其降解困难），酶催化剂的稳定性较差、对条件要求苛刻、价格昂贵，酶和产物从反应液中分离困难，因此需发展新的生物技术，进行酶和微生物的固载，开发新的高效分离技术，推动可再生生物质资源利用的发展。

8.5　绿色化学产品

8.5.1　绿色化学产品的定义

现代人类生活离不开化学品，化学产品的不断发展和进步推动了人类生活质量的提高，然而化学品消费也给人类带来了危害——环境污染。要消除化学品消费所造成的对环境和人体本身的危害，就必须使用对人类健康和生存环境无毒害的绿色产品，绿色产品的设计开发已成为绿色化学的关键内容。

绿色化学产品应具备两个关键特征：①产品本身对环境、人体及其他生物体不会产生危害；②产品被使用后，能安全回收、循环利用或易于在环境中降解为无害物质。所以在对绿色产品进行设计时，既要考虑产品功能，又要考虑其对环境的影响。绿色化学不仅要重视新化合物的设计，还要重新设计评价现有的化合物。

如联苯胺是一种很好的染料中间体，但具有极强的致癌作用，对其结构加以改造，变为二乙基联苯胺后，既可以保持染料的功能，又可以消除致癌性。

$$H_2N-\!\!\!\bigcirc\!\!\!-\!\!\!\bigcirc\!\!\!-NH_2 \xrightarrow[\text{催化剂}]{CH_3CH_2Cl} H_2N-\!\!\!\bigcirc\!\!\!-\!\!\!\bigcirc\!\!\!-NH_2$$

8.5.2　设计绿色化学产品的基本原则

绿色化学产品设计的依据，是利用化学构效关系对分子结构进行调控，使物质的功能最大化、危害最小化。为达到此目的，可有以下几种基本方法：

(1) 物质作用机理分析

物质的毒性要通过一定的途径才能起作用，了解毒性作用的途径，就可以通过改变分子结构把化学品的危害降到最低。如多数腈类化合物会放出氰化物［式(1)］而对生物体产生危害，其毒性作用的途径包括：首先，在氰基的 α 位形成一个自由基［式(2)］；然后，氰基从分子中断裂，形成毒性终点。如果引入一个取代基，如甲基［式(3)］，就会阻止 α 位自由基的形成，抑制毒性作用的发挥，腈化物就几乎变成无毒的了。

$$R\!-\!CH_2\!-\!CN \longrightarrow R\!-\!CH_2 + CN \tag{1}$$

$$R\!-\!CH\!-\!CN \tag{2}$$

$$\begin{array}{c} CH_3 \\ | \\ R\!-\!C\!-\!CN \\ | \\ CH_3 \end{array} \tag{3}$$

由此可见，在保持分子功能的情况下，可以通过分子结构的改变来阻断毒性作用的途径以避免毒性作用。

(2) 物质结构与效能的关系

物质结构与效能的关系是化合物的分子构建和其活性之间的相互关系。就本章而言，

"活性"局限在人体内或在环境中。根据结构与效能的关系，分子结构的细微改变会引起毒性大小的变化，甚至在同一类化合物中会发生有毒性或无毒性的根本改变。例如，甲基的毒性很高，将其替换成乙基或丙基，毒性就依次降低。因此，采用长链烷烃就可以设计更安全的化学品。虽然不清楚甲基取代物毒性减小的机理，但只要清楚地知道化学结构和其危害性的关系的事实，就可以安全地设计化学产品。

(3) 避免采用毒性的官能团

设计安全化学品的一种方法是避免使用有毒官能团，但必须确认替代的官能团也符合应用要求。如许多挡风玻璃的粘接剂是用异氰酸酯作原料，因异氰酸酯具有毒性，于是开发了一种用乙酰乙酸酯作交联剂的粘接剂，从而避免了有争议的毒性官能团——异氰酸酯的引入。

当不得不使用含有毒官能团的化合物时，可以采用将该官能团掩蔽的方法，使其变成无毒的衍生物，在需要时再将原始的官能团释放出来。如乙烯基砜是染料的一种有效成分，但对人体有害，其合成反应的方程如下：

$$R-\underset{\underset{O}{\|}}{\overset{\overset{O}{\|}}{S}}-CH_2CH_2OH \xrightarrow{H_2SO_4} R-\underset{\underset{O}{\|}}{\overset{\overset{O}{\|}}{S}}-CH_2CH_2OSO_3 \xrightarrow{强碱} R-\underset{\underset{O}{\|}}{\overset{\overset{O}{\|}}{S}}-CH=CH_2$$

羟基乙基砜　　　　　　　　　　　　　　　　　　　　乙烯基砜

如果以无毒的羟基乙基砜的形式储运，在需要时再将其转化为乙烯基砜，就可以大大减少乙烯基砜的危害。

(4) 使生物利用度最小化

有毒化合物必须进入生物体内才能产生毒害作用，这种侵入生物体内的能力常称为生物可利用度（bioavailability）。如果无法通过分子结构来减少化学品的危害，可以通过降低化合物的生物可利用度来降低毒性作用。

分子可以通过呼吸、穿过表皮或膜的传输等途径进入生物体，依据这一认识，就可以通过分子设计使其减少甚至不进入生物体。如调节化合物的水溶性/亲油性，就可以降低它们通过生物膜（如皮肤、肺和胃肠道）的能力；又如可以通过增大聚合物颗粒（大于 $10\mu m$）避免聚合物进入人体的呼吸系统。

类似的方法也可以用于设计环境安全化学品。如破坏臭氧层的化学物质，必须能进入平流层，并具有足够长的寿命。目前设计的破坏臭氧层物质的替代物具有与这些物质相近的性质，但是寿命短，大大降低了对臭氧层的破坏。

(5) 使辅助物质最小化

有些化合物本身不具毒性或毒性很小，但往往必须和有毒物质结合才能发挥其功能。例如，涂料和油漆必须溶解在有机溶剂中才能发挥其功能，但有机溶剂具有毒性。因此，化学家设计了基于水相或其他分散介质的新型涂料，这些涂料可以不使用挥发性的有机溶剂，但具有相同的性能。水性涂料因基本不含挥发性的有机化合物（VOC）和空气污染物（HAP），不污染环境、对人体危害小，在欧洲的使用率已经达到 $80\%\sim90\%$。我国生态环境部制定的"水性涂料环境标志产品的技术要求"已于 2014 年 7 月 1 日正式实施，水性涂料在我国的应用范围迅速推广。

8.5.3 绿色化学产品的实例

(1) 杀虫剂中的新家族 Confirm™

美国 Rohm&Haas 公司发现二酰基肼能提供一个更安全、更有效的控制农作物的技术。

这一家族中的 Confirm^{TM} 通过模仿昆虫体内的一种天然物质——20-羟基蜕化素的作用模式起作用，这种蜕化素是天然引发的，能导致脱皮并调节昆虫的发育。因为这种"蜕化素式"的作用模式，Confirm^{TM} 强烈扰乱目标昆虫的脱皮过程，使之在暴露后短暂停食，并在此后很快死亡。

Confirm^{TM} 对许多非节肢动物既不出现又不具有生物功能，对各种各样的非目标有机体具有高安全性，对哺乳动物的口服、吸入和局部应用具有低的毒性，并表明完全不致癌、不诱变，且没有不利的复制效应。因此，Confirm^{TM} 成为迄今发现的最安全、最具选择性、最有用的昆虫控制剂之一。

（2）一种环境安全的航海船底防污染涂料

在船的表面长有许多海洋植物和动物产生的污垢，这些污垢会增大船的航行阻力，导致燃料消耗增加。通常采用有机锡化合物如氧化三丁基锡（TBTO）作船底防垢剂。这类防垢剂在环境中的存在时间长，具有的毒效包括剧烈的毒性、生物累积性、降低生育发育能力、增加水生有壳类动物的壳厚、引起生物变种等。

理想的船底防污垢涂料必须既能够阻止各种海洋生物在船底的结垢，又不会对生物体产生危害。美国 Rohm&Hans 公司开发了一种称为 4,5-二氯-2-正癸基-4-异噻唑啉-3-酮（Sea-Nine^{TM}）的化合物作为防污垢涂料。试验结果表明：Sea-Nine^{TM} 降解速度非常快，在海水中需半天，在沉积物中仅需 1h，因沉积物中的微生物能非常快地将其分解；而 TBTO 降解在海水中需 9 天，在沉积物中则要 6～9 个月。Sea-Nine^{TM} 的生物累积因子几乎为零，而 TBTO 的锡生物累积因子高达 10000。Sea-Nine^{TM} 和 TBTO 对海洋生物的毒性都大，但 Sea-Nine^{TM} 无长期毒性，Sea-Nine^{TM} 的环境最大允许浓度比 TBTO 高 300 倍。Sea-Nine^{TM} 海底涂料已商业化应用。

（3）一种无卤泡沫灭火浓缩剂

泡沫灭火剂是通过泡沫闷熄和冷却燃料火焰来阻燃的。长链的含氟化表面活性剂是灭火泡沫的关键成分，性质稳定持久，因会在生物体内积累有毒化学品（PBT），存在显著的健康和环保隐患。

美国 Solberg 公司发明的高效浓缩、不含卤素的 RE-HEALING^{TM}（RF）泡沫灭火浓缩剂，采用非氟化表面活性剂和糖类的混合物代替氟化表面活性剂，RF 浓缩剂是烃类化合物表面活性剂、水、溶剂、糖类、防腐剂和缓蚀剂的混合物。以 1%、3% 或 6% 的浓缩剂为配方的产品可扑灭"B 级"烃类燃料火灾。与含氟泡沫相比，含复杂糖类的泡沫显著地提高了泡沫吸收热量的能力，提高 RF 的灭火性能和防复燃能力。RF 泡沫灭火浓缩剂可以扑灭火焰、控制火势、熄灭火灾和防止复燃，完全符合现行防火标准，性能与氟化表面活性剂性能等同，甚至在很多情况下更优，同时还避免了持久性化学毒物的使用。

RF 浓缩液中的可再生烃类化合物与卫生保健业的同类产品相同，可在 28 天降解 93%，42 天内完全降解，在目前的泡沫灭火系统中只需要用 RF 更换掉氟化表面活性即可使用。

8.6　化工过程强化技术

化工过程强化是指在生产能力不变的前提下，通过大幅度减小生产设备的尺寸、减少装置的数量等方法使生产工艺的布局更加紧凑合理，单位能耗更低，废料、副产品更少。化工过程强化就是在生产加工过程中运用新技术和新设备，极大地减小设备体积或者极大地增大设备生产能力，显著地提高能量效率，大量减少废物排放。简言之，高效、节能、清洁、可持续发展新技术的应用都是过程强化。

化工过程强化的途径包括生产的设备强化和生产过程的强化。过程设备强化指新型反应器、新型热交换器、高效填料、新型塔板等，生产过程的强化指反应和分离的耦合（如反应精馏、膜反应、反应萃取等）、组合分离过程（如膜吸收、膜精馏、膜萃取、吸收精馏等）、外场作用（超重力场、超声、太阳能等）以及其他新技术（如超临界流体、动态反应操作系统等）的应用等。

绿色化工通过化工过程强化，实现化工过程的高效、安全、环境友好、密集生产，推动了化学工业的可持续发展。化学工业的不断发展，化学产品的不断更新，环境标准的日趋严格，对化工过程的技术经济指标提出了越来越高的要求，也对化工过程强化不断提出更高的要求。

8.6.1 设备强化技术

(1) 构件催化反应器

构件催化反应器是指采用在反应器尺寸规模上具有规则结构的催化剂的反应器，可以分为整块蜂窝构件催化反应器和规整构件催化反应器等类型。

整块蜂窝构件催化反应器使用许多相互隔离的平行的直孔道的整块蜂窝结构催化剂（图 8-9），催化活性组分以薄膜的形式均匀地分布在孔道的内表面。它的优点是：流动阻力小，比固定床反应器低 2～3 个数量级；比表面积大，是颗粒状催化剂的 1.5～4 倍；催化剂床层高度减小，反应速率快；反应物分布均匀，不会产生局部过热。据报道，在整块蜂窝构件催化反应器中苯乙烯的加氢反应速率和丙烷的脱氢反应

图 8-9 整块蜂窝结构催化剂

速率可比填充床高 1 个数量级。

将颗粒状催化剂安排成各种各样规则的几何形状就得到规整构件催化剂，规整构件催化反应器就是采用规整构件催化剂的反应器。规整构件催化反应器采用笼式或者串珠式、开放式错流结构，可方便气体和液体反应物与催化剂接触，具有比传统固定床小得多的传质阻力，而又具有很好的传热和传质能力，可以克服整块蜂窝构件反应器传热不便的缺点。目前，笼式规整构件反应器在重油馏分加氢脱除硫化物和氮化物中得到应用，开放式错流结构规整构件反应器在工业醚化和酯化反应中获得应用。由于气体和液体在催化剂构件内部移动比较慢，这类反应器适合慢速反应。

(2) 静态混合反应器

静态混合反应器（SMR）就是采用静止设备来进行物料混合的反应器。对受传热、传质控制的快速反应，采用 SMR 可以极大地提高设备生产能力，或者高倍率地减小设备体积。如有机物的硝化反应，速度很快，并且放出大量的热量，为了能够及时移走反应产生的热量，防止反应失控，需要控制反应物料的进料速度，因此反应时间长，反应器

的体积也大。采用 SMR 代替传统的带冷却夹套的搅拌反应器，见表 8-3 的对比，反应时间由 18h 缩短为 0.25s，反应器容积由 13000 L 减为 0.2 L，生产能力增为原来的 3.3 倍，投资不到原来的 40%。同时，由于硝化反应的时间短，基本上消除了副产物的生成，减少了环境污染。

表 8-3　传统反应器与新型静态混合反应器的技术经济比较

反应器	生产能力/(t/a)	反应器容积/L	投资/万美元	反应时间
传统反应器(搅拌)	15	13000	10(一个反应器)	>18h
新型反应器(SMR)	50	0.2	4(整个工厂)	0.25s

（3）超重力反应器

超重力反应器是利用旋转产生的离心力来提高反应速率。高速旋转所产生的离心力可达重力的 1000 倍以上，强大的离心力大大强化了物料的混合和传递，从而显著提高受物料混合、传递速度限制的化学反应，有效地解决微观分子混合和传递限制导致的反应与分离过程效率低下的问题。Dow 化学公司利用超重力反应器开发了一种低氯化物含量的次氯酸生产技术，在进气量降低 50% 的情况下，还能增加 10% 的产量，而用传统的方法不能获得这种低氯化物含量的次氯酸。超重力反应器在 MDI（二苯基甲烷二异氰酸酯）、纳米碳酸钙、纳米药物、丁基橡胶等化工和材料领域产品的制备或生产中也得到应用，实现节能、降耗、减污。

（4）微型反应器

微型反应器是指带有 $10\sim100\mu m$ 反应通道的薄片组成的具有夹心面包式结构的体积特别小的反应器，能够将混合、换热、催化反应和分离集成在一个反应器中。按微结构不同，微反应器可分为微通道式、毛细管式、降膜式、多股并流式、微孔列阵式和膜分散式。微反应器具有能精确控制反应温度和反应时间、物料以精确比例瞬间均匀混合、安全性高、无放大效应和过程环保绿色化等优点。微反应技术在高通量合成、多相化学合成、催化反应、涉及高活性和危险试剂的反应方面应用前景广阔。

（5）紧凑式换热器

紧凑式换热器的换热面积可达到每立方米几百甚至上千平方米，而普通的管壳式换热器的换热面积只有几十平方米。因此，在热交换条件相同时，采用紧凑式换热器可以显著减少换热器的体积或者数目，节省投资。如英国 Chart Marston 公司制造的 Marbond 紧凑式换热器的换热面积达 1000 m^2/m^3，特别适合换热量大而空间小的场合。

8.6.2　过程强化方法

（1）反应-反应耦合

因受化学平衡和热量利用问题的限制，许多反应转化率低、能耗高，不仅导致经济效益低，而且对环境也不友好。如果将不同的反应耦合起来，就有可能克服上述的缺点。如合成气制二甲醚，包括的反应如下：

甲醇合成反应　　　　　　$CO+2H_2 \rightleftharpoons CH_3OH$　　　　　　　　-90.4 kJ/mol

甲醇脱水反应　　　　　$2CH_3OH \rightleftharpoons CH_3OCH_3+H_2O$　　　　-23.4 kJ/mol

水煤气变换反应　　　　$CO+H_2O \rightleftharpoons CO_2+H_2$　　　　　　　　-41.0kJ/mol

通常的由合成气制二甲醚的过程分两步进行，即先合成甲醇，然后甲醇再脱水制二甲醚，由于热力学平衡的限制，CO 的转化率不高。如果在反应器中同时进行甲醇合成反应和甲醇脱水反应，CO 的转化率可由两步法中的 30% 提高到 70%～97%，使 CO 的转化率远远高于 CO 合成甲醇的平衡转化率，其原因包括两方面：一是甲醇脱水反应使甲醇在反应系统中不断减少，突破了甲醇合成反应的热力学平衡限制，使 CO 的转化更为彻底；二是甲醇脱水反应中生成的水通过水煤气变换反应消耗 CO，生成 CO_2 并补充甲醇合成反应所需的氢气。

（2）反应-精馏耦合

反应-精馏是指将反应和精馏集成在一个精馏塔内完成，当有催化剂存在时，又称为催化精馏。其优点是：可以及时地将一个或几个反应产物移走，减少副反应；对受化学平衡限制的反应，可以突破平衡的限制，提高原料的转化率；利用反应热精馏，既可以节约能量，又可使反应器内温度均匀。因反应器和精馏塔集成在一起，可以节省投资费用。

乙酸甲酯是由乙酸和甲醇在催化剂的作用下反应得到的，由于乙酸和甲醇的酯化受化学平衡限制，且物系中存在乙酸甲酯-甲醇及乙酸甲酯-水两种最低共沸物，合成乙酸甲酯传统工艺的后续分离比较困难，需要 9 个分离单元，过程复杂，能耗大，生产成本高。采用反应精馏，乙酸甲酯的生产在一个塔设备中就能完成，大大地降低了能耗、节省了投资费用和操作费用。

（3）反应-膜分离耦合

反应与膜分离耦合是将膜材料与反应器组合形成膜反应器，实现反应分离一体化。膜催化技术是一种新的多相催化技术，它通过催化剂和膜反应器的有机耦合（将膜催化材料制成膜反应器或将催化剂置于膜反应器中），反应物选择性地通过膜并发生化学反应，生成物则透过膜而移出反应体系，从而调节膜反应器中某一反应物（或产物）的区域浓度，以打破热力学可逆平衡而达到超平衡，最终达到提高选择性和转化率的目的。

与普通反应器相比，膜反应器的优点是：可以突破热力学平衡的限制，获得很高的转化率；当中间产物为目的产品时，因中间产物可通过膜分离出去，可以避免进一步发生串联反应，使反应选择性明显提高；因对反应不利的组分被连续分离除去，提高了反应速率；原料的进料量可按反应需求控制；实现催化分离一体化，减少额外的分离设备，节省能源、降低投资。

膜反应器在选择性加氢、脱氢、部分氧化等反应中颇具应用潜力。例如，双烯烃中两个双键中的一个加氢，对反应的选择性要求很高，采用可透过氢的膜催化剂，调节催化剂表面上被加氢物质与氢的浓度，就可达到选择加氢的目的。

（4）非定态反应技术（交替流反应器）

非定态反应技术通过控制定时逆转进出反应器的物流方向，利用反应放出的热量加热冷的原料，降低能量消耗，减少操作费用。如 SO_2 氧化生产硫酸，采用非定态反应器可减少 5%～20% 的操作费用，并节省 20%～80% 的设备投资。

（5）新能源利用

采用超声波、微波等新能源可以强化化学反应，取得令人意想不到的奇效。

① 超声波　超声波是指频率在 20kHz～1000MHz 的声波。超声波在液体中产生微小的空穴，空穴在迸裂时产生高温高压而形成特殊的环境，并由此引起流体剧烈湍动，显著地加快某些化学反应，可使反应速率提高几倍甚至几百倍。采用超声波还可以使反应的选择性提高、反应条件缓和、收率提高、反应时间缩短、易于操作等。如 Cannizzaro 反应在其他条件相同时不能发生，采用超声波，转化率达到 100%：

$$\text{〈}\text{〉}\text{—CHO} \xrightarrow[\text{u. s. ,10min}]{\text{Ba(OH)}_2\text{,EtOH}} \text{〈}\text{〉}\text{—CH}_2\text{OH} + \text{〈}\text{〉}\text{—COOH}$$

② **微波** 微波是一种电磁波，频率在 $300MHz\sim300GHz$ 范围内，微波直接将能量辐射到反应物上，使分子产生高速旋转和碰撞，实现内加热，使反应体系的温度均匀而急剧地上升。微波几乎能加快所有常见的化学反应，微波作用下的化学反应具有强活化、温转化、高转化率和选择性的特点。如苯并噁嗪及苯并噻嗪化合物，同卤代烃 RX 在乙醇钠、TEBA 相转移催化剂作用下，在硅胶载体上 $8\sim10$ min 获得产率达到 $72\%\sim90\%$ 的 N-烷基衍生物，反应速率比传统方法（$6\sim8h$）提高 $30\sim80$ 倍。

Y=O、S R=Me、CH$_2$COOH、Et

(6) 组合分离

组合分离就是将原来单独的几种分离操作集成在一个设备内完成，以简化操作，降低成本。如膜蒸馏、膜吸附、吸附精馏、反胶团、膜萃取等。组合分离技术解决了许多传统分离技术难以完成的任务，在生物工程、制药和新材料等领域有广阔的应用前景。

① **膜蒸馏** 膜蒸馏是膜技术与蒸发过程相结合的膜分离过程。其所用的膜为不被待处理的溶液润湿的疏水微孔膜。膜的一侧与热的待处理的溶液直接接触（称为热侧），另一侧直接或间接地与冷的水溶液接触（称为冷侧）。热侧溶液中易挥发的组分在膜面处汽化，通过膜进入冷侧并被冷凝成液相，其他组分则被疏水膜阻挡在热侧，从而实现混合物分离或提纯的目的。膜蒸馏是热量和质量同时传递的过程。传质的推动力为膜两侧透过组分的蒸汽压差。因此，实现膜蒸馏必须有两个条件：a. 膜蒸馏必须是疏水微孔膜；b. 膜两侧要有一定的温度差存在，以提供传质所需的推动力。

膜蒸馏的优点：a. 几乎在常压下进行，设备简单、操作简便；b. 在该过程中无须把溶液加热到沸点，只要膜两侧维持适当的温差，该过程便可以运行；c. 在非挥发性溶质水溶液的膜蒸馏过程中，只有水蒸气能透过膜孔，蒸馏十分纯净；d. 膜蒸馏耐腐蚀、抗辐射，故能处理酸性、碱性和有放射性的溶液；e. 膜蒸馏组件很容易设计成潜热回收的形式，可进一步降低能耗。

膜蒸馏目前主要在海水淡化、超纯水的制备、无机水溶液的浓缩和提纯、挥发性生物产品的浓缩、回收和去除以及共沸混合物的分离等方面得到应用。

② **膜萃取** 膜萃取是一种膜分离与液-液萃取相结合的新型萃取分离技术，就是将一微孔膜置于原料液与萃取剂之间，因萃取剂对膜的浸润性而迅速地浸透膜的每个微孔并与膜另一侧原料液相接触形成稳定界面层，微分离溶质透过界面层从原料液移到萃取剂中。在膜萃取分离过程中，萃取相和被萃取的物料液相分别处在分离膜的两侧，其传质过程是在分隔物料液相和萃取相的膜表面进行的，这样避免了物料液相与萃取相的直接接触。

作为一种新的膜分离技术，膜萃取过程有其特殊的优势：a. 由于没有相的分散和聚结过程，可以减少萃取剂在料液中的夹带损失，简化了操作，节省了庞大的澄清设备；b. 料液相和溶剂相各自在膜两侧流动，在选择萃取剂时可大大放宽对其的物性要求，可使用一些高浓度的高效萃取剂；c. 两相分别在膜两侧做单相流动，使过程免受"返混"的影响和"液泛"条件的限制；d. 膜萃取过程可以较好地发挥化工单元操作中的某些优势，提高过程的传质效率，如实现同级萃取反萃取过程、采用萃合物载体促进迁移等。

目前膜萃取主要用来回收工业废水中金属，特别是回收工业废水中的贵重金属。另外，还可用于水的软化、有机物及药物的提取、制造去离子水、除碱、除酸、除氰化物以及除去有机物等。

本 章 小 结

本章阐述了绿色化学的原则、原子经济反应的实现途径，简要介绍了绿色反应剂、绿色溶剂、可再生资源、绿色产品，概述了化工过程强化在节能降耗、减轻污染方面的作用，重点介绍了环境友好催化剂的种类和研究方向。通过本章的学习初步奠定学生在绿色化工方面的基础。

参 考 文 献

[1] 李晓云，赵毅，王修彦．火电厂有害气体控制技术．北京：中国水利电力出版社，2005.

[2] 王绍文，梁富智，王纪曾．固体废弃物资源化技术与应用．北京：冶金工业出版社，2003.

[3] Klimczak M，Kern P，Heinzelmann T，Lucas M，Claus P. High-throughput study of the effects of inorganic additives and poisons on NH_3-SCR catalysts（Ⅰ）：V_2O_5-WO_3/TiO_2 catalysts. Applied Catal B：Environ，2010，95（1/2）：39-47.

[4] 吴婉娥，葛红光，张克峰．废水生物处理技术．北京：化学工业出版社，2003.

[5] 刘宏，赵如金．工业环境工程．北京：化学工业出版社，2004.

[6] 汪群慧．固体废物处理及资源化．北京：化学工业出版社，2004.

[7] 王静康，龚俊波，鲍颖．21世纪中国绿色化学与化工发展的思考．化工学报，55（12）：1944-1949，2004.

[8] 闵恩泽，吴巍，等．绿色化学与化工．北京：化学工业出版社，2000.

[9] 梁朝林，谢颖，黎广贞．绿色化工与绿色环保．北京：中国石化出版社，2002.

[10] 韩明汉，金涌．绿色工程原理与应用．北京：清华大学出版社，2005.

[11] 沈玉龙，魏利滨，曹文华，琚行松．绿色化学．北京：中国环境科学出版社，2004.

[12] 王丽萍，李多松．大气污染控制工程．北京：煤炭工业出版社，2002.

[13] 罗固源．水污染物化控制原理与技术．北京：化学工业出版社，2003.

[14] 钱汉卿，左宝昌．化工水污染防治技术．北京：中国石化出版社，2004.

[15] 庄伟强．固体废物处理与利用．北京：化学工业出版社，2002.

[16] 解强，边炳鑫，赵由才．城市固体废弃物能源化利用技术．北京：化学工业出版社，2004.

[17] 张钟宪，等．环境与绿色化学．北京：清华大学出版社，2005.

[18] 藏树良，关伟，李川等．清洁生产、绿色化学原理与实践．北京：化学工业出版社，2006.

[19] 关伯仁．环境科学基础教程．北京：中国环境科学出版社，1995.

[20] 许振良．膜法水处理技术．北京：化学工业出版社，2001.

[21] 朱慎林，赵毅红，周中平．清洁生产导论．北京：化学工业出版社，2001.

[22] 环境科学与工程概论．上海：华东理工大学，2000.

[23] 任南琪，赵庆良．水污染控制原理与技术．北京：清华大学出版社，2007.

[24] 曲向荣．环境学概论．北京：科学出版社，2015.

[25] 马林转，王红斌，刘满红，高云涛．环境与可持续发展．北京：冶金工业出版社，2016.

[26] 梁吉艳，崔丽，王新．环境工程学．北京：中国建筑工业出版社，2014.

[27] Ma Q，Qu Y Y，Shen W L，Zhang Z J，Wang J W，Liu Z Y，Li D X，Li H J，Zhou J T. Bacterial Community Composition of Coking Wastewater Treatment Plants in Steel Industry Revealed by Illumina High-Throughput Sequencing. Bioresour Technol，2015，179：436-443.

[28] Zhao J L，Chen X W，Yan B，Wei C H，Jiang Y X，Ying G G. Estrogenic Activity and Identification of Potential Xenoestrogens in a Coking Wastewater Treatment Plant. Ecotoxicol Environ Saf，2015，112：238-246.

[29] 徐珍良，马昕，何敏，寇彦德，吴云生．焦化废水强化预处理改造及运行效果分析．给水排水，2015，141（9）：47-49.

[30] 赵晓进，胡东海．UASB 4-AF反应器处理高浓度PTA废水工艺优化探析．合成技术及应用，2011，26（1）：51-56.

[31] 国家发展改革委，国家能源局．《能源生产和消费革命战略（2016-2030）》（发改基础〔2016〕2795号）.

[32] 窦京平．当前我国农业及化肥行业形势综述．磷肥与复肥，2016，31（7）：11-13.

[33] 周传斌，吕彬，施乐荣，陈朱琦，刘懿颉．我国城市生活垃圾回收利用率测算及其统计数据收集对策．中国环境管理，2018，10（3）：70-76.

［34］ Ma J F，Li C T，Zhao L K，Zhang J，Song J K，Zeng G M，Zhang X N，Xie Y N. Study on removal of elemental mercury from simulated flue gas over activated coke treated by acid. Applied Surface Science，2015，329（28）：292-300.

［35］ Zhang L，Wang S X，Wang L，Wu Y，Duan L，Wu Q R，Wang F Y，Yang M，Yang H，Hao J M，Liu X. Updated emission inventories for speciated atmospheric mercury from anthropogenic sources in China. Environmental Science & Technology，2015，49（5）：3185-3194.

［36］ Wang C，Shang C，Chen G H，Zhu X S. Mechanisms of nC_{60} removal by the alum coagulation-flocculation—sedimentation process. Journal of Colloid and Interface Science，2013，411：213-219.

［37］ 黄进. ISO 14001：2015《环境管理体系 要求及使用指南》修订变化解读. 标准解析，2016，2：75-81.

［38］ 王瑜. ISO 14001：2015 标准修订背景及主要变化. 质量与认证，2016，2：44-46.

［39］ 黄建洪，宁平，许振成，周新云，周瑜，彭福全. 挥发性有机废气治理技术进展. 环境科学导刊，2011，30（5）：70-73.

［40］ Qiao J L，Jiang Z，Sun B，Sun Y K，Wang Q，Guan X H. Arsenate and arsenite removal by $FeCl_3$：effects of pH，As/Fe ratio，initial As concentration and co-existing solutes. Separation & Purification Technology，2012，92（1）：106-114.

［41］ 张明琴，周新涛，罗中秋，郝旭涛，何欢，史桂杰. 石灰-铁盐法处理工业含砷废水研究进展. 硅酸盐通报，2016，35（8）：2447-2453.

［42］ Erdem M，Tumen F. Chromium removal from aqueous solution by the ferrite process. Journal of hazardous materials，2004，109（1）：71-77.

［43］ 王磊. 旋转极板电除尘器与电袋除尘器技术经济分析. 华电技术，2014，36（6）：73-76.

［44］ Fang H B，Zhao J T，Fang Y T，Huang J H，Wang Y. Selective oxidation of hydrogen sulfide to sulfur over activated carbon-supported metal oxides. Fuel，2013，108：143-148.

［45］ 张晶，段明哲，张志刚，张栋博. 氯乙烯生产技术. 化工进展，2014，3（12）：3164-3169.

［46］ Zhou K，Jia J C，Li X G，Pang X D，Li C H，Zhou J，Luo G H，Wei F. Continuous vinyl chloride monomer production by acetylene hydrochlorination on Hg-free bismuth catalyst：From lab-scale catalyst characterization，catalytic evaluation to a pilot-scale trial by circulating regeneration in coupled fluidized beds. Fuel Processing Technology，2013，108：12-18.

［47］ 吴恒源，叶君，熊犍. 2014 年美国总统绿色化学挑战奖简介. 化工进展，2014，33（12）：3418-3420.

［48］ He M Y，Sun Y H，Han B X. Green carbon science：scientific basis for integrating carbon resource processing，utilization，and recycling. Angew. Chem Int Ed，2013，52：9620-9633.

［49］ Zhao H，Shao L，Chen J F. High-gravity process intensification technology and application. Chemical Engineering Journal，2010，156：588-593.

［50］ 王震，刘明明，郭海涛. 中国能源清洁低碳化利用的战略路径. 天然气工业，2016，36（4）：96-102.